无损检测人员取证培训教材

渗 透 检 测

（Ⅰ、Ⅱ级适用）

胡学知　编著

机械工业出版社

本书从界面物理化学理论及渗透检测剂功能的层面，论述了渗透检测工作原理，对渗透检测工艺技术操作、迹痕显示的解释与缺陷评定进行了详细阐述，并对渗透检测材料、设备仪器与试块、检测工艺规程与工艺卡、质量保证、实际应用、环境保护与安全等进行了全面介绍。在第10章列举了典型零部件的渗透检测工艺卡。为了满足渗透检测Ⅰ、Ⅱ级人员学习培训的需要，本书在每章后面设置了复习题，其题型与考试题型基本一致，并附有部分参考答案。

　　本书为渗透检测Ⅰ、Ⅱ级人员的培训教材，也可供渗透检测Ⅲ级人员参考学习，还可供从事无损检测相关专业的工程技术人员、大专院校师生、科研院所科技人员参考。

图书在版编目（CIP）数据

渗透检测：Ⅰ、Ⅱ级适用/胡学知编著 .—北京：机械工业出版社，2021.11

无损检测人员取证培训教材

ISBN 978-7-111-69164-8

Ⅰ.①渗…　Ⅱ.①胡…　Ⅲ.①渗透检验-高等学校-教材　Ⅳ.①TG115.28

中国版本图书馆 CIP 数据核字（2021）第 188704 号

机械工业出版社（北京市百万庄大街 22 号　邮政编码 100037）

策划编辑：吕德齐　责任编辑：吕德齐　王海霞

责任校对：郑　婕　王　延　封面设计：鞠　杨

责任印制：张　博

北京玥实印刷有限公司印刷

2022 年 1 月第 1 版第 1 次印刷

184mm×260mm·14 印张·342 千字

0001—1900 册

标准书号：ISBN 978-7-111-69164-8

定价：59.00 元

电话服务	网络服务
客服电话：010-88361066	机 工 官 网：www.cmpbook.com
010-88379833	机 工 官 博：weibo.com/cmp1952
010-68326294	金 书 网：www.golden-book.com
封底无防伪标均为盗版	机工教育服务网：www.cmpedu.com

前　　言

渗透检测是无损检测五大常规方法（射线检测、超声检测、磁粉检测、渗透检测、涡流检测）之一，在机械制造业得到了广泛应用。

本书是为了适应航空、航天、核能、兵器、舰艇、特种设备（承压设备、机电设备）与机械制造等领域的迅猛发展，满足渗透检测人员学习与培训的需要而编写的。

本书第 1 章介绍了渗透检测基本知识；第 2 章和第 3 章分别从界面物理化学理论和渗透检测剂功能的层面，全面论述了渗透检测工作原理；第 4 章和第 5 章详细阐述了渗透检测工艺操作和渗透检测技术；第 6~8 章分别介绍了渗透检测材料、设备和仪器、试块等内容；第 9~11 章介绍了显示解释与缺陷评定、渗透检测工艺规程和工艺卡、渗透检测应用等内容；第 12 章介绍了渗透检测质量保证；第 13 章介绍了渗透检测安全知识。

为了满足渗透检测 Ⅰ、Ⅱ 级人员培训学习的需要，本书在每章后面设置了渗透检测复习题，其题型与考试题型基本一致，并附有部分参考答案。

本书在编写过程中，除了参考国内外公开出版的文献资料以外，还参考了部分企业内部的学习培训资料，衷心感谢有关作者。邱斌审阅了全书，提出了宝贵的意见和建议，在此一并感谢。

由于本人水平有限，书中疏漏处在所难免，敬请各位读者提出宝贵意见。

胡学知

目　　录

第1章 无损检测基本知识

1.1 无损检测概述

1.1.1 无损检测的定义

无损检测也称非破坏检查，它是在不损坏受检对象使用性能的前提下，对受检对象进行检查和测试的方法。即无损检测是以不破坏受检对象（包括各种工程材料、零部件产品）使用性能为前提，运用物理、化学、材料科学及工程学理论，对受检对象进行有效的检验，确定检测到的信息显示是否为相关缺陷、不相关缺陷或虚假缺陷；然后对相关缺陷进行定位、定量和定性，对几何特征进行测量等；最后评估与确定相关缺陷是否符合特定的质量验收标准等。

射线检测（RT）、超声检测（UT）、磁粉检测（MT）、渗透检测（PT）和涡流检测（ET）被称为五大常规无损检测方法。

无损检测方法还包括目视检测、硬度测定、泄漏检测、电磁分选与试验、光学全息检测、声学全息检测、微波检测、热检测、密封试验、金属与合金的快速鉴定、铁合金的火花试验、化学点滴试验等。

1.1.2 无损检测的原理

当受检对象存在不连续性（缺陷）或在组织结构上存在差异时，这些不连续性（缺陷）或组织结构差异就会使某些物理量/物理性质发生变化。

人们使用一定的检测手段来检查或测量这些物理量/物理性质的变化，并通过某种形式（如图形、波形、数字）将这些变化显示出来，并评估这些变化，进而了解和评价受检对象的性质、状态或内部结构等。

受检对象的每种特性，如声、光、电、磁、热、机械、核辐射、物理、化学、粒子束或其中某些特性的组合等，几乎都可以用作某种无损检测方法的基础，所有形式的能量都能被利用来确定受检对象的物理特性，或用于检测缺陷。

1.1.3 无损检测的作用

无损检测的作用是防止试件或材料在使用过程中达不到设计（强度）要求。

无损检测不能直接检测出至关重要的力学性能数值（如弹性极限、抗拉强度等），而只能检测出与材料特性有关的不连续性（缺陷）或物理性能等（如焊接缺陷、铸造缺陷、锻造缺陷、在役制件缺陷或硬度、电导率等）。

通常可把无损检测的结果与破坏性试验的试验结果进行对比，找出对应关系。例如，硬度（无损检测）与强度（力学性能试验）的换算关系，铝合金电导率（无损检测）与热处理状态（金相组织检查试验）的换算关系等。

1.1.4 无损检测的用途

1）发现材料、试件内部或表面存在的缺陷，测量试件的几何特征和尺寸，测定材料或试件的内部组成、结构、物理性能和状态等。

2）用于工艺制造过程中的制品检测、最终成品检测及在役零部件的维修检测，借以评定它们的完整性、连续性及安全可靠性。

3）它是实现质量控制、节约原材料、改进工艺、提高劳动生产率的重要手段，也是设备维修中不可缺少的手段。

在五大常规无损检测方法中，通常射线检测（RT）与超声检测（UT）用于检测内部缺陷，磁粉检测（MT）、渗透检测（PT）与涡流检测（ET）用于检测表面或近表面缺陷。

1.1.5 无损检测的质量判据

无损检测的质量判据包括灵敏度、分辨力和可靠性。

1. 灵敏度

灵敏度是表征无损检测方法检测细小缺陷的能力。能检测出的缺陷越小，检测灵敏度越高。

注意：进行无损检测时，检测人员常常能同时观察到缺陷信号及噪声信号。例如，进行荧光渗透检测时，常常能同时观察到缺陷迹痕显示（缺陷信号）及荧光背景显示（噪声信号）。

对任何无损检测方法而言，缺陷信号越清晰越好，噪声信号越小越好。检测人员必须具备从噪声信号中分辨出缺陷信号的能力。

信噪比（S/N）即缺陷信号（S）与噪声信号（N）的比值。信噪比越高，表示混在缺陷信号里的噪声信号越小，缺陷信号越清晰；反之，缺陷信号就不清晰，甚至可能出现缺陷信号被噪声信号淹没的危险性。因此，信噪比越高越好。

注意：渗透检测所显示的缺陷迹痕长度大于缺陷实际长度，缺陷迹痕宽度则是缺陷实际宽度的很多倍。渗透检测时，可供测量的尺寸是缺陷迹痕长度，渗透检测质量验收标准常常是用缺陷迹痕长度对缺陷进行评定的。

2. 分辨力

分辨力是表征无损检测方法探测缺陷几何特性的能力，包括如下两个含义：

1）可能观察到的最小缺陷。

2）对可能观察到的缺陷进行完整的描述。

所用无损检测方法可能观察到的最小缺陷，通常以一个或一组数据表达。例如，某焊缝着色渗透检测技术标准要求拒收任何长度大于 2mm 的线性迹痕显示，那么所使用的着色渗透检测技术就必须具有分辨长度为 2mm 的线性迹痕显示能力。

缺陷的几何特性一般包括尺寸（缺陷尺寸及间距等）、形貌（圆形或线形等）及位置（表面、内部或边缘）。在按"缺陷"来确定受检对象是否合格或拒收时，相关技术规范经常使用这三个几何特性（尺寸、形貌及位置），因此所用无损检测方法必须具有揭示缺陷几何特性的能力。

注意：渗透检测时，随着显像时间的延长，从缺陷中渗出（bleedout）的渗透液会不断扩展，缺陷迹痕长度和宽度会增加，从而使分辨力下降。

3. 可靠性

可靠性是表征无损检测方法检出缺陷与受检对象真实缺陷之间的对应性。例如，某无损检测方法检出某受检对象缺陷为圆形，而受检对象的真实缺陷为线形，则称该无损检测方法的检测结果不可靠，即可靠性不好。

不同的无损检测人员、不同的无损检测工艺，其可靠性不尽相同。

对于体积性缺陷（如孔洞类缺陷），射线检测可靠性较高；对于面积性缺陷（如裂纹类缺陷），超声检测可靠性较高。

可靠性是反映灵敏度与分辨力两者综合性能的质量判据。必须通过适当的质量控制，把无损检测的灵敏度与分辨力保持在一个恒定水平上，才有可能获得可靠的检测结果。

1.2　渗透检测基本知识

1.2.1　渗透检测的定义

渗透检测（Penetrant Testing，PT）是一种以毛细管作用原理或毛细现象为基础，检测与表面相通缺陷的无损检测方法，如图1-1所示。

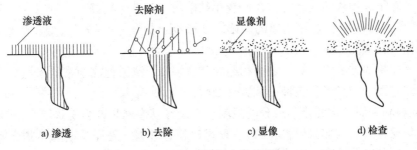

a) 渗透　　　b) 去除　　　c) 显像　　　d) 检查

图1-1　渗透检测定义示意图

渗透检测的步骤如下：

1）将含有荧光染料或着色染料的渗透液（penetrant）均匀地施加于受检部位表面，由于毛细管作用，渗透液将渗入各类与表面相通的细微缺陷中。

2）停留适当时间后，去除受检部位表面的多余渗透液，并使受检部位表面干燥。

3）对受检部位表面施加显像剂（developer），由于毛细管作用，缺陷中的渗透液将渗出到受检部位表面，并在显像剂形成的不规则毛细管中上升、扩展，形成放大的缺陷迹痕显示（黄绿色荧光显示或红色显示）。

4）在黑光（荧光渗透检测法）或白光（着色渗透检测法）下，用目视法检查，确定缺陷迹痕是否存在，继而确定缺陷的形貌和分布状态。

渗透检测包括水洗型渗透检测、后乳化型渗透检测及溶剂去除型渗透检测三种方法。其中，后乳化型渗透检测又分为亲水后乳化型渗透检测及亲油后乳化型渗透检测两种方法。

水基湿式显像法包括水溶解显像剂显像法及水悬浮显像剂显像法；非水基湿式显像法即溶剂悬浮显像剂显像法，也称快干式显像剂显像法。

渗透检测一般包括两部分内容：一部分内容为检测表面开口缺陷，称为渗透探伤；另一部分内容为检测穿透性缺陷，称为渗漏检测（本书中的渗透检测均指渗透探伤；若为渗漏检测，会另加说明）。

国内外的相关研究表明：渗透检测是一种可以有效检测与表面相通缺陷的无损检测方法。对非铁磁性材料的检测，渗透检测的适用性是磁粉检测所无法相比的；对非金属材料的检测，其灵敏度较高，也是其他无损检测方法所无法相比的。

1.2.2 渗透检测的优点与局限性

1. 渗透检测的优点

1）具有较高的检测灵敏度。现已证明，渗透液能渗入宽度小于可见光波长 1/2 的裂纹中。即使是放大倍率最高的光学显微镜，也不能观察到这种宽度。

由于系统（渗透液+显像剂）放大了细微裂纹缺陷的宽度，因此荧光渗透液给出的亮度反差或着色渗透液给出的颜色反差大幅度地提高了可见度，所以肉眼能够清楚地看到细微裂纹缺陷的迹痕及所显示的数量、形貌和位置。

从目前的渗透检测水平来看，超高灵敏度的渗透检测材料可清晰地显示宽 $0.5\mu m$、深 $10\mu m$、长 1mm 左右的细微裂纹，有关资料介绍渗透检测的最高灵敏度可达 $0.1\mu m$。

在正常状态下，用渗透检测方法探测较小缺陷的一致性也很好。

2）可用于检测各种与表面相通的缺陷，如裂纹、折叠、冷隔、分层、泄漏或未焊透、未熔合等表面开口缺陷。

在各种无损检测方法中，对与表面相通的开口缺陷，渗透检测通常效果最好。例如，在断裂力学检测方面，它能确定各种形貌试件表面的最大缺陷尺寸。

3）不受材料组织结构和化学成分的限制。不仅可以检测非铁金属（有色金属）和钢铁材料（包括铁磁性材料与非铁磁性材料），还可以检查塑料、陶瓷及玻璃等非金属材料，可用于在制品、成品以及维修品的检测。

与用于铁磁性试件的磁粉检测相比，磁粉检测的优越性是，可以不必去除所有的表面涂层，或不必去除所有不连续性的污染物。

4）不受检测方向的影响，一次操作即可检测出各个方向的缺陷。可以有效、经济地检测大面积或复杂的零部件，即可以对受检对象进行整体检测（受检对象形貌可能较复杂或表面积较大），再结合其他内部缺陷的无损检测方法，便能全面可靠地检出该试件的主要危险缺陷。

5）操作极为灵活，既可以使用便携式压力喷罐实施溶剂去除型渗透检测操作，也可以使用采用数字化计算机扫描的缺陷读出装置、全自动化的渗透检测流水线进行操作。

6）显示直观，容易判断；操作方法简便、快速；设备简单、携带方便、检测费用低，适用于野外工作等。

渗透检测是实现质量控制、节约原材料、改进工艺、提高劳动生产率的重要手段，也是设备维修中不可缺少的手段。

2. 渗透检测的局限性

1）只能检出与表面相通的缺陷，对被污染物堵塞或经机械处理（如喷丸、喷砂、抛光和研磨等）后，开口被封闭的缺陷不能有效地检出。例如，图 1-2a 所示为喷砂前缺陷开口，通过渗透检测能有效检出缺陷；图 1-2b 所示为喷砂后缺陷开口被封闭，不能有效地检出缺陷。

2）不适合检测由多孔性或疏松材料制成的受检对象和表面粗糙的受检对象。因为检测由多孔性或疏松材料制成的受检对象时，整个表面会呈现强的荧光背景或着色背景，掩盖了缺陷显示；当受检对象表面太粗糙时，则易造成假象，检测效果不好。

3）只能检出缺陷在受检对象表面的位置、形貌、分布状态等，在一定程度上还能表示缺陷的性质及尺寸。但难以确定缺陷的实际深度，因而很难对缺陷做出深度方向的定量评价。

4）缺陷迹痕的长度和宽度会随着显像时间的延长而增加，如图 1-3 所示；缺陷迹痕的形貌会随着显像时间的延长而发生变化，如焊缝弧坑裂纹由放射状变为圆形。

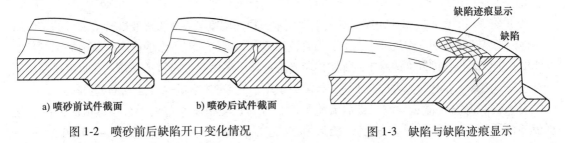

a）喷砂前试件截面　　　　　b）喷砂后试件截面

图 1-2　喷砂前后缺陷开口变化情况　　　　图 1-3　缺陷与缺陷迹痕显示

5）渗透检测工艺，如预清洗与渗透时间等取决于所选用的渗透检测材料、受检材料的特性（尺寸、形貌、表面状况、材料成分）、需检出缺陷类型等因素。

6）检出结果受操作者技术水平的影响较大。

1.2.3　常规渗透检测与特殊渗透检测

1）常规渗透检测方法只能检出非多孔性材料的试件表面开口缺陷。对于多孔性材料的受检对象，需要采用使用过滤性微粒渗透剂的特殊渗透检测方法。

2）渗透检测用于陶瓷类制品检测时，要注意陶瓷类制品是否上釉。上釉者为瓷，可以使用常规渗透检测方法进行渗透检测。

3）渗透检测用于石墨类制品检测时，要注意石墨类制品是否经过浸铜等工艺处理。经过浸铜等工艺处理后，石墨类制品中的细微孔洞被填充，则可以使用常规渗透检测方法进行检测。

4）渗透检测用于粉末冶金类制品检测时，要注意区分粉末冶金类制品究竟是松孔类制品，还是致密类制品。如果是致密类制品，则可以使用常规渗透检测方法进行渗透检测。

1.2.4　渗透检测技术的发展

1. 国外渗透检测技术的发展

渗透检测出现于20世纪初，是应用最早的无损检测方法之一，初始阶段是利用铁锈检查裂纹。户外存放的钢板上如果存在裂纹，水渗入裂纹后会形成铁锈，所以裂纹处的铁锈比其他部位要多。检测人员即可根据铁锈的分布位置、形貌和状态，来判断钢板上是否存在裂纹。

"油-白垩"法是应用较早的一种渗透检测方法，其步骤为：首先将重油和煤油的混合液施加于受检试件表面，停留几分钟以后，将表面的油去除；然后再涂以酒精-白垩（粉）的混合物，待酒精挥发后，在有裂纹的部位，裂纹中的油会被吸附到白色的白垩（粉）涂层上形成显示。这种早期的渗透检测方法被广泛地应用于工业部门的检测中。

白垩（粉）与石灰石（汉白玉）的主要成分都是碳酸钙，其化学式为 $CaCO_3$，两者从化学成分上是无法区分的，但白垩（粉）质地柔软。白垩粉是制作很多非常有用的化工产品的原料，如油灰、颜料、药品、纸张、牙膏和火药等。

20世纪30年代以前，渗透检测技术发展很慢。随着工业的发展，特别是航空制造业的发展，许多非铁金属和非铁磁性材料得到越来越广泛的应用。因此人们把注意力再次集中到"油-白垩"法上。

20世纪30年代到40年代初期，美国工程技术人员斯威策等人对渗透液进行了大量的试验研究。他们把着色染料加入渗透液中，配制出着色渗透液，增加了着色渗透检测时缺陷显示颜色的对比度；把荧光染料加入渗透液中，配制出荧光渗透液，采用显像粉显像，并且在暗室里使用黑光灯观察缺陷显示，从而显著提高了渗透检测灵敏度，使渗透检测进入一个崭新的阶段。

有人曾经断言，渗透检测将被涡流检测所替代，但是很多年过去了，渗透检测并没有被涡流检测所替代。它不但在航空、航天和核能等工业中得到广泛应用，而且在特种设备（承压设备和机电设备）、机械制造等行业也得到广泛应用。

由于渗透检测材料与渗透检测技术的不断进步，提高了渗透检测的灵敏度和可靠性。与所有已经实施的无损检测方法相比，在简单而又灵活地检测非常细小的表面缺陷方面，渗透检测方法极具优越性。

虽然某些新型的、先进的电子仪器检测方法得到了广泛应用，在无损检测领域也发挥了重要的作用，但是它们只能弥补渗透检测方法的不足，却不能取代它。

20世纪60~70年代，灵敏度更高的渗透检测方法和无毒渗透检测材料被研制出来。例如，成功研制出水基渗透液、水洗法渗透检测技术，大幅度减少了环境污染；研制出严格控制硫、氟、氯等杂质元素含量的新型渗透液，更适用于镍基合金、钛合金和奥氏体不锈钢的渗透检测。

当今，渗透检测所用材料与20世纪初使用的煤油+白垩（粉）渗透检测材料相比要复杂得多。

随着渗透检测技术的发展，国外相继出现一些专门供应渗透检测设备和渗透检测材料的公司，如美国磁通（Magnaflux）公司、德国凯密特尔（Chemetall）集团、日本码科泰克（MARKTEC）株式会社等，这些公司专门向用户提供成套渗透检测设备和渗透检测材料，进一步促进了渗透检测设备和材料的系列化与标准化。

2. 我国渗透检测技术的发展

20世纪50年代，我国主要使用苏联航空工业应用的渗透检测材料，典型配方为变压器油85%+机械滑油15%。其荧光亮度很低，发光强度只有10Lx左右，检测灵敏度也很低；渗透检测工艺很落后，如使用木屑进行干燥等。

20世纪50年代到60年代中期，国内许多大型企业和科研单位纷纷自行研制渗透液，品种达数十种之多，主要供自己使用。

20世纪70年代中期，国内一些单位协作研制出新的荧光染料，如YJP-15等；并研制成功自乳化型荧光渗透液（典型型号有ZB-1、ZB-2和ZB-3）和后乳化型荧光渗透液（典型型号有HA-1、HA-2、HB-1和HB-2）等，其性能都达到了国外同类产品的水平。

20世纪70年代后期，我国成功研制出无毒的、可检测微米级宽表面裂纹的着色渗透液。断裂力学研究表明：在恶劣的工作条件下，受检对象上的微米级表面裂纹都会成为导致失效破坏的裂源。因此作为检测表面裂纹的渗透检测方法，随着检测材料与技术的不断进步，以及检测灵敏度与可靠性的不断提高，将在现代工业各个领域中得到越来越广泛的应用。

1.3 渗透检测与磁粉检测、涡流检测的比较

虽然渗透检测与磁粉检测、涡流检测均属于表面无损检测方法，都可用于检测表面或近表面（表层）缺陷（或物理量），但它们的方法原理及适用范围等相差很大，见表1-1。

表1-1 渗透检测与磁粉检测、涡流检测的比较

项目	渗透检测（PT）	磁粉检测（MT）	涡流检测（ET）
方法原理	毛细管作用	磁场作用	电磁感应作用
应用	探伤、检漏	探伤	检测、测厚、材料分选
检测材料	非多孔性材料	铁磁性材料	导电材料
检出缺陷	表面开口缺陷	表面及近表面缺陷	表面及表层缺陷
缺陷方向对检出率的影响	各方向的裂纹缺陷均可一次检出	垂直于磁力线方向的缺陷容易检出	垂直于涡流方向的缺陷容易检出
试件表面粗糙度对检出率的影响	表面粗糙时检出率低	受影响，比渗透检测影响小	影响大
缺陷显示方式	缺陷内渗透液渗出，在显像剂形成的毛细管内上升及扩展	缺陷处产生漏磁场，吸附磁粉	检测线圈电压和相位变化
缺陷显示直观性	直观	直观	不直观
缺陷性质判定	基本可判定	基本可判定	难判定
缺陷定量评价	缺陷迹痕的形貌、大小、色泽都随时间变化而变化	不受时间影响	不受时间影响
缺陷显示器材	显像剂和渗透液	磁粉	电压表、示波器、记录仪
检测灵敏度	高	高	较低
检测速度	慢	快	最快，可实现自动化
污染程度	高	高	低

　　渗透检测方法只能检出表面开口缺陷，磁粉检测方法只能检出铁磁性材料的表面和近表面缺陷；而涡流检测方法不但可以检出导电材料的表面和近表面（表层）缺陷，而且可以检出表面和近表面（表层）某些物理量的变化。

　　渗透检测方法与磁粉检测方法在很多方面相类似。例如，它们都是检测表面缺陷的方法，并且都是把缺陷图像扩大，以目视观察判别及确定缺陷性质、尺寸及形貌的方法。

　　对铁磁性材料表面细微裂纹的检测，磁粉检测方法及渗透检测方法的检测灵敏度均明显高于射线检测方法和超声检测方法。但就检测可靠性而言，磁粉检测方法明显高于渗透检测方法。

　　对非铁磁性材料及非铁金属材料表面细微裂纹的检测，渗透检测方法的检测灵敏度则明显高于射线检测方法和超声检测方法。

复 习 题

　　说明：题号前带＊号的为Ⅱ级人员需要掌握的内容，对Ⅰ级人员不要求掌握；不带＊号的为Ⅰ、Ⅱ级人员都要掌握的内容。

　　一、是非题（在括号内，正确画○，错误画×）

＊1. 无损检测也称非破坏检查，它不损坏受检试件的使用性能。　　　　　　　（　　　）

　2. 渗透检测方法不可以检测铁磁性材料试件的表面开口缺陷。　　　　　　（　　　）

＊3. 在荧光渗透检测中，缺陷迹痕显示为黑色背景上的明亮黄绿色荧光。　（　　　）

＊4. 非水基湿式显像即溶剂悬浮显像剂显像。　　　　　　　　　　　　　　（　　　）

　5. 渗透检测分为渗透探伤和渗漏检测两大类。　　　　　　　　　　　　　（　　　）

＊6. 检测铁磁性材料的表面裂纹时，渗透检测的可靠性低于磁粉检测。　　（　　　）

　7. 渗透检测不受材料组织结构和化学成分的限制。　　　　　　　　　　　（　　　）

　8. 渗透检测可分为水洗型、后乳化型和溶剂去除型三大类。　　　　　　　（　　　）

＊9. 在检测表面细微裂纹时，渗透检测的可靠性低于射线（照相）检测。　（　　　）

＊10. 无损检测方法能检测出的缺陷越小，检测灵敏度越高。　　　　　　　（　　　）

　11. 无损检测方法检出缺陷与受检试件真实缺陷之间的对应性越好，可靠性越高。

　　　　　　　　　　　　　　　　　　　　　　　　　　　　　　　　　　（　　　）

　12. 按染料成分分类，渗透检测可分为荧光法、着色法和荧光着色法三大类。　（　　　）

　13. 水基湿式显像包括水悬浮显像剂显像及溶剂悬浮显像剂显像。　　　　（　　　）

　14. 渗透过程是利用渗透液的毛细管作用和重力作用共同完成的。　　　　（　　　）

　　二、选择题（将正确答案填在括号内）

　1. 渗透检测适合检测非多孔性材料的：　　　　　　　　　　　　　　　　（　　　）

　　　A. 近表面缺陷　　　　　　　　　　　　B. 表面和近表面缺陷

　　　C. 表面缺陷　　　　　　　　　　　　　D. 内部缺陷

　2. 下列哪种方法不属于五大常规无损检测方法的范围？　　　　　　　　　（　　　）

　　　A. X 射线（照相）检测　　　　　　　　B. 磁粉检测

　　　C. 光学全息术检查　　　　　　　　　　D. 超声检测

3. 下列哪种无损检测方法检测锻件内部缺陷效果较好？　　　　　　　　（　　）
　　A. 超声检测　　　　　　　　　　　　B. 磁粉检测
　　C. 渗透检测　　　　　　　　　　　　D. X 射线（照相）检测

*4. 下列哪种无损检测方法检测非铁金属试件表面缺陷效果较好？　　（　　）
　　A. 超声检测　　　　　　　　　　　　B. X 射线（照相）检测
　　C. 磁粉检测　　　　　　　　　　　　D. 渗透检测

5. 下列哪种无损检测方法检测试件内部气孔效果较好？　　　　　　　（　　）
　　A. 超声检测　　　　　　　　　　　　B. 磁粉检测
　　C. 渗透检测　　　　　　　　　　　　D. X 射线（照相）检测

*6. 渗透液渗入表面缺陷中是基于什么作用原理？　　　　　　　　　　（　　）
　　A. 渗透液的黏性　　　　　　　　　　B. 毛细管作用
　　C. 渗透液的表面张力作用　　　　　　D. 渗透液的重量

7. 下列哪种检测方法在缺陷评定时受时间因素的影响？　　　　　　　（　　）
　　A. 渗透检测　　　　　　　　　　　　B. 磁粉检测
　　C. 射线检测　　　　　　　　　　　　D. 超声波检测

*8. 下列哪种说法是正确的？　　　　　　　　　　　　　　　　　　　（　　）
　　A. 渗透检测比涡流检测灵敏度低
　　B. 对于铁磁性材料表面缺陷的检测，渗透检测比磁粉检测可靠
　　C. 渗透检测不能发现疲劳裂纹
　　D. 对于微小表面缺陷的检测，渗透检测比超声检测可靠

*9. 渗透检测是一种非破坏性检验方法，这种方法可用于：　　　　　　（　　）
　　A. 探测和评定试件中的各种缺陷
　　B. 探测和确定试件中的缺陷长度、深度和宽度
　　C. 确定试件的抗拉强度
　　D. 探测试件表面的开口缺陷

*10. 下面哪一项不是渗透检测的特点？　　　　　　　　　　　　　　（　　）
　　A. 能测量裂纹或不连续性的深度
　　B. 能在现场检验大型试件
　　C. 能发现浅的表面缺陷
　　D. 使用不同类型的渗透材料可获得不同的灵敏度

三、问答题
1. 什么是渗透检测？简述其原理及适用范围。
2. 简述渗透检测的分类方法。
*3. 渗透检测有哪些优点和局限性？
*4. 简述水洗型、后乳化型及溶剂去除型渗透检测方法的基本操作步骤。

复习题参考答案

一、是非题
1. ○；2. ×；3. ×；4. ○；5. ○；6. ○；7. ○；8. ○；9. ×；10. ○；11. ○；12. ○；

13. ×；14. ×。

二、选择题

1. C；2. C；3. A；4. D；5. D；6. B；7. A；8. D；9. D；10. A。

三、问答题

（略）

第2章　界面物理化学基础

渗透检测的全过程包括渗透、清洗/去除、显像等，它们均发生在液-气、固-气、液-液及液-固等界面上。本章主要介绍与渗透检测相关的界面物理化学知识。

2.1　术语

1. 相、界面及表面

相是指物理系统中具有物理同性，且可以辨别差异的物质形态。

自然界有气态、液态和固态三种物质形态，有气相、液相和固相三种相，它们相应的介质是气体、液体和固体。

在多相分散系统中，相与相之间的接触面统称为界面，即密切接触的不容易混合在一起的两相之间的过渡区称为界面，该过渡区的厚度约有几个分子直径。

根据物质形态的不同，可以分为液-气、固-气、液-液、液-固及固-固五种界面。与渗透检测相关的界面有液-气、固-气、液-液及液-固四种。

人们习惯把有气相参与组成的界面称为表面，其他的界面仍叫界面。其实，表面与界面并无严格区别，常常通用。例如，把液-气界面称为液体表面，渗透液表面即为液-气界面；而把固-气界面称为固体表面，受检试件表面即为固-气界面。

2. 物理化学与界面物理化学

物理化学：使用物理理论去研究化学现象的发生和变化过程的科学。

界面物理化学：使用物理化学理论去研究界面现象的发生和变化过程的科学。

2.2　表面张力与表面张力系数

液体表面层分子与内部分子相比处于特殊状态，因此，产生了很多特殊的现象。

液体具有流动性，一定量的液体（如水）置于一定几何形状的容器中，在其自身重量的作用下，液体呈现盛装它的容器的几何形状，并且表面是水平的。但是，少量液体的表面并不是这样的。例如，荷叶上的小水珠及草叶上的露珠都是近于球形的。又如，在水平的玻璃片上，小水银珠呈球形，大水银珠呈扁平状。如果在呈球形的小水银珠上盖一块玻璃片，小水银珠会被玻璃片压扁；但是，去掉上面盖着的玻璃片，即去除外加的压力后，小水银珠又会回复球形。大水银珠呈扁平状，是因为大水银珠的重量比较重，它的形状受重力的影响也比较大；如果可以设法消除大水银珠的重量对其形状的影响，那么，大水银珠也能成为球形。

我们知道，体积一定的几何形体中，球体的表面积最小。因此，一定量的液体从其他形体变为球体时，就伴随着表面积的减小。另外，液膜也有自动收缩的现象。上述荷叶上的小水珠、草叶上的露珠及玻璃片上的小水银珠等均呈球形的实例说明，液体表面有收缩到最小的趋势。这就是液体表面最基本的特性。

根据力学知识知道，液体能够从其他形体变为球体是由于有力的作用。即存在一种力作用于液体表面，使液体表面收缩并趋于使表面积达到最小。

表面张力：存在于液体表面，使液体表面收缩的力。

表面张力系数：单位长度上的表面张力。它是液体的基本物理性质之一，表面张力一般用表面张力系数表示。

表面张力系数的法定单位为 N/m（牛顿/米）；另有两个常用单位，分别是 mN/m（毫牛顿/米）和 dyne/cm（达因/厘米）。$1N/m = 10^3 mN/m = 10^3 dyne/cm$。部分液体的表面张力系数见表 2-1。

表 2-1　部分液体的表面张力系数（20℃）

液体名称	表面张力系数/(10^{-3}N/m)	液体名称	表面张力系数/(10^{-3}N/m)
水	72.3	丙酸	26.7
乙醇	23	甲苯	28.4
苯	28.9	乙醚	17
油酸	32.5	甘油	65.0
煤油	23	丙酮	23.7
醋酸	27.6	水银	484
松节油	28.8	乙酸乙酯	27.9
硝基苯	43.9	四氯乙烯	35.6
四氯化碳	26.4	苯甲酸甲酯	41.5
三氯甲烷	26.7	水杨酸甲酯	48

一般来说，表面张力系数与温度、压力及液体成分等有关。一定成分的液体，在一定的温度和压力下，有一定的表面张力系数；不同液体的表面张力系数不同。

同一液体，表面张力系数随温度的上升而减小。但是，少数熔融液体的表面张力系数随温度的上升而增大，如铜、镉等金属的熔融液体。

容易挥发的液体，其表面张力系数较小。含有杂质的液体比纯净的同种液体的表面张力系数要小。

2.3　毛细现象

2.3.1　毛细管和毛细现象

如果把毛细管（一般把内径小于 1mm、如同毛发一样细小的玻璃管称为毛细管）插入盛有水的玻璃容器中，由于水能润湿玻璃，水将在毛细管内形成球形凹液面，对内部液体产生拉应力，故水会沿着毛细管内壁自动上升，使毛细管内的液面高出玻璃容器内的液面，毛细管的内径越小，其中的水面也越高，如图 2-1a 所示。

如果把这根毛细管插入装有水银的玻璃容器中，出现的现象则正好相反。由于水银不能润湿玻璃，毛细管内的水银面将形成球形凸液面，对内部液体产生压应力，使毛细管内的水银液面低于玻璃容器里的水银液面，毛细管的内径越小，其中的水银面就越低，如图 2-1b 所示。

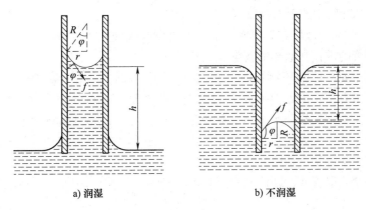

a) 润湿　　　　　　　　　　　　b) 不润湿

图 2-1　毛细现象示意图

R—凹（凸）液面半径　r—毛细管半径　h—毛细管内液面的上升（下降）高度
f—拉（压）应力　φ—接触角

毛细现象：润湿液体在毛细管中呈凹面并上升，不润湿液体在毛细管中呈凸面并且下降的现象。

毛细管：能够产生毛细现象的管子。

毛细现象并不局限于产生在一般意义上的内径很小的圆形毛细管中，其他如两平行平板间的夹缝，也是特殊形式的毛细管，将它插入液体中所发生的边界现象也可作为毛细现象来研究。

2.3.2　毛细管中的液面高度

如图 2-2 所示，将毛细管插入润湿的液体（如水）中，管内液体形成凹液面，产生拉应力，即毛细管中的上升力 $F_上$ 使管内液面上升。毛细管中的下降力 $F_下$ 等于液柱的重量。

当液面停止上升时，上升力 $F_上$ 与下降力 $F_下$ 相平衡，即 $F_上=F_下$。润湿的液体在毛细管中上升高度 h 的计算公式为

$$h = \frac{2\gamma_L \cos\theta}{r\rho g} \quad (2\text{-}1)$$

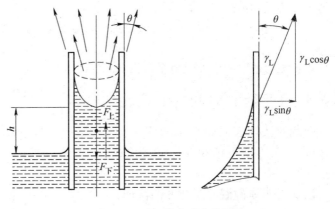

图 2-2　毛细管中受力分析图

式中　γ_L——液体表面张力系数（N/m）；

θ——接触角（°）；

r——毛细管内壁半径（m）；

ρ——液体的密度（kg/m^3）；

g——重力加速度（m/s^2）；

h——液体在管中的上升高度（m）。

由式（2-1）可知：液体在毛细管中上升的高度与表面张力系数和接触角的余弦的乘积成正比，与毛细管的内径和液体的密度成反比。

注意：γ_L 与 $\cos\theta$ 是密切相关的，γ_L 表征作用力的大小，$\cos\theta$ 决定作用力的方向，$\gamma_L\cos\theta$ 表征表面张力在 θ 角方向上分力的大小，两者是密不可分的。对某种液体而言，γ_L 增大，润湿效果变差，接触角 θ 变大，$\cos\theta$ 减小；反之，γ_L 减小，$\cos\theta$ 增大。可见，不能将两者分开讨论、孤立地看问题，误认为 h 与 γ_L 成正比。在实际渗透检测中，渗透液的 γ_L 要适当，太大或太小都是不利的。

若液体能完全润湿管壁，即铺展润湿时，$\cos\theta \approx 1$，则式（2-1）可简化为

$$h = \frac{2\gamma_L}{r\rho g} \tag{2-2}$$

如果液体不润湿管壁，则液体在管内形成球形凸液面，管内液面下降的高度也可以用式（2-1）计算。

例 2-1 已知某毛细管的半径为 0.0550cm，20℃时某渗透液的密度为 $0.8771g/cm^3$，这种渗透液在该毛细管中上升的高度为 1.201cm，其在该毛细管中的弯曲液面为半球凹面（完全润湿）。试求该渗透液的表面张力系数。

解：根据题意，用式（2-2）求解即可

$$h = \frac{2\gamma_L}{r\rho g}, \quad \gamma_L = \frac{\rho ghr}{2}$$

整理已知数据：$r = 0.0550cm = 0.0550 \times 10^{-2}m$；$g = 9.8m/s^2$；$h = 1.201cm = 1.201 \times 10^{-2}m$；$\rho = 0.8771g/cm^3 = 0.8771 \times 10^3 kg/m^3$。

将整理后的已知数据代入式（2-2）：

$$\gamma_L = \frac{0.8771 \times 10^3 \times 9.8 \times 1.201 \times 10^{-2} \times 0.0550 \times 10^{-2}}{2}N/m = 0.0284N/m$$

答：该渗透液的表面张力系数为 0.0284N/m。

2.3.3 两平行平板间的液面高度

润湿的液体在间距很小的两平行平板间也会产生毛细现象，如图 2-3 所示。

该润湿液体的液面为柱形凹液面，产生拉应力，板内液面上升。若两平行平板间的距离为 $2r$，用与上述相同的方法，可推导出两平行平板内液面上升高度的公式［式（2-3）］。

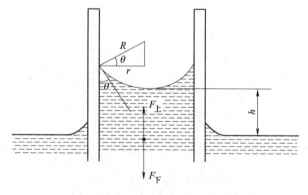

图 2-3 两平行平板间的毛细现象

如果液体不润湿平板，则两平行平板间的液面为柱形凸液面，产生压应力，使板内液面降低，其液面降低的高度同样可用式（2-3）计算。

$$h = \frac{\gamma_{\text{L}}\cos\theta}{r\rho g} \tag{2-3}$$

式中　r——两平行平板间距离的一半（m）。

其他参数的含义同式（2-1）。比较式（2-1）和式（2-3）可知，在相同条件的毛细现象中，柱形液面上升高度仅为球形液面的 1/2。

2.4　润湿现象与润湿方程

2.4.1　润湿（或不润湿）与润湿剂

润湿或不润湿现象是液体与固体接触处的一种表面现象。水滴滴在光洁的玻璃板面上，水滴会沿着玻璃板面慢慢散开，即液体与固体接触表面有扩大的趋势，且能相互附着，接触处玻璃表面的气体被水所取代，也就是说，水能润湿玻璃。这种现象称为润湿，如图 2-4a 所示。将水银滴在玻璃板面上，水银将收缩成球状，即液体与固体接触表面有缩小的趋势，且相互不能附着。这种现象称为不润湿，如图 2-4b 所示。

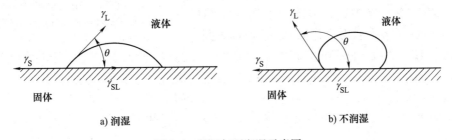

图 2-4　润湿与不润湿示意图

把润湿液体装在容器里（注：对该容器而言，这种液体是润湿液体），靠近容器壁处的液面呈上弯的形状，如图 2-5 所示。把不润湿液体装在容器里，靠近容器壁处的液面呈下弯的形状，如图 2-6 所示。对内径小的容器而言，这种现象是显著的，整个液面呈弯月形，俗称"弯月面"。

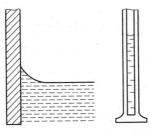

图 2-5　液体润湿固体示意图

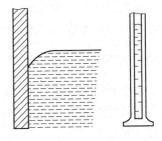

图 2-6　液体不润湿固体示意图

润湿现象：固体表面上的一种流体（气体或液体）被另一种流体所取代的现象。

润湿现象必然涉及三相，且其中至少两相为流体。它是固体表面的结构与性质、固-液两相分子相互作用等微观特性的宏观表现。

润湿作用：固体表面上的一种流体置换另一种流体的过程。

润湿性：液体在固体表面铺展开，并黏附于固体表面上的能力。

润湿剂：用于改变固-液（一般为水）界面润湿性质，使液体更易润湿固体的液体。润湿剂一般都是表面活性剂。

润湿剂的作用是降低液体的表面张力和固-液界面的界面张力，使液体容易在固体表面上铺展开来。

2.4.2 润湿方程和接触角

定量地讨论润湿问题时，需要引入接触角的概念，如图2-7所示。

在液-固-气三相交界处，液-固界面通过液体内部与液-气界面之间的夹角，称为接触角，常用 θ 表示。

将一滴液体滴在固体平面上时，存在三种界面：液-气、固-气和固-液界面。与三种界面一一对应，存在三种界面张力，如图2-7所示。这三种界面张力分别是：液-气界面上的液体表面张力，它使液滴表面收缩，用 γ_{LV} 表示；固-气界面张力，它力图使液滴表面铺展开，用 γ_{SV} 表示；固-液界面张力，它也力图使液滴表面收缩，用 γ_{SL} 表示。在气、液、固三相公共点处，同时存在上述三种界面张力。当液滴停留在固体平面并处于平衡状态时，三种界面张力相平衡，各界面张力与接触角的关系是

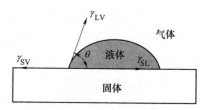

图 2-7 润湿方程与接触角

注：液体表面的气体实际上是液体蒸气。

$$\gamma_{SV} - \gamma_{SL} = \gamma_{LV}\cos\theta \tag{2-4}$$

式（2-4）是润湿的基本公式，常称为润湿方程。它可以变形为

$$\cos\theta = \frac{\gamma_{SV} - \gamma_{SL}}{\gamma_{LV}} \tag{2-5}$$

在图2-4a中，接触角比较小，表示润湿能力比较强。在图2-4b中，接触角大于90°，表示不润湿液体，其表面张力很大，能使液滴收缩成小球，以致液体与固体表面接触时，接触面积很小；在图示情况下，接触角很大，液体不会铺展开。

绝大多数渗透液的接触角都接近于0°。渗透检测剂（包括渗透液、去除剂、乳化剂、显像剂等）必须能润湿被检表面，接触角通常小于10°。

渗透液的表面张力越大，接触角越大，渗透液渗入表面开口缺陷的渗透能力越差。

2.4.3 润湿方式及性能

润湿是受检表面的气体为渗透液（液体）所取代的现象。即发生润湿时，固-气界面消失，形成新的固-液界面。在这一过程中，新固-液界面的产生有多种方式，所以润湿的类型也相应地有多种。

渗透检测时，通常将 $\theta = 90°$ 作为判定润湿或不润湿现象的标准，如图2-8所示。

图2-8a所示是当 $0° < \theta < 5°$ 时，$\cos\theta \approx 1$，产生铺展润湿现象；图2-8b所示是当 $0° < \theta < 90°$ 时，$0 < \cos\theta < 1$，液体不呈球形，且能覆盖固体表面，产生润湿现象；图2-8c所示是当 $\theta > 90°$

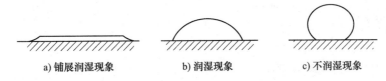

| a) 铺展润湿现象 | b) 润湿现象 | c) 不润湿现象 |

图 2-8 润湿与不润湿现象的判定

时，$\cos\theta<0$，液体呈球形，产生不润湿现象。

接触角 θ 越小，说明润湿性能越好。液体的表面张力系数 γ_L 对润湿性能有较大的影响。表面张力系数 γ_L 大，表面张力大，θ 大，$\cos\theta$ 小，则润湿效果差；反之，表面张力系数 γ_L 小，表面张力小，θ 小，$\cos\theta$ 大，则润湿效果好。

碳素钢、不锈钢、玻璃等固体物质与渗透液、松节油、水等液体物质接触时，接触角 θ 的实测数据见表 2-2。

表 2-2 接触角 θ 的实测数据

液体	碳 素 钢		不 锈 钢		镁 合 金		玻 璃		铜	
	θ	$\cos\theta$	θ	$\cos\theta$	θ	$\cos\theta$	θ	$\cos\theta$	θ	$\cos\theta$
水	51.7°	0.620	40.7°	0.758	46.2°	0.692	39.5°	0.772	25.3°	0.904
机械油	26.5°	0.895	17.1°	0.956	23.0°	0.921	19.7°	0.941	21.5°	0.930
松节油	4.0°	0.998	1.1°	0.999	5.0°	0.996	1.5°	0.999	1.0°	0.999
渗透液 E	4.3°	0.997	6.0°	0.995	12.0°	0.978	4.0°	0.998	2.0°	0.999
乳化剂 T	17.5°	0.954	18.0°	0.951	16.3°	0.960	14.0°	0.970	22.0°	0.927
乙二醇乙醚	4.8°	0.995	12.0°	0.978	4.5°	0.997	17.7°	0.953	6.0°	0.995

不同固体与不同液体接触时，润湿与不润湿情况是不同的。对同种固体而言，不同的液体与其接触时，接触角 θ 不同。例如，水能润湿玻璃，但水银与玻璃却产生不润湿现象。同一液体，对不同的固体而言，接触角 θ 也不同，可能产生润湿或不润湿现象。例如，水能润湿干净的玻璃，却不能润湿石蜡。

同种液体和同种固体相接触，固体材料表面的粗糙程度不同，也会导致接触角 θ 发生变化。当 $\theta<90°$ 时，表面粗糙程度提高，将使接触角变小；当 $\theta>90°$ 时，表面粗糙程度降低，将使接触角增大。

表面活性剂的使用，也能够改变固体与液体接触时的润湿状态。例如，正常情况下，水不能润湿石蜡，但加入适当表面活性剂后，水则能润湿石蜡。

2.4.4 渗透检测与润湿

渗透液能良好地润滑受检试件表面，是进行渗透检测的先决条件。只有这样，渗透液才能向狭窄的表面开口缺陷缝隙内渗透，渗透检测才有可能进行。

此外，还要求渗透液能润湿显像剂，以保证从缺陷内渗出的渗透液能在显像剂形成的不规则毛细管中上升并扩展，形成缺陷迹痕显示。

因此，渗透液的润湿性能是一项重要指标，它是表面张力和接触角两种物理性能的综合反映。渗透检测时，要求渗透液的接触角 $\theta\le5°$。

2.5 乳化作用

2.5.1 乳化现象和乳化剂

众所周知，将沾有油污的衣服放入水中，无论怎样洗刷都难以除去油污。但是，用肥皂或洗衣粉对衣服浸泡后再洗刷，则很快就可以把油污洗掉。这是由于肥皂或洗衣粉溶液与衣服上的油污发生了乳化作用。

把互不混溶的油和水同时注入一个容器中，无论如何搅拌，在静置一段时间以后，分散在水中的油滴都会逐渐聚集，出现油水分层，上层是油，下层是水，在分界面上形成明显的接触膜。

例如，将 $1cm^3$ 的油置于 $1cm^3$ 的水中，剧烈摇晃后，油被分散成许多 $\phi0.01\mu m$ 的小球，油微粒的总表面积可达 $600m^2$。油微粒的表面积增大，其表面也能随之提高，从而形成了热力学的不稳定体系。只有当油重新浮于水面并分为两层时，该体系才是最稳定的，这时它们的表面积才最小。这就是油水不相混合的根本原因。

表面能：表面分子相对于内部分子所多出的能量。

热力学：研究能量从一种形式转换为另一种形式时的宏观规律的学科。

如果在容器中注入适量表面活性剂并加以搅拌，油就会分散成无数微小的颗粒，稳定地分散在水中形成乳白色的液体，即使在静置以后也很难分层。

乳化现象：由于表面活性剂的作用，使本来不能混合在一块的两种液体混合在一起。

乳化剂：具有乳化作用的表面活性剂。

2.5.2 乳化形式

典型的乳化形式有两种：一种是水包油（O/W）型，如图2-9a所示；另一种是油包水（W/O）型，如图2-9b所示。由此构成了两种乳化剂：水包油型乳化剂（亲水性乳化剂）及油包水型乳化剂（亲油性乳化剂）。

上述两种乳化剂均是一种以细小液珠形式分散于另一种不相混溶的液体中形成的粗分散体系（悬浮液），外观常呈乳白色不透明液体，故又称乳状液。

水包油型乳化剂的亲水亲油平衡值（HLB值）为8~18，这种乳化剂能使油以很细小的液滴状分散在水中，水为分散介质、外相、连续相，油为分散相、内相、不连续相。

亲水后乳化型渗透检测中受检试件表面多余透检液的去除，多采用亲水性乳化剂，其HLB值一般为11~15，所形成的乳化液可以直接用水冲洗去除。

油包水型乳化剂的HLB值为3.6~6，这种乳化剂能使水以很细小的液滴状分散在油中，

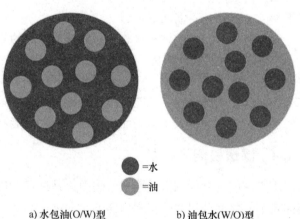

=水
=油

a) 水包油(O/W)型　　b) 油包水(W/O)型

图2-9　乳化形式示意图

18

油为分散介质、外相、连续相，水为分散相、内相、不连续相。

亲油后乳化型渗透检测中受检试件表面多余渗透液的去除，就是采用这类乳化剂。

2.5.3　渗透检测与乳化

　　渗透检测时，受检试件表面
多余渗透液的去除，直接影响缺
陷迹痕显示的观察，从而影响渗
透检测灵敏度。乳化剂的应用如
图 2-10 所示。

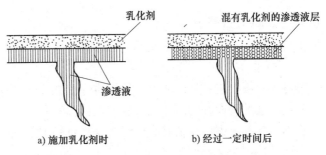

a) 施加乳化剂时　　　　b) 经过一定时间后

图 2-10　乳化剂的应用

　　水洗型渗透检测及后乳化型
渗透检测中，受检试件表面多余
渗透液的去除都与乳化现象即乳
化剂有密切关系。水洗型渗透检
测法所用油基渗透液中加入乳化剂，试件表面的多余油基渗透液可以直接用水清洗。亲水后
乳化型渗透检测中，受检试件表面的多余渗透液需要经过亲水型乳化剂乳化后，才能用水清
洗。亲油后乳化型渗透检测中，受检试件表面的多余渗透液需要经过亲油型乳化剂乳化后，
才能用水清洗。

　　对于水洗型及后乳化型渗透检测法（包括亲水及亲油两种），去除试件表面多余渗透液
后，水洗时形成乳状液，其分散相及分散介质都是液体。

2.6　表面活性与表面活性剂

2.6.1　表面活性与表面活性物质

　　把不同的物质溶于水中，会使表面张
生变化。各种物质水溶液的浓度与表面张力的
关系可以归纳为三种类型。以某物质在水中的
浓度为横坐标，以该物质水溶液的表面张力为
纵坐标，可得到图 2-11 所示的三条曲线。

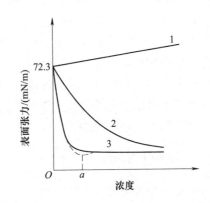

图 2-11　表面张力与水溶液浓度的关系曲线

注：水的表面张力系数值（20℃时）为 72.3mN/m。

　　第一类物质（曲线 1）：某物质水溶液的表
面张力随该物质在水中浓度的增加而上升，如
氯化钠、硝酸等物质的水溶液。

　　第二类物质（曲线 2）：某物质水溶液的表
面张力随该物质在水中浓度的增加而逐渐下降，
如乙醇、丁醇、醋酸等物质的水溶液。

　　第三类物质（曲线 3）：当某物质在水中的
浓度很低时，该物质水溶液的表面张力随其在水中浓度的增加而急剧下降，但降至一定程度
后（此时浓度仍然很低），下降速度减慢或不再下降；当溶液中含有某些杂质时，表面张力可
能出现最小值（如图中虚线所示）。例如，肥皂、洗涤剂等物质的水溶液就具有这样的特性。

表面活性：凡能使溶液表面张力降低的性质。

表面活性物质：具有表面活性的物质。

对水溶液而言，凡是具有曲线3和曲线2特性的物质都具有表面活性，都是表面活性物质。具有曲线1特性的物质则无表面活性，称为非表面活性物质。

2.6.2 表面活性剂

1. 表面活性剂的定义

第三类物质（曲线3）和第二类物质（曲线2）又有明显的不同。第三类物质不但能明显地降低溶液的表面张力，还能产生如润湿、乳化、增溶、起泡、去污等特性，这是第二类物质所不具备的。因此，把具有曲线3这种特性的表面活性物质称为表面活性剂。

表面活性剂定义：当在溶剂（如水）中加入少量的某种溶质时，就能明显地降低溶液的表面张力，改变溶液的表面状态，从而产生润湿、乳化、起泡及加溶等一系列作用，这种物质称为表面活性剂。

2. 表面活性剂的种类

实际应用的表面活性剂品种繁杂，但总结起来，可以根据表面活性剂的化学结构特点进行简单的分类。表面活性剂分子可以看作在碳氢化合物（烃）分子上的一个或多个氢原子被极性基团取代而组成的物质。其中，极性基团可以是离子或非离子基团，由此一般可将表面活性剂分为离子型表面活性剂和非离子型表面活性剂两大类。

表面活性剂溶于水时，凡能电离生成离子的，称为离子型表面活性剂（又分为阳离子型表面活性剂、阴离子型表面活性剂及两性离子型表面活性剂三类）；凡不能电离生成离子的，称为非离子型表面活性剂。两性离子型表面活性剂是在同一分子中，既含有阴离子亲水基，又含有阳离子亲水基的表面活性剂。根据介质的pH的不同，可成为阳离子型，也可成为阴离子型。介质呈碱性时，表现为阴离子表面活性剂；介质呈酸性时，表现为阳离子表面活性剂。

非离子型表面活性剂在水溶液中不电离，所以稳定性高，不易受强电解质的无机盐类影响，也不易受酸和碱影响，与其他类型表面活性剂的相溶性好，能很好地混合使用，在水和有机溶剂中，均具有较好的溶解性能。另外，由于非离子型表面活性剂在溶液中不电离，故其在一般固体表面上也不易发生强烈吸附。

渗透检测中，通常采用非离子型表面活性剂，有时也使用阴离子型表面活性剂。

3. 表面活性剂的结构特点

不论是何种类型的表面活性剂，其分子一般都是由极性基和非极性基构成的。它的极性基易溶于水，即具有亲水性质，故叫作亲水基；非极性基（长链烃基）不溶于水而易溶于油，具有亲油性，故称为亲油基，也叫疏水基。而且这两部分分处两端，形成不对称的结构，其形似火柴，亲水基好比火柴头，对水和极性分子有亲和作用；亲油基好比火柴梗，对油和非极性分子有亲和作用。

表面活性剂两亲分子结构示意图如图2-12所示，图中两种表面活性剂的亲油基皆为十二烷基，而亲水基则不同。

图 2-12a 所示为阴离子型表面活性剂十二烷基硫酸钠，亲水基为 $[SO_4^-]$；图 2-12b 所示为非离子型表面活性剂脂肪醇聚氧乙烯醚，亲水基为 $[(OC_2H_4)_6OH]$。

表面活性剂分子是一种两亲分子，具有亲油和亲水的两亲性质。这种两亲分子既能吸附在油-水界面上，降低油-水界面的张力，又能吸附在水溶液表面上，降低水溶液的表面张力，从而使原来不能混合在一起的油和水变得可以互相混合。

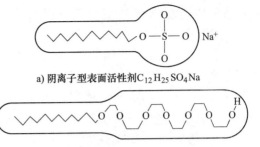

a) 阴离子型表面活性剂 $C_{12}H_{25}SO_4Na$

b) 非离子型表面活性剂 $C_{12}H_{25}(OC_2H_4)_6OH$

图 2-12 表面活性剂两亲分子结构示意图

4. 表面活性剂的亲水性

表面活性剂是否溶于水，即亲水性大小，是衡量其性能的一项重要指标。非离子型表面活性剂的亲水性用 HLB 值来表示。表 2-3 列出了常用表面活性剂的 HLB 值。

表 2-3 常用表面活性剂的 HLB 值

名 称	主 要 成 分	HLB 值
OΠ-7	烷基苯酚聚氧乙烯醚	12.0
OP-10	烷基苯酚聚氧乙烯醚	14.5
TX-10	烷基苯酚聚氧乙烯醚	14.5
乳百灵 A	脂肪醇聚氧乙烯醚	13.0
润湿剂 JFC	脂肪醇聚氧乙烯醚	12.0
MOA	脂肪醇聚氧乙烯醚	5.0
吐温-80	失水山梨醇脂肪酸酯聚氧乙烯醚	15.0
斯盘-20	失水山梨醇单月桂酸酯	8.6
阿特姆尔-67	单硬脂酸甘油酯	3.8

HLB 值的大小用非离子型表面活性剂中亲水基分子量占表面活性剂总分子量的比例来衡量，即

$$HLB = \frac{亲水基相对分子质量}{表面活性剂总相对分子质量} \times 20 \qquad (2\text{-}6)$$

表面活性剂的 HLB 值除可按式（2-6）计算外，还可以根据其在水中的分散情况来估计，见表 2-4。

表 2-4 根据表面活性剂在水中的分散情况估计的 HLB 值

表面活性剂在水中的分散情况	HLB 值
在水中不分散	1~4
在水中分散性不好	3~6
强烈搅拌后呈乳状分散	6~8
搅拌后呈稳定的乳状分散	8~10
搅拌后呈透明至半透明的分散	10~13
透明溶液	>13

表面活性剂的 HLB 值与其作用的大致关系如图 2-13 所示。

由图 2-13 可知：表面活性剂具有润湿、洗涤、乳化、增溶、起泡等作用。HLB 值越大，亲水性越好；HLB 值越小，亲油性越好。亲水亲油转折点处的 HLB 值为 10，即 HLB 值小于 10 时为亲油性，HLB 值大于 10 时为亲水性。

实际应用与图 2-13 所示的对应关系往往有较大的偏离，特别是对于水包油型乳状液，其用作乳化剂时的 HLB 值范围很大，甚至 HLB 值在 8 以上的

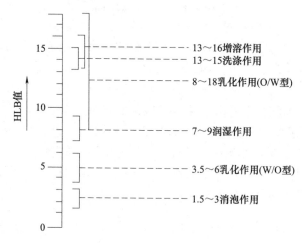

图 2-13　表面活性剂的 HLB 值与其作用的大致关系

表面活性剂都可用作水包油型乳化剂。洗涤剂和增溶剂的 HLB 值也不仅限于图 2-13 中的数值范围。

为了得到合适的 HLB 值，常在一种表面活性剂中添加另一种表面活性剂，混合后的表面活性剂比单一的表面活性剂性能好，使用效果更佳。

从使用效果和经济上考虑，在渗透检测中，经常使用工业生产的表面活性剂，而没有必要使用纯度很高的表面活性剂。

几种非离子型表面活性剂混合后的 HLB 值可按式（2-7）计算

$$HLB = \frac{aX + bY + cZ + \cdots}{X + Y + Z + \cdots} \tag{2-7}$$

式中　a、b、c——混合前各表面活性剂的 HLB 值；

　　　X、Y、Z——混合前各表面活性剂的质量。

例 2-2　月桂醇聚氧乙烯醚的分子式为 $C_{12}H_{25}(OC_2H_4)_6OH$，亲水基部分的分子结构为 $(OC_2H_4)_6OH$，求它的 HLB 值。

解：总相对分子质量为

$$12M_C + 25M_H + 12M_C + 25M_H + 7M_O = 12 \times 12 + 25 \times 1 + 12 \times 12 + 25 \times 1 + 7 \times 16 = 450$$

亲水基部分的相对分子质量为

$$12M_C + 25M_H + 7M_O = 12 \times 12 + 25 \times 1 + 7 \times 16 = 281$$

将上述数值代入式（2-6），得

$$HLB = \frac{281}{450} \times \frac{100}{5} = 12.5$$

答：月桂醇聚氧乙烯醚的 HLB 值为 12.5。

例 2-3　计算 10g OP-10 和 20g MOA 混合后的 HLB 值。

解：从表 2-3 中可查出 OP-10 的 HLB 值为 14.5，MOA 的 HLB 值为 5.0，将上述数值代入式（2-7），得

$$HLB = (10 \times 14.5 + 20 \times 5)/(10 + 20) = 8.2$$

答：10g OP-10 和 20g MOA 混合后的 HLB 值为 8.2。

2.7　截留作用

2.7.1　渗透液缺陷截留现象

渗透液渗入表面开口缺陷后，保留在表面开口缺陷内的现象称为渗透液缺陷截留，简称缺陷截留、截留（entrapment）等。

渗透检测探查表面开口缺陷（如裂纹、折叠、冷隔等）的能力，在很大程度上取决于渗透液缺陷截留能力。

渗透液渗入表面开口缺陷受下列因素限制（注：不做详细讨论）：

1）缺陷的形状，如表面开口缺陷的开口尺寸。

2）渗入表面开口缺陷的渗透液的表面张力、渗透液与受检试件表面的接触角。

3）阻止渗透液渗入表面开口缺陷的固体污染物（如铁锈、涂层、燃烧积炭等）。

4）阻止渗透液渗入表面开口缺陷的液体污染物（如油脂、乳化剂、积水等）。

5）受检试件表面及裂纹内壁的粗糙程度。

6）受检试件及渗透液的温度（影响表面张力及黏度），渗透检测过程中的大气压等。

渗透检测中，不论有或没有显像剂，只要渗入的渗透液还有一些被截留在缺陷内，则将受检部位置于发光强度合适的光源下检查时，渗入表面开口缺陷内的渗透液就会有所显示。

目前，渗透检测技术人员针对各种受检试件及受检缺陷，都编制了渗透检测工艺规程或工艺卡，规定了渗透检测方法、工艺及材料等，只要操作正确，缺陷截留是有保证的。

2.7.2　渗透液缺陷截留的前提

如前文所述，发生润湿时，固-气界面消失，形成新的固-液界面。在这一过程中，能量（自由能）必然发生变化，自由能变量的大小可作为衡量润湿作用的尺度。自由能是指某个热力学过程中，系统减少的内能中可转化为对外做功的能量。

渗透液渗入受检试件表面开口缺陷中，前提是渗透液在受检试件表面的润湿类型必须为铺展润湿。否则，渗透液就无法渗入受检试件表面开口缺陷中，截留就无从谈起。

2.7.3　渗透液缺陷截留的效率

渗透检测过程时，在表面裂纹（或其他表面开口缺陷）中形成截留。截留的渗透液必须有鲜明的荧光亮度（或鲜艳的红色），在目视检查中可用肉眼观察到。

理想状态：用乳化剂或清洗去除剂去除受检试件表面的多余渗透液时，虽然截留的渗透液存在扩散和急剧挥发，但仍然会没有损失地截留在适当位置。如果截留的渗透液的荧光亮度的鲜明程度（或红色的鲜艳程度）不被冲淡，则缺陷截留的效率为100%。但由于这种理想状态不可能存在，因此缺陷截留的效率总是低于100%。

如果渗入表面裂纹中的渗透液完全被清除，则渗透检测过程的缺陷截留效率为零，渗透检测失败。因此，需要研究各种渗透检测工艺过程中，表面裂纹（或其他表面开口缺陷）对渗透液的截留行为。

在乳化和清洗去除过程中，截留的渗透液被去除的趋势取决于渗透液的溶解及清洗去除特性。图 2-14 所示为使用油质荧光渗透液进行裂纹检测的横截面图。

图 2-14 显示了乳化和清洗去除期间，对应于一定量的乳化剂和清洗去除剂（水）的扩散的截留示意图。在渗透液截留中，至少可辨别出五种扩散范围：

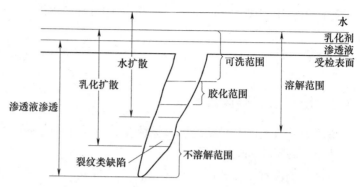

图 2-14　使用油质荧光渗透液进行裂纹检测的横截面图

注：在后乳化渗透检测过程中，当渗透液、乳化剂和水依次施加在受检试件表面时，可看到裂纹截留中的若干主要扩散区。

1）进入裂纹而接近表面的可洗范围。

2）在裂纹中延伸较深的溶解范围。

3）在裂纹中最深的不溶解范围。

4）水扩散范围。

5）乳化扩散范围。

渗透液向裂纹底部渗入的最大深度，受前述因素所限制。上面所列的所有扩散范围对渗透过程的缺陷截流效率可能是至关重要的。

2.7.4　截留效率与检测灵敏度的关系

是否截留效率越高，渗透检测灵敏度也越高呢？在影响截留效率与渗透检测灵敏度关系的诸多因素中，渗透液是一个非常重要的因素。

使用荧光渗透液进行渗透检测时，通过分析可知，荧光渗透液至少有三种因素与截留效率相关。使用着色渗透液进行渗透检测时也一样，只是检测灵敏度比使用荧光渗透液要低。

截留对荧光（或着色）渗透液的要求如下：

1）荧光渗透液的发光强度必须超过可见的荧光亮度阈值，以保证在渗透检测中出现截留时，荧光渗透液能立即产生可见的或可测定的荧光亮度。

2）荧光渗透液必须有荧光亮度反应（即在黑光照射下能发出固有亮度），以提供充分明亮的检验征状。由于所有可供渗透检测使用的荧光渗透液均具有相当高的固有亮度，而且固有亮度值相差很小，因此一般情况下，固有亮度特征不是最重要的。在任何情况下，如果需要精确的数值结果，亮度测量必须做适当的校正。

3）荧光渗透液必须能够避免或减少乳化剂、有机溶剂、洗涤水等清洗去除剂对裂纹中截留的渗透液的影响。要考虑两种情况：一种情况是被截留的荧光渗透液必须避免易于从细而深的裂纹里被清洗去除；另一种情况是被截留的荧光渗透液必须恰到好处地避免易于从浅而宽的裂纹里被清洗去除。

把握好渗透检测全过程，从铺展润湿受检试件开始，到渗透液进入表面开口缺陷和裂纹尖端、清洗去除，再到显像检验，以及渗透液的发光强度等诸多因素，使渗透液缺陷截留效率提高，可以有效提高渗透检测灵敏度。

2.8 吸附现象

2.8.1 相关概念

如果把棕色的煤油和白土混合搅拌一段时间以后再加以澄清，可以看到上面的煤油变得清澈无色，而下边的白土则变成黄褐色，过滤后即得到无色煤油。

白土为灰白色颗粒粉末，主要化学成分是 SiO_2 和 Al_2O_3，具有较大的比表面积、特殊的吸附能力、较强的脱色能力。

吸附现象：有色物质自一相迁移并富集于界面的现象。白土吸附煤油中棕黄色物质的实例即为棕色物质从煤油液相迁移并富集于白土-煤油的固-液界面。

吸附剂：能起吸附作用的物质。

吸附质：处于被吸附状态被吸附的物质。

常用吸附量来衡量吸附剂的吸附能力，它是指单位质量的吸附剂所能吸附的吸附质的质量。吸附量数值越大，吸附剂的吸附能力越强。

2.8.2 固体表面的吸附现象

吸附现象不仅可以发生在固体表面，如固-液界面、固-气界面，还可以发生在液体表面，如液-液界面、液-气界面。

当固体与液体（或气体）接触时，凡能把液体或气体中的某些成分聚集到固体表面上来的现象，就是固体表面的吸附现象。能起吸附作用的固体称为吸附剂，被吸附在固体表面上的液体或气体中的某些成分称为吸附质。

在白土吸附煤油中棕黄色物质的实例中，白土是吸附剂，棕黄色物质是吸附质。

2.8.3 液体表面的吸附现象

当一种液体与另一种液体（或气体）接触时，凡能把被接触的另一种液体（或气体）中的某些成分聚集到前一种液体上来的现象，就是液体表面的吸附现象。能起吸附作用的液体是吸附剂，被吸附的另一种液体是吸附质。

在溶液吸附中，溶液是吸附剂，使用最多的吸附质是能降低表面张力和界面张力的表面活性剂。优良的润湿剂、乳化剂和起泡剂都是在此基础上发展起来的。

表面活性剂吸附在水的表面（液-气界面）上，能降低水溶液的表面张力，如图 2-15a

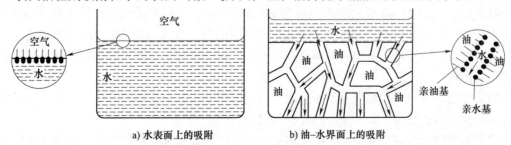

a) 水表面上的吸附　　　　　b) 油-水界面上的吸附

图 2-15　表面活性剂吸附示意图

所示；表面活性剂吸附在油-水溶液界面（液-液界面）上，能降低油-水界面的界面张力，如图 2-15b 所示。在图 2-15 中，水溶液及油溶液是吸附剂，表面活性剂是吸附质。

2.8.4 吸附现象与渗透检测

在渗透检测显像过程中，显像剂粉末吸附从缺陷中渗出的渗透液，从而形成缺陷迹痕显示。此吸附现象属于固体表面（固-液界面）的吸附现象。显像剂粉末是吸附剂，渗出的渗透液是吸附质。显像剂粉末越细，比表面积越大，吸附量越多，缺陷迹痕显示越清晰。

吸附为放热过程，如果显像剂中含有常温下易于挥发的溶剂，当溶剂在受检试件表面迅速挥发时，将大量吸热，促进了显像剂粉末对缺陷中渗出的渗透液的吸附，从而加快并加剧了吸附现象，可以提高显像灵敏度。

在自乳化型渗透检测或后乳化型渗透检测中，表面活性剂用作乳化剂，吸附在渗透液-水界面，降低了界面张力，使试件表面多余的渗透液能够被乳化清洗去除。这是液体表面（液-液界面）的吸附现象。渗透液作为油相液体，水作为水相液体。由于表面活性剂分子的两亲性质，使其能吸附在油-水界面上，降低油-水界面的界面张力，使乳化能够顺利进行。

在渗透液渗透过程中，受检试件表面及其表面开口缺陷与渗透液接触时，也有吸附现象发生。因此，在渗透过程中，提高表面开口缺陷对渗透液的吸附能力，有利于提高渗透检测灵敏度。

2.9 溶解现象

2.9.1 溶液、溶质和溶剂

溶液是由溶质和溶剂组成的均匀混合物，分为气态溶液（如空气）、液态溶液（如糖水）和固态溶液（如某些合金）。它是介于机械混合物与化合物之间的一种物质。通常所说的溶液是指液态溶液。

溶液中的溶剂是溶解其他物质（包含固体、液体或气体）的物质，在溶液中，溶剂是连成一片的。溶液中的溶质是溶解在溶剂中的物质，它以分子或离子形式均匀地、分散地分布在溶剂中，溶质可以是固体、液体和气体等。

2.9.2 溶解、结晶及溶解现象

溶液处于液态时，将溶质加入可以溶解它的溶剂中，溶质表面的粒子（分子或离子）由于本身的运动和溶剂分子的吸引，就离开了溶质的表面进入溶剂中，然后由于扩散作用，这些溶质粒子均匀分布到溶剂的各部分，这个过程称为溶解。即溶质均匀地分散于溶剂中的过程称为溶解。

溶解了的溶质粒子在溶液中不断运动，当它们撞击到尚未溶解的溶质表面时，又可能重新被吸引住而回到溶质上来，这个过程称为结晶。

这种溶质粒子溶解在溶剂中，同时溶解的溶质粒子可能重新吸附到未溶解的溶质粒子上的现象称为溶解现象。显然，溶解现象包含溶解和结晶两个过程。

2.9.3 溶解度

以煤油+染料的渗透液溶液为例，在溶解现象中，如果不断增加溶液中溶质（染料）的量，则溶质（染料）粒子将不断地分布到溶剂（煤油）的各部分，溶液的浓度将不断增大；溶解了的溶质粒子不断撞击尚未溶解的溶质粒子，结晶速度逐渐渐增加。当溶液的浓度增大到一定程度，结晶速度等于溶解速度时，溶液中就建立了如下的平衡：

$$溶液中的溶质 \rightleftharpoons 未溶解的溶质$$

这时，溶液的浓度不再改变（假定温度不变），即该渗透液溶液达到饱和状态。饱和渗透液中所含染料的量，就是该染料在该温度下的溶解度。即溶解度是指在一定温度下，一定数量的溶剂中，当染料溶解达到饱和状态时，已溶解了的染料数量。

2.9.4 浓度

渗透液的浓度是指一定量渗透液里所含荧光染料（或着色染料）的量，也就是在所含染料溶解度范围内，在量的方面，渗透液中染料和溶剂的组成关系。因此，对渗透液浓度的变化来说，只有在溶质未达到饱和状态的范围内才有意义。

表示渗透液浓度的方法很多，使用最多的是质量分数。

渗透液的质量分数是指渗透液中荧光染料（或着色染料）的质量（g）占全部渗透液质量（g）的百分比，即

$$质量分数 = \frac{荧光（着色）染料质量}{渗透液（染料 + 溶剂）质量} \times 100\% \tag{2-8}$$

2.9.5 相似相溶经验法则

溶剂的溶解作用与下列因素有关：化学结构相似的物质，彼此容易相互溶解；极性相似的物质，彼此容易相互溶解。

1. 物质化学结构相似相溶

物质化学结构相似相溶是一个经验法则。当物质的化学结构相似时，虽然分子种类不同，但分子间的作用力非常接近，所以把溶质分子分散在溶剂分子之间就比较容易。即溶质和溶剂的化学结构越相似，就越能相互溶解。

2. 物质极性相似相溶

物质极性相似相溶也是一个经验法则。当物质的极性相似时，物质分子间的作用力很接近，物质之间就能够互溶。

极性物质容易溶解于极性溶剂中。例如，水和乙醇分子都含有羟基，都有极性，所以水能够溶解在乙醇中，并且能以任意比例互溶。

非极性溶剂容易溶解在非极性物质中。例如，大多数有机溶剂都是极性很弱或无极性的物质，而大多数无机酸、碱、盐都是极性物质，两者之间很难互溶。相反，苯和甲苯等有机物质极性很弱，甚至无极性，它们的分子之间能够相互扩散和渗透，最终形成溶解，甚至能够以任意比例相互溶解。

注意：相似相溶经验法则是有一定局限性的。例如，硝基甲烷与硝化纤维、氯乙烷与聚氯乙烯虽然结构相似，但并不互溶。因此，在实际应用中，应通过试验加以验证。

2.9.6　渗透检测与溶解度、浓度

渗透检测中所用的大量渗透液以及部分显像剂（如水溶性湿式显像剂）都具有溶液的性质，有部分渗透液（如过滤型微料渗透液）与大量显像剂是悬浮液。

研制渗透液配方时，选择理想的荧光染料（或着色染料）及溶解该染料的理想溶剂，提高该染料在溶剂中的溶解度，使染料在溶剂中的浓度较高，对提高渗透检测灵敏度有重要意义。

2.10　显像作用

2.10.1　显像特性

1. 显像灵敏度和显像分辨率

渗出的渗透液在形成缺陷迹痕显示时，有两个性能指标主要受显像剂的控制，即显像灵敏度和显像分辨率。

显像灵敏度是指显像剂吸附容积很小的、渗出的渗透液，就能形成可见缺陷迹痕显示的能力。

显像分辨率是指显像剂把两个或多个挤在一起但实际上是分离的缺陷，以单个缺陷迹痕区分显示的能力。

2. 对比度

显示和围绕这个显示周围的背景之间的亮度或颜色之差，称为对比度。其中，背景（background）可以是试件的原表面，也可以是有显像剂覆盖的表面。

对比度可用这个显示和显示的背景之间反射光或发射光的相对量来表示，这个相对量称为对比率。

试验测量结果表明，从纯白色表面上反射的最大光强度约为入射光强度的98%，从最黑的表面上反射的最小光强度为入射白光强度的3%，这意味着黑白之间能得到的最大对比率为33∶1，实际上要达到33∶1是极不容易的。黑色染料显示与白色显像剂背景之间的对比率为90%∶10%，即9∶1，这已是很高的比率了。红色染料显示与白色显像剂背景之间的对比率只有6∶1。

荧光显示与不发光的背景之间的对比率数值要比颜色对比率高得多，因为荧光和不发光的背景之间是发光显示和黑暗背景之比，即使周围环境不可避免地存在一些微弱的白光，这个对比率仍可达300∶1，甚至可达1000∶1。在完全黑暗的理想情况下，对比率可能更大。

由于着色渗透检测时的对比率远小于荧光渗透检测时的对比率，因此荧光渗透检测有较高的灵敏度。

3. 可见度

渗透检测最终能否检查出缺陷，除依赖于渗透检测灵敏度以外，还依赖于缺陷迹痕显示

能否被观察到。

　　缺陷迹痕能否被观察到，是用可见度来衡量的。可见度越高，缺陷的检出能力越强。可见度是观察者在背景、外部光等条件下能看到缺陷迹痕显示的一种表征，可见度与显示的对比度是密切相关的。影响可见度的因素较多，主要与显示的颜色、背景，显示的对比度，显示本身反射光或发射光的强度，周围环境光线的强弱及观察者的视力等因素有关。人的肉眼具有复杂的观察机能，其敏感特性如图 2-16 所示。

　　在强光下，肉眼对光强度的微小差别不敏感，对颜色和对比度差别的辨别能力则很强。在暗光环境中，肉眼辨别颜色和颜色对比的本领很差，却能看见微弱发光物体。

　　当人从明亮的地方进入黑暗的地方时，在短时间内，眼睛看不清周围的物体，必须在经过一定时间后，才能看见周围的物体，这种现象称为暗场适应。同样，人从暗室到明亮的地方，会感到眼睛模糊，短时间内看不清或看不见周围的东西，也需要足够的恢复时间，这种现象称为明场适应。

　　目视适应是指人从明亮处进入黑暗处（暗场适应）或从黑暗处进入明亮处（明场适应）时，眼睛的调整过程。

　　当直接观察发光的小物体时，人的眼睛感觉到的光源尺寸要比真实光源大，这是因为人的眼睛有放大的作用。

　　在暗场中，黄绿色光具有最好的可见度。渗透检测采用荧光渗透液时，在紫外光照射下发黄绿色荧光，因而缺陷迹痕显示在暗室里具有最好的可见度。

　　肉眼对于波长小于 400nm 的辐射并不敏感，但是在不存在长波可见光的情况下，肉眼的灵敏度往往会提高，例如在暗室中，肉眼对 380～400nm 波长范围内的辐射变得很灵敏。图 2-17 所示为在不同可见光照度下，肉眼的平均响应。

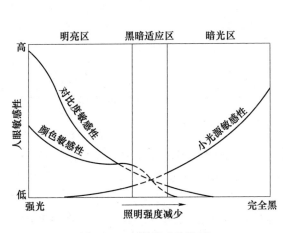

图 2-16　人眼敏感特性图

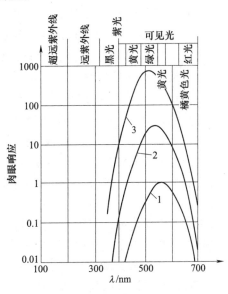

图 2-17　肉眼对可见光照度的平均响应

　　曲线 1：在 1000Lx 的明亮条件下观察，相当于最大灵敏度时肉眼的明视觉，垂直标度为 1。

曲线 2：在暗室中，平均照度为 10Lx。由于黑光灯本身会产生一些蓝色或紫色的可见光；另外，检测场所会有一些荧光光源，如检测人员的衣服会产生荧光可见光。因此，不可能达到完全黑暗。

曲线 3：在完全黑暗的暗室中，平均照度为 1Lx。这是理想的渗透检测环境，眼睛的灵敏度将提高 800 倍，且能对波长至 350nm 的光线做出响应（使眼球晶体和角膜适应荧光）。在本底水平较低时，对于波长较长的可见光，肉眼更易于检测。

渗透检测人员佩戴眼镜观察荧光迹痕显示有一定的影响。例如，光敏（光致变色）眼镜在黑光辐射时会变暗，变暗程度与辐射的入射量成正比，影响了对荧光迹痕显示的观察和辨认，因此不允许使用光敏眼镜。

由于荧光检测区域的紫外线不允许直接或间接地射入人的眼睛内，为避免人的眼睛暴露在紫外线辐射下，可佩戴吸收紫外线的护目眼镜，它能阻挡紫外线和大多数紫光与蓝光。但应注意：不得降低对黄绿色荧光缺陷迹痕显示的检出能力。

2.10.2 显像过程

图 2-18 所示为显像和检验过程中的显像特性。

图 2-18a 所示为在去除受检表面多余渗透液之后，表面开口裂纹内保留截留渗透液的方式。截留的残余渗透液的有效薄膜厚度用 T_1 表示。

在某些特殊的渗透检测系统（如自显像渗透检测系统）中，由于润湿铺展，截留的渗透液会渗出到受检试件表面，如图 2-18b 所示。在渗透液的渗出过程中，渗透液薄膜会变薄，其厚度为 T_2。图 2-18b 说明了检测结果的自显像机理，在一定条件下，不用显像剂即可检测到缺陷截留物。但是，在其他条件下，渗出的渗透液薄膜厚度可能小于荧光渗透检测（或着色渗透检测）缺陷迹痕显示阈值。在这种情况下，渗透液的缺陷迹痕显示就无法被渗透检测人员观察到。

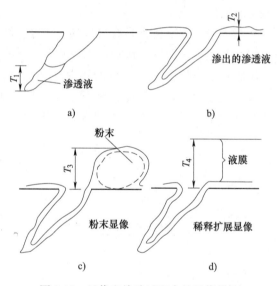

图 2-18 显像和检验过程中的显像特性

常用的干粉显像剂，其作用是吸附渗出的渗透液，并将其固定在粉末上，如图 2-18c 所示。它起到聚集渗出渗透液并形成有效薄膜的作用，薄膜厚度用 T_3 表示，它增强了荧光（或着色）渗透检测缺陷迹痕显示效果。

浓度较低且扩散开的其他显像剂，一面稀释渗出的渗透液薄膜，一面铺展其薄膜厚度，如图 2-18d 所示，其中的厚度用 T_4 表示。它有助于提高缺陷迹痕显示的可见度。

2.10.3 自显像

人们曾对渗透检测中是否需要显像剂进行过讨论。某些渗透检测方法确实不采用显像剂，进行自显像。但是，在需要采用高灵敏度渗透液进行检测的场合，如果使用显像剂，则所用渗透液材料就可以使用灵敏度低一级的来代替。

不用显像剂时，附加的技术要求是观察距离约为 127mm 时，黑光强度必须达到 $3000\mu W/cm^2$。

虽然不用显像剂可以节省费用，但大多数工业渗透检测工艺方法还是要求采用显像剂。

2.11　蒸气压与沸点、挥发性

一定外界条件下，液体中的液态分子会蒸发为气态分子，同时气态分子也会撞击液面而回归液态，一定时间后即可达到平衡。平衡时，气态分子含量达到最大值，这些气态分子撞击液体所产生的压强，称为饱和蒸气压，简称蒸气压。蒸气压是液体自身的性质。蒸气压不等同于大气压。

大气压是大气压强的简称，它是大量分子频繁地碰撞容器壁而产生的。习惯上常用汞柱高度作为气压的单位，例如，一个标准大气压等于 760 毫米汞柱（mmHg）的重量。

当饱和蒸气压达到外界气压时，液体即产生沸腾现象，此时的温度即为在这一外界气压下该液体的沸点。外界气压高，液体沸点就会升高。以水为例，在一个大气压（101.325kPa）下，水开始沸腾，水温达到 100℃，100℃即是一个大气压下水的沸点。高原地区外界气压低，水的沸点低（低于 100℃），煮不熟饭，需要用高压锅来提高沸点。

当外界气压低于饱和蒸气压时，液体就会挥发，直到外界气压等于饱和蒸气压为止。所以饱和蒸气压越高，液体越容易挥发。

2.12　折光率

1. 光的折射

光线从一种透明介质进入另一种透明介质时，由于两种介质的密度不同，光的传播速度将发生变化，使光线在两种介质的平滑界面上发生折射。

2. 折光率

折光率是光线在空气中的传播速度与在受检试样中的传播速度之比，即

$$N_{21} = \frac{v_1}{v_2} \tag{2-9}$$

式中　N_{21}——折光率；

　　　v_1、v_2——光在第一种介质与第二种介质中的传播速度。

折光率又称折光指数或相对折光指数，它是有机化合物最重要的物理常数之一，能精确而方便地测定出来。作为衡量液体物质纯度的标准，它比沸点更为可靠。

利用折光率，可以鉴定未知化合物的成分，也可用于确定液体混合物的组成，还可用于测定浓度。

复 习 题

说明：题号前带 * 号的为Ⅱ级人员需要掌握的内容，对Ⅰ级人员不要求掌握；不带 * 号的为Ⅰ、Ⅱ级人员都要掌握的内容。

一、是非题（在括号内，正确画〇，错误画×）

* *1. 液体表面都有表面张力存在。　　　　　　　　　　　　　　　　　　　（　　）
* *2. 一定成分的液体，在一定的温度和压力下，表面张力系数值是一定的。（　　）
* 3. 液体对固体表面完全铺展润湿的条件是接触角≤90°。　　　　　　　（　　）
* *4. 液体对固体是否润湿，不仅取决于液体的性质，还取决于固体的性质。（　　）
* *5. 因为水银不能润湿玻璃，所以也不能润湿其他固体。　　　　　　　（　　）
* 6. 渗透液的黏度越大，渗入缺陷的能力越差。　　　　　　　　　　　（　　）
* *7. 渗透液接触角表征其对受检试件及缺陷的润湿能力。　　　　　　　（　　）
* *8. 渗透液的渗透性能可用其在毛细管中的上升高度来衡量。　　　　　（　　）
* *9. 非离子型表面活性剂的 HLB 值越高，则亲水性能越好。　　　　　　（　　）
* 10. 非离子型表面活性剂的 HLB 值较低，不能起乳化作用。　　　　　（　　）
* 11. 毛细管的曲率半径越小，毛细现象就越明显。　　　　　　　　　　（　　）
* *12. 在亲水后乳化型渗透检测中，使用水包油型乳化剂。　　　　　　（　　）
* 13. 液体在毛细管中上升或下降，仅取决于液体对毛细管的接触角大小。（　　）
* 14. 液体表面张力系数大，其在毛细管中上升的高度一定高。　　　　（　　）
* 15. 表面活性剂的非极性基具有亲水性质。　　　　　　　　　　　　（　　）
* *16. 水银在玻璃毛细管内呈现凹面。　　　　　　　　　　　　　　　（　　）
* 17. 渗透检测探查表面裂纹的能力取决于渗透液缺陷截留能力。　　　（　　）
* 18. 显像剂粉末吸附从缺陷中渗出的渗透液是固体表面的吸附现象。　（　　）
* *19. 水在玻璃毛细管内呈现凸面。　　　　　　　　　　　　　　　　（　　）
* 20. 提高荧光渗透液中荧光染料的含量，可提高渗透检测灵敏度。　　（　　）
* 21. 开口缺陷内的固体污染不影响渗透液的缺陷截留能力。　　　　　（　　）
* *22. 铺展润湿不是渗透液缺陷截留的前提。　　　　　　　　　　　　（　　）
* 23. 非离子型表面活性剂在水溶液中不电离，稳定性高。　　　　　　（　　）

二、选择题（将正确答案填在括号内）

* *1. 为使渗透液渗透性能好，一般要求渗透液的接触角是多大？　　　　（　　）
  　　A. =0°　　　　　　B. ≤5°　　　　　　C. ≤10°　　　　　　D. ≤15°
* *2. 表面张力系数的单位是什么？　　　　　　　　　　　　　　　　　（　　）
  　　A. 达因/厘米　　B. 毫牛顿　　　　C. 达因　　　　　D. 毫牛顿/米
* *3. 润湿能力是用哪种参数度量的？　　　　　　　　　　　　　　　　（　　）
  　　A. 比重　　　　　B. 密度　　　　　C. 接触角　　　　D. 表面张力
* 4. 润湿液体在毛细管内呈（　　），该液体的液面在毛细管内（　　）。
  　　A. 凸面　　　　　B. 凹面　　　　　C. 上升　　　　　D. 下降
* *5. 渗透液渗入不连续性中，主要依赖的是什么？　　　　　　　　　　（　　）

A. 渗透液的黏度   B. 毛细管作用

C. 渗透液的化学稳定性   D. 渗透液的密度

*6. 液体的哪个物理参数可以通过测量折光率得到?   (   )

    A. 表面张力   B. 黏度   C. 浓度   D. 接触角

7. HLB 值低的非离子型表面活性剂有什么特点?   (   )

    A. 亲水性强   B. 亲油性强

    C. 亲水、亲油性都强   D. 亲水、亲油性都弱

8. 亲水型乳状液的外相为 (   ),内相为 (   ),乳化形式为 (   )。

    A. 水   B. 油   C. O/W   D. W/O

*9. 显像剂吸附缺陷内渗出的渗透液并形成迹痕显示,主要作用原理是什么?   (   )

    A. 润湿作用原理   B. 吸附作用原理

    C. 毛细作用原理   D. 渗出作用原理

*10. 玻璃细管插入水银槽内,细管内的水银面是什么状态?   (   )

    A. 凹弯曲面,液面升高   B. 凸弯曲面,液面降低

    C. 凸弯曲面,液面升高   D. 凹弯曲面,液面降低

11. 在下列裂纹中,哪种毛细管作用最强?   (   )

    A. 宽而长的裂纹   B. 长而填满污物的裂纹

    C. 细而清洁的裂纹   D. 宽而浅的裂纹

12. 下列哪种情况与毛细管作用力相关?   (   )

    A. 液体进入裂纹   B. 液体的溶解度

    C. 液体的闪点   D. 液体的化学稳定性

*13. 下面哪个物理参数与蒸气压有关?   (   )

    A. 挥发性   B. 接触角

    C. 液体的密度   D. 液体的沸点

14. 下面关于液体表面张力系数的叙述中,哪项是不正确的?   (   )

    A. 容易挥发的液体比不容易挥发的液体表面系数张力要大

    B. 同一种液体在高温时比在低温时表面张力系数要小

    C. 含有杂物的液体比纯净的液体表面张力系数要小

    D. 表面张力系数与温度、压力及液体成分有关

三、问答题

1. 什么是表面张力? 什么是表面张力系数?

2. 什么叫接触角? 如何用接触角判定润湿状态?

*3. 什么是湿润作用和湿润剂?

*4. 什么是毛细现象与毛细管?

5. 什么是表面活性? 什么是表面活性剂? 简述表面活性剂分子的结构及特性。

6. 举例说明渗透检测中的吸附现象。

*7. 什么是乳化现象? 什么是乳化剂? 简述两种典型乳化形式的原理。

8. 写出湿润方程,并注明方程中各符号的名称。

*9. 什么叫溶解度? 它与渗透液有什么关系?

*10. 什么叫渗透液缺陷截留？

*11. 什么叫显像灵敏度？什么叫显像分辨率？

12. 写出湿润液体在毛细管中上升高度的计算公式，并注明公式中各符号的名称。

13. 写出单一成分非离子型表面活性剂 HLB 值的计算公式。

复习题参考答案

一、是非题

1. ○；2. ○；3. ×；4. ○；5. ×；6. ×；7. ○；8. ○；9. ○；10. ×；11. ○；12. ○；13. ×；14. ×；15. ×；16. ○；17. ○；18. ○；19. ×；20. ○；21. ×；22. ×；23. ○。

二、选择题

1. B；2. A、D；3. C；4. B、C；5. B；6. C；7. B；8. A、B、C；9. B；10. B；11. C；12. A；13. A、D；14. A。

三、问答题

（略）

第3章 渗透检测剂的功能

本章主要讨论渗透检测剂在渗透、乳化/去除、显像等相关过程中的功能。

3.1 渗透特性

3.1.1 渗透的机理

渗透液的渗透性是个包含许多变量的性能，它随受检试件表面状态的类型、渗透液的种类、试验温度及污染物等而定。

1. 静态渗透参量

渗透液的静态渗透参量（SPP）是描述其渗透能力的物理量，它表征渗透液渗入表面开口缺陷的能力，SPP 值越大，渗透液的渗透能力越强。其计算公式为

$$SPP = \gamma_L \cos\theta \tag{3-1}$$

式中　γ_L——渗透液的表面张力系数；

θ——渗透液的接触角。

试验证明，当渗透液的接触角 $\theta \leqslant 5°$ 时，其渗透能力较强，使用此类渗透液进行渗透检测时，可得到较令人满意的检测结果。因为当 $\theta \leqslant 5°$ 时，$\cos\theta \approx 1$，$SPP \approx \gamma_L$，所以从这个意义上说，静态渗透参量就是当接触角 $\theta \leqslant 5°$ 时渗透液的表面张力。

2. 动态渗透参量

渗透液的渗透速率常用动态渗透参量（KPP）来表征，即渗透液渗入受检零件表面开口缺陷所需的停留时间。其计算公式为

$$KPP = \frac{\gamma_L \cos\theta}{\eta} \tag{3-2}$$

式中　η——渗透液的黏度。

由式（3-2）可知，渗透液的黏度越大，其动态渗透参量（KPP）的值越小，渗透液渗入表面开口缺陷的渗透速度就越慢。

如果渗透液的黏度太大，渗透速度将会很慢，即渗透液渗入受检零件表面开口缺陷所需的停留时间会很长；但是，如果渗透液的黏度太小，显像时，缺陷中的渗透液可能会大量渗出而掩盖各种缺陷，特别是细微裂纹缺陷。

1975 年以前，一般要求优质渗透液的黏度以 10cSt（厘泊）为宜；1975 年以后，则要求优质渗透液的黏度以低于 5cSt 为好。

3. 染料浓度

渗透液的可见度受渗透液染料的种类、浓度，受热、被化学药品污染和黑光辐射后引起

褪色特性的改变的影响。

无论是着色染料或荧光染料，当它们的浓度增加时，都会提高其检测灵敏度。所以渗透液制造厂的常规办法是，增大其染料的浓度，以提高渗透液的检测灵敏度水平。

渗透液中染料浓度的提高，也可在施加渗透液的工艺过程期间完成。例如，先将受检试件浸渍在渗透液槽内，然后使试件在大部分停留时间内进行滴落，使存留在试件表面的渗透液中的大部分挥发性成分挥发掉，而在试件表面留下染料浓度较高的组分。这些组分中所含染料的浓度比原渗透液中染料的浓度更高。

试验证实，采用先浸渍后滴落的办法，较之在整个渗透过程中把受检试件一直浸渍在渗透液槽中的办法，能使灵敏度提高。

4. 荧光背景

多年以来，在渗透检测工艺文件中，对背景是忽略的。现在的许多渗透检测工艺文件中规定，在乳化和清洗去除操作后，受检试件应达到无背景存在。

在荧光磁粉检测中，总存在着某些荧光背景。其实，只要缺陷显示的荧光亮度超过（必须）荧光背景的亮度，就能进行检测。许多荧光渗透检测人员也是荧光磁粉检测人员，他们对于这种受检表面的荧光亮度对比状态是习惯的。当背景缺乏时，某些检测人员甚至会按过乳化和过清洗处理。

在渗透检测操作中，过乳化和过清洗是两个难以控制的工艺变量，这两种情况都会降低裂纹检出率。清洗到无背景存在，会使检测灵敏度降低。实际上，某些很淡背景的存在，就是适度乳化和适度清洗的最好标志。

要获得较高的灵敏度，必须将背景保持在很低的浓度上。

5. 试件表面粗糙度

试件表面粗糙度也能影响渗透液的扩展速率。

油在试件表面的扩展分两部分进行：在大量可见油层前面，是看不见的单分子油层在扩展。试件表面的细小刻痕所提供的缝隙，可使单分子油层产生毛细作用，这种毛细作用能加速渗透液的横向扩展。如果试件缺陷内部和试件表面都被单分子油层覆盖（在蒸气除油后的情况下），由这层油层辅助产生的毛细作用，也具有增加渗透液渗透速度的功能。

受检试件表面的粗糙程度对渗透时间的影响也很大。对于光滑的加工表面（当采用亲油型乳化剂时），从受检试件最初浸入乳化剂，到进行喷雾清洗的时间，不需要用30~45s那么长。

6. 水与油

水比大多数油类具有较高的表面张力。由于水在缺陷中的污染，它会与水洗性渗透液相结合，使接触角增大。这样，就会降低渗透液的渗透速率与检测灵敏度。

某些后乳化型渗透液也会产生类似的结果，如灵敏度较低的后乳化型渗透液。

3.1.2 裂纹检出的尺寸界限

1. 裂纹检出效率

裂纹检出效率反映了渗透液能形成可用肉眼直接观察的裂纹迹痕显示的能力。可用带有裂纹的试块进行灵敏度测定，通常采用以下两种对比试验：

1）将在用渗透液与标准渗透液相比较的对比试验。

2）采用一套具有不同尺寸裂纹的试块，按渗透液对可检出裂纹尺寸的显示情况对灵敏度进行等级的试验。

第一种对比试验对许多操作者来说是实用的。操作者可将渗透液槽内的在用渗透液与保留的标准渗透液样品进行对比，以了解其质量是否发生了变化。

铝合金淬火裂纹试块（A 型试块）很实用，初始裂纹试块（加热温度约为 480℃）适合比较荧光渗透液。比较着色渗透液时，可以使用较粗糙的 A 型试块，可以用上述试块在约 430℃ 下重新裂化制得。

黄铜板镀镍铬层裂纹试块（C 型试块）上有各种已分级的裂纹尺寸，与上述 A 型试块相比更为精密。

建议采用带有光学平面的凸透镜测量灵敏度。凸透镜试验能显示出由于渗透检测方法的改变或渗透液失效所引起的灵敏度降低。

2. 缺陷显示尺寸

缺陷显示尺寸与缺陷可容纳的渗透液容积相关。缺陷容积（长度×深度×宽度）越大，其容纳的渗透液就越多，截留在缺陷中输送给显像剂、形成缺陷迹痕显示的渗透液就越多。

缺陷容积除了影响可容纳渗透液的容积外，还会影响缺陷迹痕显示长度。缺陷迹痕显示长度通常是缺陷显示的主要尺寸，它能提供一个肉眼可检测的实际尺寸。

很细小的疲劳裂纹能提供的迹痕显示太窄小，以致肉眼观察不到，因为没有足够的长度供肉眼观察。有资料报道，当荧光迹痕长度显示为 0.254mm 时，若以 95% 的置信度水平进行检测，则大约只有 45% 的概率能检测出来；而当迹痕显示长度为 1.143mm 时，以同样的置信度进行检测，则有 90% 的概率能将其检测出来。

毛细作用使得渗透液渗透到细小、清洁的裂纹缺陷中的速度，比其渗透到宽裂纹缺陷中的速度要快。许多裂纹缺陷内含有污染物，尤其是使用中的试件，被油与水污染过的疲劳裂纹更是如此。应力腐蚀裂纹和晶间腐蚀裂纹也会被腐蚀产物或其他氧化物堵住。

通过清洁或干燥处理，可以减少油和水的污染，但是对于清除牢固黏附的腐蚀残留产物作用不大。渗透液需要和腐蚀残留产物共同占有裂纹缺陷的容积，它实际上降低了裂纹缺陷的潜在容积。由于这一原因，检测应力腐蚀裂纹和晶间腐蚀裂纹时，某些渗透检测工艺方法要求渗透时间超过 4h。

3. 裂纹检出的尺寸界限

保证裂纹检出效率的另一方面，要求裂纹的迹痕显示有足够的染料薄膜厚度，以便提供肉眼或记录仪器可进行检测的亮度水平。

渗透液系统最小的染料厚度与染料的性能、浓度和种类（不论是着色染料还是荧光染料）等有关。荧光染料还要求有一定的能发射荧光的最小厚度。

注意：如果受检试件上有各种几何形状的空腔、管孔等，则在渗透检测操作过程中，已经渗入空腔、管孔里的渗透液会发生连续的、严重的渗出。这种渗出可能会掩盖各种缺陷的迹痕显示，特别是细微缺陷的迹痕显示，从而影响细微裂纹缺陷的检出。

采用黏度高的渗透液，在某种程度上会降低渗透液的渗出速率。但是，如果可能，最好阻止渗透液渗入这些空腔、管孔的通道里。例如，对于不需要进行渗透检测的空腔、管孔等，应该使用软橡胶等物质将其堵塞。

关于裂纹检出的尺寸界限，相关资料介绍，渗透检测的最高灵敏度可达 $0.1\mu m$，绝大多数渗透液可用于检测宽度为 $1\mu m$ 左右的裂纹缺陷。

3.2 渗透液染料

荧光（或着色）渗透液在渗入受检试件表面开口缺陷后又有一部分渗出来，显像剂粉末吸附渗出来的荧光（或着色）渗透液，形成缺陷迹痕显示。缺陷迹痕显示必须是可见的。但是，显像剂粉末吸附同样数量的荧光（或着色）渗透液，有的看得见，有的则看不见（或不明显），这是由于被吸附的荧光（或着色）渗透液所形成的荧光（或着色）强度不同。

荧光（或着色）强度定义：显像剂粉末吸附一定数量的渗出渗透液，在显像后能显示色泽或色相的能力。

荧光（或着色）强度与荧光（或着色）染料的种类有关，与荧光（或着色）染料在渗透液中的溶解度也有关。

渗透液进入缺陷，随后又被渗出来形成迹痕显示。达到这个基本要求的最简便方法是将染料加入渗透液中，以提供一种能与背景或颜色形成对比的色泽或色相。

按照近代理论，光在吸收和颜色的表现等方面，不仅与光子的能量有关，还与染料的种类有关。由于光子（红外线、可见光、紫外线）能量不同、染料种类不同等原因，染料被不同能量的光子照射后，就有可能吸收某些光，而透过和反射出其余的光，它所透过或反射出的光就是可见光的色泽或色相，也就是它所呈现的颜色。

3.2.1 荧光染料

与着色渗透液相比，荧光渗透液体系的检测灵敏度受荧光染料浓度与色彩深浅的影响，它还有许多其他可以控制的变量和可以深入试验研究的性能。一般来说，荧光渗透体系在应用方面的潜力比着色渗透体系更大。

荧光染料材料从电磁波谱紫外波段的光波中吸收能量，这个能量被荧光染料材料本身转化后，能以不同波长的光子能量发射出来。在荧光渗透检测中最常用的激发光源，其波长范围为 $330\sim390nm$，峰值为 $365nm$，属于黑光（UV-A），也称 A 类紫外辐射。

一般选择吸收光波范围为 $315\sim400nm$，而发射光波范围为 $510\sim550nm$ 的染料材料作为荧光渗透液染料。发射的光波范围处于可见光波的绿色到黄色范围。

3.2.2 着色染料

煤油+白垩系统是首先形成的系统，它（白垩粉）提供了一个白色背景。后期的着色渗透液，将染料添加到煤油中就构成了颜色对比系统。

与许多其他典型金属试件的颜色相比较，红色具有较高的颜色对比度。在不同颜色的染料中，红色染料较容易得到，其价廉且容易与油混合。

使用乳化剂或溶剂去除剂去除试件上多余的着色渗透液后，截留在缺陷中的少量着色渗透液就会通过显像剂的扩展而被稀释。为补偿这种稀释引起的色调淡化，可采用颜色更深和浓度尽可能高的染料来配置渗透液。

最灵敏的着色渗透液应采用颜色很深的红色染料，并且要达到最高的染料浓量，即染料可悬浮在渗透液载液（如煤油）中而又不沉淀出来。

红色染料在很薄的薄膜中是可见的，而荧光染料在更薄的薄膜中也是可见的。着色渗透液的检测灵敏度低于荧光渗透液，基本原因之一是后者提供显示的渗透液油液的容积更小、厚度更薄时就已经可见。

着色渗透液的主要优点，是可在普通室内照明可见光条件下进行检测。

着色渗透液通常有水洗型、后乳化型和溶剂去除型三类。后两种类型的检测灵敏度一般较高。当需要较高的检测灵敏度时，最好使用溶剂悬浮显像剂或塑料薄膜显像剂。

在检测灵敏度方面，着色渗透液通常与低灵敏度水洗型荧光渗透液相当，在显像时一般不推荐使用干式显像剂。

新近研制的着色渗透液系统，其灵敏度与中等灵敏度的荧光渗透液相当。这种渗透液中含有大量的挥发性载液，它在短短的停留时间内就能完全干燥，从而可在缺陷中留下高含量的染料浓缩液。使用溶剂可以去除受检表面多余的着色渗透液薄膜，如果采用塑料薄膜显像剂，则显像剂中的溶剂可以使缺陷中渗出的渗透液更快地渗出到显像剂中，从而使缺陷检测具有较高的灵敏度和分辨率。这种着色渗透液的挥发性较高，一般储存在压力喷罐中使用。对于焊接件的检测、位置确定的较小部位的检测（即局部检测）或小型试件的检测，这种着色渗透液最适用。

3.3　渗透液的物理性能

1. 黏度

渗透液的黏度与液体的流动性有关，它是流体的一种特性。黏度是用来衡量液体流动时所受阻力的物理量，它是流体分子间存在内摩擦而互相牵制的一种表现。

渗透液的黏度用运动黏度来表示，法定计量单位是 cm^2/s，泊（St）是非法定计量单位，泊的百分之一为厘泊（cSt）。

2. 润湿能力

渗透液的润湿能力是影响其渗透性（包括静态渗透参量/渗透能力、动态渗透参量/渗透速率）和渗入渗出特性的重要物理性能。

润湿能力通过控制渗透液的接触角和表面张力而加以控制。

3. 密度与比重

密度是单位体积内所含物质的质量。比重是相对密度。某物质的比重是该物质的密度与4℃时水的密度之比。密度是有量纲的量，而比重是无量纲的量。

根据 1978 年国际应用物理学协会所属符号单位和术语委员会有关文件的建议，我国已取消比重的概念，而以密度的概念代替。

由于渗透液中的主要液体是煤油和其他有机溶剂，因此渗透液的密度一般小于水的密度。因此，水进入后乳化型渗透液中能沉于槽底，不会对后乳化型渗透液造成污染；水洗时，也可漂浮于水面，容易溢流掉。

4. 挥发性

挥发性是以液体的蒸气压来表征的。由于在敞口槽内贮放的渗透检测剂（包括渗透液和乳化剂等）会产生蒸发损失，因此从实际使用的角度来说，希望挥发性低一些。

挥发性高的渗透液在停留时间里，在受检试件表面上干燥得更快，会留下一层难以去除的液膜；但是，挥发性高的渗透液提高了缺陷中的染料浓度。应根据需要确定渗透液的挥发性。

5. 可燃性

在大多数资料中，油的可燃性指的是它的闪点。闪点低的渗透液，着火的危险性大。从安全方面考虑，渗透液的闪点越高则越安全。

按测量方式不同，闪点可分为开口闪点和闭口闪点。闭口法测定的重复性比开口法好，且测得的数值偏低，故在渗透检测中，常采用闭口闪点。对于水洗型渗透液，原则上要求闭口闪点高于93℃；而对于后乳化型渗透液，闭口闪点一般为60~70℃。

某些显像剂喷罐中含有接近室温时就会发生闪火的醇类，使用时应特别注意避免接触明火。多数显像剂材料供应商供应含有氯化物溶剂的非可燃性显像剂。

6. 化学活性

渗透液中的硫元素在高温下会对镍基合金产生热腐蚀（也称热脆）。无具体要求时，渗透液中硫元素残余量不得超过渗透液质量的1%。

渗透液中的卤族元素（如氟、氯等）很容易与钛合金及奥氏体不锈钢钢发生作用，在有应力存在下，容易产生应力腐蚀裂纹。无具体要求时，渗透液中卤族元素残余量不得超过渗透液质量的1%。

宇航工业用液体火箭燃料，其渗透液要与液氧（LOX）相容。液氧（LOX）相容性试验一般采用冲击试验。

对于工作温度高于室温的电路板焊接接头，或者工作温度很高的发动机等，高温燃烧可能烧掉留在搭接处和其他细微空隙之间的多余渗透液。燃烧留下的残渣中的干燥成分，如氯化物和硫化物，会与金属产生不利的作用，较长时间后，会像金属间的电解液能形成阴极腐蚀电池一样起作用，即渗透材料也可能引起腐蚀。

7. 可洗性

可洗性包括水洗性、乳化+水洗性、溶剂去除性等去除试件表面多余渗透液的功能检查。可洗性的技术要求有两个：

1）去除受检试件表面的多余渗透液。

2）保留已经渗入缺陷中的渗透液。

这是一对相互矛盾的技术要求。在去除受检试件表面多余渗透液的过程中，有可能将已经渗入缺陷中的渗透液清洗去除掉一部分，出现过乳化或过清洗现象，这种现象是危险的。

可洗性试验的试板一般选用不锈钢板，一半经过喷砂处理，另一半为机加工受检试件的粗糙表面。可洗性试验可按相关标准进行。

有些受检试件的材料对冲洗用水的水质有要求，例如，当受检试件材料为铝合金时，不推荐使用呈碱性的"硬水"。

水的酸、碱性用 pH 来表示：pH = 7 为中性，pH<7 为酸性，pH>7 为碱性。所谓"硬水"，是指含有较多可溶性钙镁化合物的水，"硬水"呈碱性。

8. 导电性

在大型自动检测装置中，渗透液静电喷涂已得到广泛应用，有的还采用静电手工喷枪进行喷涂。对于形状复杂的受检试件，静电喷涂能提供均匀的涂层，同时可以减少过喷，并且需要的渗透液很少。

静电喷涂的基本原理：进行喷涂时，喷枪给渗透液提供负电荷，而受检试件则保持零电位，由于两者之间极性相反的电荷存在静电吸引，渗透液就被强烈地吸附在受检试件上。

手工静电喷涂系统要求渗透液具有高的电阻，以免将逆弧传给操作人员。适用于静电喷涂的渗透液应具有以下两个特点：

1）黏度低，以使液体能够很快地分离成极细的粒子，而且容易吸附在受检试件上。

2）必须让液体粒子容易接受和保持静电荷。

大多数商用渗透液都具有能用于静电喷涂系统的相应特性。

3.4 乳化剂

油基渗透液不溶于水，但水是可供使用的最丰富且成本最低的溶剂。因此，需要一种既溶于水又溶于油的化学物质来起耦合剂的作用，这种化学物质就是乳化剂。

在 20 世纪 50 年代，后乳化型渗透液使用的乳化剂是一种液体肥皂。后来使用的乳化剂是由若干种化学药品配制成的混合物。

1. 乳化剂最明显的特征是颜色

乳化剂最明显的特征是颜色（乳化剂中染料的颜色），它可以和渗透液中染料的颜色形成对比，从而显示出受检试件表面的渗透液是否全部被乳化剂所覆盖。

例如，荧光渗透检测所用乳化剂的染料也是一种荧光染料，清洗去除试件表面的多余渗透液时，在黑光照射下，就可以检查出乳化剂是否完全被水清洗去除掉。所用的染料浓度相对来说是很低的，而且能溶于水，以保证在清洗去除后，试件表面不会残留乳化剂染料。

2. 乳化剂控制清洗去除的三个特性

乳化剂控制清洗去除的三个特性是活性、黏度和容水率。

乳化剂的活性是以其与渗透液产生足够的相互作用，已达到水可清洗去除表面多余渗透液所需的时间来确定的。

乳化剂的黏度和活性是相互联系的。黏度高的乳化剂扩散到渗透液中的速度较慢，可以平衡控制活性，以达到规定的乳化停留时间。但黏度越高，黏附在受检试件上的乳化剂就越多，提高了渗透检测成本。从经济角度出发，在产生相同预期结果的前提下，应采用黏度较低的乳化剂。

容水率是乳化剂的另一个性能。实际上，乳化剂槽通常紧靠着水洗台。如果水意外地溅落或者喷洒到乳化剂里，乳化剂就会呈现一种混浊状态。一般标准要求乳化剂应允许添加5%的水；某些乳化剂允许添加的水量较高，甚至可达15%~20%。

加水后，乳化剂的活性将会降低；但水能降低乳化剂的黏度，由此又增大了它的活性。因此从某种程度来说，黏度的降低补偿了由于水所引起的活性损失。

3. 其他性能

用闭口闪点法测定乳化剂的闪点时，闪点应不低于50℃（125℉），以保证无闪火危险。为了使乳化剂的蒸发损失最少，要求其挥发性要低。

3.4.1 亲油型乳化剂

为了达到适度的清洗去除效果，亲油型乳化剂中的三个基本特性（活性、黏度和容水率）应当均衡。

亲油型乳化剂必须以稍微缓慢的速度进行扩散，以稍微缓慢的速度与油基渗透液产生相互作用，以便为渗透检测提供足够多的时间，也为试件表面各粗糙部位的清洗去除提供足够多的时间。

因为用渗透液覆盖的受检试件要在亲油型乳化剂中浸渍，所以亲油型乳化剂对渗透液的容许量也是对它的一个基本要求。按体积计算，乳化剂应该允许混入20%的渗透液，而且仍然要如同新的乳化剂一样，能够将渗透液有效地用水清洗去除干净，从而达到所要求的检测灵敏度。

3.4.2 亲水型乳化剂

渗透检测中使用的亲水型乳化剂实际上就是表面活性剂（或者洗涤剂）。"亲水"指的是可用水溶解，亲水物质具有无限的容水量。

表面活性剂的具体应用：对于喷气发动机受热部位和转动零件，最实用的表面活性剂溶液是亲水性非离子型表面活性剂；对于非转动零件或不在发动机受热部位使用的零件，则可使用磺酸盐型阴离子型表面活性剂。

1. 亲水型乳化剂的操作工艺

亲水型乳化剂以浓缩的形式供应。使用时，用自来水稀释到希望的浓度。亲水型乳化剂可以通过浸渍法、普通空气喷涂法和静电喷涂法进行施加。对于不同的应用，所要求的稀释度是不相同的。虽然一些技术报告中提到，浸渍时可采用95%的稀释度，但浸渍槽内的含水量一般为65%~90%。喷涂应用时，所需的稀释度为100∶1~300∶1。

亲水型乳化剂在使用中的优点是，零件能够在乳化剂槽内停留5~20min，这样长的停留时间在操作控制上易于掌握。

亲水型乳化剂的检验工艺与亲油型乳化剂稍有差别，它要求在浸渍乳化剂之前，先用自来水冲洗受检试件表面，以尽量多地去除受检试件表面多余的渗透液。

2. 亲水型乳化剂的优点

　　浓缩的亲水型乳化剂，初始费用与亲油型乳化剂大致相同，但用水高度稀释后，其费用将大大地减少。经验表明，两类乳化剂的存储寿命大致相同，其寿命长短只与浓度有关。当被稀释得浓度较低时，其储存寿命比浓度高的亲水型乳化剂要长一些。

　　由于工艺上的差别，亲水型乳化剂的操作费用也是比较低的。亲水型乳化剂具有很高的容水率，因此允许先用水预清洗受检试件表面多余的渗透剂，将表面多余渗透剂的80%都清洗去除以后再进行乳化。预清洗也消除了受检试件表面的大量渗透液对乳化剂的污染。

　　黏度较低的亲水型乳化剂从受检试件上滴落的速度也是比较快的，其残留物比黏度高的亲油型乳化剂更少。

　　稀释后的亲水型乳化剂不易着火，而且相对来说是无毒的；而亲油型乳化剂虽然具有较高的闪点，但是仍需要考虑被普通火点燃的危险。

3. 亲水型乳化剂的性能

　　乳化剂对整个检测灵敏度有一定的影响。

　　用光洁表面或粗糙表面的试样进行检测灵敏度试验时，必须采用不同浓度的乳化剂，以确定其最佳的检测灵敏度等级。相关试验数据表明，对于光洁表面，采用浓度为5%的低浓度乳化剂，即可得到最佳的灵敏度；而粗糙表面的试验，则达不到这一效果。在粗糙表面上，浓度为5%的乳化剂比浓度为20%的乳化剂留下了更多的背景。

　　浓度高的亲水型乳化剂能迅速用水稀释，而无任何变稠或析出成分的现象出现。浓度高的和稀释后的乳化剂在敞口槽内储存时，不应对钢铁产生腐蚀。

　　在许多场合下，亲水型乳化剂在清洗后要排入污水管道系统内，此时它们应能被生物降解。尤其是含有污染环境的成分，如磷酸组分、铬和其他重金属、氰化物、硫酸盐或含氯的碳氢化合物等时更是如此。

　　喷气发动机受热部位试件上使用的亲水型乳化剂，应当满足发动机厂对化学杂质（如卤素和硫）在含量上的要求。

3.5　溶剂去除剂

　　要去除受检试件表面的多余渗透液，也可以采用有机溶剂。此时，应先用毛巾擦除多余的渗透液，然后再用沾有有机溶剂的湿毛巾去除背景。工业上的纯有机溶剂或含氯溶剂在这个工序中都可以使用。

　　有机溶剂也可以作为一种预清洗剂，通过冲洗和擦洗的方法来去除受检试件表面的油污、油脂和污物。为了从受检试件表面去除油漆，有时也使用油漆去除剂。这些化学试剂也可以用作渗透液的清洗去除剂。

　　烃类溶剂和许多油漆清除剂容易着火，所以不要在接近明火处使用。在浸渍槽旁安装CO_2气体灭火器，是非常重要的安全措施。

含氯清洗剂的闪点虽高，但在超过其闪点的一般火中，也会变成一种添加进去的燃料而燃烧起来。

有机溶剂会去除皮肤表面的油脂，如果需要长时间在有机溶剂中操作，应戴橡皮手套或塑料手套。

有机溶剂常用在某些后乳化渗透检测工艺中，以清除铸造蜗轮叶片等试件表面的背景。为了检测铸造蜗轮叶片上的细微裂纹，要求使用高灵敏度的渗透液材料。发动机制造厂已经发现，煤油是最令人满意的有机溶剂。闪点为50℃（125℉）的有机溶剂基本上可以在敞开的浸渍槽中使用。但是，使用这一闪点的溶剂时，仍然应该在敞开的浸渍槽上加一个能封闭的盖子和一个通气孔。

3.6 显像剂

3.6.1 显像剂灵敏度试验

渗透检测所用显像剂有五种基本类型：干粉显像剂、水悬浮显像剂、溶剂悬浮显像剂、水溶性显像剂和塑料薄膜显像剂。

试验人员根据显像剂类型和不同用法，对系统灵敏度进行分级的试验结果见表3-1。

表3-1　灵敏度分级试验结果

灵敏度	显像剂类型	显像剂用法
最高灵敏度	溶剂悬浮	喷涂
	塑料薄膜	喷涂
	水溶性	喷涂
	水悬浮	喷涂
	水溶性	浸没
	水悬浮	浸没
	干粉	静电喷粉
	干粉	流化床
	干粉	撒粉
最低灵敏度	干粉	浸没（浸渍）

注：流化床是使干粉显像剂中的干粉成流体雾化状态的平台装置。

当用相同的渗透液进行检测时，每一种显像剂都会产生不同的灵敏度。灵敏度上的差异程度可以用带有裂纹的镀铬试块（C型试块）进行有效的评定。

表3-1所列分级方法仅适合使用一种型号的荧光渗透液进行评定。而每一种渗透液在评定时，都能得到相似的结果。

采用镀铬试块（C型试块）进行评定时，如果是抛光加工，从黏附的角度来看，是在最恶劣的条件下进行的灵敏度分级试验。

高灵敏度后乳化荧光渗透液+干粉显像剂（喷涂）所得到的灵敏度，与中等灵敏度后乳化荧光渗透液+溶剂悬浮显像剂（喷罐喷涂）所得到的灵敏度大致相同。

44

用带有精细分级的镀铬试块（C 型试块）做试验时，灵敏度的这种差异程度是很明显的。而用带裂纹的铝试块进行试验时，则测不出来灵敏度差异。

3.6.2　干粉显像剂

从 20 世纪 50 年代中期以来，干粉显像剂就被用于渗透检测中。最初，这种显像剂是装在浸渍槽里的粉末，虽然这些粉末是无毒的，但松散的粉尘会悬浮在空气中对人体造成伤害。试件浸渍到低密度的粉末中，与浸渍到液体中一样。这些粉末常常会聚集或堆积在一起，但经试件搅动后就会松散开。

这种粉末应保持干燥，相关标准要求定期将粉末放到烘箱中烘烤，以去除湿气。表面粗糙的零件如果在显像剂粉末中很快地"浸"一下，或用喷粉器喷洒，试件表面就能黏附保留足够多的显像剂粉末，即试件与显像剂接触时间不宜太长。

干粉显像剂的显像灵敏度与采用浸渍方式的水悬浮显像剂相当，如果使用方法得当，有时甚至会得到比水悬浮显像剂更加清晰的分辨效果。这是因为干粉显像剂能在试件表面形成很细微的显像剂薄膜层；而使用水悬浮湿式显像剂时，常常会在表面留下一层较厚的覆盖层。因为水悬浮湿式显像剂形成的迹痕显示时，干粉会聚集，将限制渗透液的横向渗出，从而使得干粉显像剂比水悬浮显像剂有更高的显像分辨力。

由于水悬浮显像剂留下了表面覆盖层，不容易吸收从气孔或缩孔中渗出的大量渗透液，因此当零件表面存在孔洞类缺陷时，如果使用干粉显像剂，就能明显减弱整个背景。

干粉显像剂的最大优点是所需维护成本最低，其全部工作是将干粉周期性地放在黑光下进行检查，来确定它们是否黏附了过多的荧光渗透液物质。如果感到粉末潮湿或者有聚集现象存在，可对干粉进行干燥。

干粉显像剂适合做批量试件检测。干粉显像剂还可在自动处理机或喷粉柜里使用。最好采用静电喷枪将干粉显像剂喷洒到受检试件上，因为静电喷涂可以增加干粉显像剂的黏附性。静电喷涂及喷粉柜所使用的干粉量比浸渍槽所使用的干粉量要少得多。

显像后，一般不需要去除显像剂粉末。如果需要去除显像剂粉末，可采用鼓风机吹、水轻轻地喷或使用有滤网的压缩空气吹。

3.6.3　溶剂悬浮显像剂

溶剂悬浮显像剂（也称非水基湿式显像剂）几乎从渗透检测工作开始就被采用了。它们主要用于着色渗透检测，以提供对比度良好的、均匀的白色背景。

由于具有高挥发性和可燃性，溶剂悬浮显像剂需要以密封罐的包装形式提供使用。这种罐装显像剂一般配置在一套便携式渗透检测剂器材中供应。

溶剂悬浮显像剂的显像灵敏度之所以高，是由于显像剂中的溶剂具有双重作用。一方面，溶剂悬浮显像剂中的溶剂稀释了缺陷中的渗透液，使其黏度降低且体积增加，加速了渗透液的渗出，使渗出的渗透液更多，即形成迹痕显示的渗透液更多；另一方面，溶剂悬浮显像剂中的溶剂对渗出的渗透液中的染料有溶解作用，使渗透液中的染料浓度得到提高，即提高了荧光（着色）强度。这种双重作用的结果，是使渗出的渗透液荧光（着色）强度得到提高，且在显像剂粉状涂层中迅速上升并扩展，提高了显像灵敏度。

溶剂悬浮显像剂中的溶剂通常是挥发性醇类、酮类和氯化物。由于氯化物溶剂的闪点高，不容易着火，故常常被采用；非氯化物溶剂一般只能在特殊情况下使用。

荧光渗透液只需要较薄的粉末覆盖层，因而所用显像剂粉末的浓度比较低。为防止显像剂粉末粒子的聚集和结块，显像剂中应加分散剂；同时，为促进它们在受检试件表面的黏附，在显像剂中一般要添加适量的表面活性剂。

溶剂悬浮显像剂通常以喷涂的方式施加。由于这类显像剂具有可燃性，而且溶剂会迅速挥发而造成损失，因此在敞开的槽内储存或使用既不现实又不经济，可以采用压力喷罐、涂料喷枪和静电喷枪系统。溶剂悬浮显像剂采用手工喷涂时，需要具备某些专业知识；喷涂场所应当安装排气道以去除挥发性溶剂的蒸气。

着色渗透液的显像，只需喷涂一层即可，既可提供白色对比背景，又不会掩盖迹痕显示。荧光渗透液的显像，有一层薄薄的覆盖层就足够了。因为在黑光灯下，不可能看见有多少显像剂已涂敷在受检试件上。此时，只需在距离受检试件表面300mm远的地方，用喷枪或喷罐薄薄地喷涂几层显像剂，就能得到较好的结果。

在施加溶剂悬浮显像剂前，受检试件表面必须干燥。在烘箱内干燥后，应先对试件进行冷却，然后才能用溶剂悬浮显像剂进行显像。在试件冷却过程中，如果用干净的手触摸试件时感觉到舒适（约37℃），就可以进行显像操作了。若试件太热，会使溶剂蒸发得太快而丧失显像剂的溶解作用。喷涂这种显像剂时，要在第一层干燥后，才能喷第二层。

溶剂悬浮显像剂应具备以下特性：

1）用于荧光渗透液的溶剂悬浮显像剂应该是无色透明的。

2）用于着色渗透剂的溶剂悬浮显像剂应该是白色的。

3）溶剂悬浮显像剂中的溶剂应能溶于渗透液中。

3.6.4　其他显像剂

1. 水悬浮显像剂

水悬浮显像剂是用干粉加自来水混合制得的。水悬浮显像剂中含有表面活性剂、缓蚀剂、分散剂等。在某些情况下，水悬浮显像剂中还要添加胶体物质，以保持显像剂粉末微粒处于悬浮状态。

2. 水溶性显像剂

水溶性显像剂是以结晶粉与水相配而得到的溶液性质的显像剂。水溶性显像剂中不含悬浮性粉末颗粒，使用时必须添加一定的润湿剂和缓蚀剂。在某些特殊地区使用时，还应添加一些杀真菌剂，以防止真菌生长。水溶性显像剂不适用于着色渗透液和水洗型荧光渗透液。

3. 塑料薄膜显像剂

塑料薄膜显像剂首先用在具有高分辨力的渗透检测体系中，需要做可剥性记录。这种显像剂主要是由透明的清漆或者胶状的树脂分散体所组成。

3.6.5　显像剂的选择原则

渗透液不同、受检试件表面状态不同，所使用的显像剂也不同。

就荧光渗透液而言，光洁表面应优先选用溶剂悬浮显像剂；粗糙表面则优先选用干式显像剂；其他表面优先选用溶剂悬浮显像剂，然后是干式显像剂，最后考虑水悬浮显像剂。

就着色渗透液而言，对于任何表面状态，都应优先选用溶剂悬浮显像剂，然后是水悬浮显像剂及水溶性显像剂，最后考虑干式显像剂。

复　习　题

说明：题号前带 * 号的为Ⅱ级人员需要掌握的内容，对Ⅰ级人员不要求掌握；不带 * 号的为Ⅰ、Ⅱ级人员都要掌握的内容。

一、是非题（在括号内，正确画○，错误画×）

1. 受检试件表面的细小刻痕不能加速渗透液的横向扩展。　　　　　　　　　（　　）
2. 水有较大的表面张力，会与水洗性渗透液相结合，使渗透液接触角增大。（　　）
3. 荧光染料吸收紫外线转换成可见荧光的效率直接取决于荧光强度。　　　（　　）
*4. 亲水型乳化剂与亲油型乳化剂的乳化时间相同。　　　　　　　　　　　（　　）
*5. 去除在役试件表面油漆的去除剂，也可用作渗透液的清除剂。　　　　　（　　）
*6. 溶剂去除型着色渗透液+溶剂悬浮显像剂适用于焊缝渗透检测。　　　　（　　）
*7. 通过清洁或干燥处理，对于消除牢固黏附的腐蚀残留产物作用不大。　　（　　）
8. 当荧光渗透液的薄膜厚度小于薄膜临界厚度时，荧光渗透液不发光。　　（　　）
9. 渗透检测操作时，清洗到无背景存在，可使整个灵敏度提高。　　　　　（　　）
10. 形状复杂受检试件的渗透检测，静电喷涂能提供薄而均匀的涂层。　　（　　）
11. 静态渗透参量 SPP 的值越大，说明该渗透液渗入缺陷的能力越强。　　（　　）
12. 动态渗透参量 KPP 公式表示，渗透液的渗透速率与黏度有关。　　　　（　　）

二、选择题（将正确答案填在括号内）

*1. 渗透液渗入表面开口缺陷的渗透能力受下列哪些因素影响？　　　　　　（　　）
   A. 渗透液的表面张力　　　　　　　　B. 操作人员水平
   C. 渗透检测工艺　　　　　　　　　　D. 渗透液的接触角

*2. 渗透液的可见度受下列哪些因素影响？　　　　　　　　　　　　　　　（　　）
   A. 渗透液中染料的种类　　　　　　　B. 渗透液的比重
   C. 渗透液中染料的浓度　　　　　　　D. 渗透液的亮度

3. 着色渗透液的灵敏度受下列哪些因素影响？　　　　　　　　　　　　　（　　）
   A. 颜色的深浅　　　　　　　　　　　B. 渗透液中染料的含量
   C. 渗透液的表面张力　　　　　　　　D. 渗透液的挥发性

*4. 后乳化型荧光渗透检测，乳化剂中的染料有什么特点？　　　　　　　　（　　）
   A. 没有添加染料　　　　　　　　　　B. 是荧光染料
   C. 与荧光渗透液颜色不同　　　　　　D. 不一定是荧光染料

5. 液体的挥发性用下列哪些物理参量来表征？　　　　　　　　　　　　　（　　）
   A. 液体的蒸气压　　　　　　　　　　B. 液体的密度
   C. 液体的沸点　　　　　　　　　　　D. 液体的闪点

三、问答题

﹡1. 为什么溶剂悬浮显像剂的显像灵敏度较高？

﹡2. 为什么干粉显像剂的显像分辨力较高？

复习题参考答案

一、是非题

1. ×；2. ○；3. ○；4. ×；5. ○；6. ○；7. ○；8. ○；9. ×；10. ○；11. ○；12. ○。

二、选择题

1. A、D；2. A、C、D；3. A、B、C；4. B、C；5. A、C。

三、问答题

（略）

第4章　渗透检测操作

不同类型的渗透液、不同的表面多余渗透液去除方法与不同的显像方式，可以组合成多种渗透检测方法。但不论何种方法，都是按照下述七个基本步骤进行的：表面准备和预清洗，渗透，去除表面多余渗透液，干燥，显像，检验和后处理。

4.1　表面准备和预清洗

1. 污染物与涂层的种类

受检试件常见的污染物与涂层如下：

1) 防锈油，机械油及抛光、成形、冲压、冷却中的润滑油等液体有机污染物。

2) 油漆涂层、燃烧积炭或其他牢固附着的固体污染物。

3) 锈蚀腐蚀物、型砂、焊渣、焊剂、残余氧化物等。

4) 强酸、强碱或包括卤素在内的其他有化学活性的无机污染物。

5) 水和水蒸发后留下的水合物、以前渗透检测的残留物等。

6) 表面处理层，如磷酸盐、铬酸盐转化的涂层、阳极化层等。

7) 金属机械加工中出现的毛刺、金属屑或被污染的金属等。

污染物的成分常常难以辨别，故在某些情况下需要进行化学分析。为使渗透检测能获得良好的结果，应当对表面很难清除的那些污染物的组成及化学性质进行准确测定。

2. 污染物与涂层对渗透检测的影响

污染物及涂层对渗透检测的影响如下：

1) 受检试件表面的污染物及涂层会妨碍渗透液对试件表面的润湿，妨碍渗透液渗入缺陷中，严重时甚至会完全堵塞缺陷开口。

2) 缺陷中的油污会污染渗透液，从而降低显示的荧光强度或颜色强度。

3) 在荧光检测中，大多数油类污染物在黑光灯的照射下都会发光（如煤油、矿物油发浅蓝色光），从而干扰真正的缺陷迹痕显示。

4) 渗透液容易保留在受检试件表面上的毛刺、氧化皮等部位，从而产生虚假的显示。

5) 受检试件表面上的油污被带进渗透液槽中，会污染渗透液，降低渗透液的渗透能力、荧光强度（或颜色强度）和使用寿命。

6) 受检试件表面的涂层及污染物会妨碍缺陷截留的渗透液渗出到受检试件表面，无法形成缺陷迹痕显示等。

4.1.1 表面准备和预清洗的目的与基本要求

1. 表面准备的目的及基本要求

表面准备的作用是去除试件表面的固体污染物。对表面准备的基本要求是不得损伤受检试件的使用功能，例如，严禁使用钢丝刷打磨铝、镁、钛等软合金。

通常情况下，焊缝、轧制件、铸件、锻件的表面状态是可以满足渗透检测要求的。如果焊缝、轧制件、铸件、锻件的表面不规则，则会影响渗透检测效果；如果有铁锈、型砂、积炭等物，可能遮盖缺陷迹痕，或对检验效果产生干扰。此时，应用打磨或机械加工方法进行表面处理。

打磨或机械加工方法可能堵塞表面缺陷的开口，降低渗透检测效果，特别是对铝、镁、钛等软合金。因此打磨或机械加工后应进行酸蚀处理，喷丸后也应进行酸蚀处理。

2. 预清洗的目的及基本要求

在施加渗透液之前，必须对受检表面进行预清洗，去除受检表面上的液体污染物。

受检试件预清洗的基本要求是，必须将任何可能影响渗透检测的污染物清除干净，它是保证所有渗透检测方法得以成功的关键；同时，又不得损伤受检试件的使用功能，例如，密封面不得进行酸蚀处理等。

预清洗是渗透检测的第一道工序，在渗透检测器材合乎标准要求的条件下，预清洗是保证渗透检测成功的关键。

对于进行局部检测的试件，表面准备及预清洗的范围应比要求检测的部位大。相关标准规定：表面准备及预清洗范围应从检测部位四周向外扩展 25mm。

4.1.2 表面准备和预清洗的方法

表面准备和预清洗包括清理去除受检试件表面的固体污物和清洗液体污物。进行表面准备和预清洗时，应视污染物的种类和性质，选择不同的清理和清洗方法。

1. 机械清理

（1）机械清理的适用性和方法

1）当试件表面有严重的锈蚀、飞溅、毛刺、涂料等覆盖物时，应首先考虑采用机械清理方法，常用方法包括振动喷砂、抛光、吹砂、喷丸、钢丝刷、砂轮磨及超声波清洗等。

2）吹砂和喷丸适合去除氧化皮、焊渣、铸件型砂、模料、喷涂层、积炭等。吹砂对裂纹迹痕显示的影响如图 4-1 所示。试样上的原始裂纹经吹砂后显示非常模糊。

a) 原始裂纹　　　　b) 吹砂后

图 4-1　吹砂对裂纹迹痕显示的影响

3）钢丝刷和砂轮磨适合去除氧化皮、熔剂、金属屑、焊接飞溅、毛刺等。

4）振动喷砂适合去除轻微的氧化皮、毛刺、锈蚀、铸件型砂或磨料等，但不适用于铝、镁、钛等软金属材料。

5）抛光适合去除试件表面的积炭、毛刺等。

6）超声波清洗是利用超声波的机械振动去除试件表面的油污，它常与洗涤剂或有机溶剂配合使用，适用于批量的小零件的清洗。

（2）机械清理时的注意事项

1）采用机械清理时，对喷丸、喷砂、钢丝刷及砂轮磨等方法的选用应格外慎重。因为这些方法易对试件表面造成损坏，特别是表面经研磨过的试件及软金属材料（如铜、铝、钛合金等）更易受损；同时，这类机械方法还有可能使试件表面层变形，如果变形发生在缺陷开口处，则很可能造成开口闭塞，使渗透液难以渗入。

2）采用机械方法清理污染物时，所产生的金属粉末、砂末等也可能堵塞缺陷，所以经机械处理的试件，一般在渗透检测前应进行酸洗或碱洗。

3）焊件和铸件吹砂后，渗透检测前，可根据试件表面具体情况来确定是否进行酸洗或碱洗。

4）精密铸造的关键部件（如涡轮叶片）在吹砂后必须进行酸洗，然后才能做渗透检测。

2. 化学清洗

化学清洗主要包括酸洗和碱洗。

某些在役零部件的表面往往会有较厚的结垢、油污、锈蚀物等，如果采用溶剂清洗，不但不经济，而且难以清洗干净。此时，可先将污染物用机械方法清除，再进行酸洗或碱洗。

对于那些经机械加工的软金属试件，其表面的缺陷很可能因塑性变形而被封闭。这时，可以用碱或酸浸蚀，以使缺陷表面开口重新打开。表4-1列出了一些化学清洗液的配方供参考。化学清洗时，要严格控制清洗时间。

表4-1 酸洗、碱洗液配方及适用范围

种类	配方	温度	适用范围	备注
酸洗液	硫酸 100mL、铬酐 40L、氢氟酸 10mL，加水至 1L	室温	钢试件	中和液：氢氧化铵 75%，水 25%
	硝酸 80%，氢氟酸 10%，水 10%	室温	不锈钢试件	
	盐酸 80%，硝酸 13%，氢氟酸 7%	室温	镍基合金试件	
碱洗液	氢氧化钠 6g，水 1000mL	70~77℃	铝合金铸件	中和液：硝酸 25%，水 75%
	氢氧化钠 10%，水 90%	77~88℃	铝合金铸件	

注：本表中的百分数均为体积分数。

（1）碱洗　碱洗是用氢氧化钠、氢氧化钾等制备的不易燃水溶化合物清洗试件表面。碱洗多用于铝合金。

1）该水溶化合物能够对各类污染物起润湿、渗透、乳化及皂化作用，用以清除试件表面的油污、抛光剂、积炭等。

2）热的碱清洗液还可用来除锈和除垢，清除掩盖表面缺陷的氧化皮。

3）碱清洗液必须按照制造厂的建议使用。

4）热碱蒸气清洗是改进的热碱洗方法，在容器内进行，适用于大型试件的清洗，能够清除试件表面的无机污染物和各种有机污染物，但无法清除缺陷较深的底部污染物。对于底部污染物，可采用溶剂浸泡法。

5）采用碱洗工艺清洗后的试件，必须把清洗液冲洗干净，并在渗透检测前将其整体加温干燥。施加渗透液时，试件温度一般不得超过50℃。

（2）酸洗　酸洗是用硫酸、硝酸或盐酸来清除试件表面的铁锈（氧化皮），酸洗也叫酸蚀处理。

1）酸洗的作用：

① 清除试件表面的锈蚀。

② 清除可能掩盖表面缺陷、妨碍渗透液渗入表面开口缺陷中的氧化皮。

③ 试件打磨、机加工后进行酸洗，可以清除封闭表面开口缺陷的金属细屑、毛刺等。

④ 喷丸后进行酸洗，可以清除由于喷丸形成的封闭表面开口缺陷的细微金属物。

2）酸洗时的注意事项：

① 酸和铬酸盐会影响荧光染料的发光作用，因此酸蚀处理后的试件必须清洗干净，使试件表面呈中性，并在施加渗透液前充分干燥。

② 受检试件受酸蚀剂作用后，可能发生氢脆，特别是高强度钢酸洗时容易吸进氢气，而产生氢脆现象。因此在清洗完毕后，应立刻进行去氢处理，以去除氢气。酸蚀处理后的试件应在施加渗透液前冷却至50℃左右。

③ 必须按照试件制造厂的推荐意见进行酸洗操作。

（3）化学清洗的程序及注意事项　化学清洗的程序：酸洗（或碱洗）→中和→水淋洗→烘干。

酸洗（或碱洗）方法要根据受检金属材料、污染物的种类和工作环境米选择。由于酸、碱对某些金属有强烈的腐蚀作用，因此应对清洗液的浓度、清洗时间等加以严格控制，以防止试件表面发生过腐蚀。

浸蚀处理对缺陷迹痕显示的影响如图4-2所示。试样经过去毛刺抛光处理后，裂纹显示数量明显减少，化学清洗处理后，裂纹显示非常清晰。

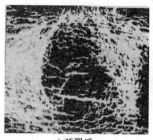 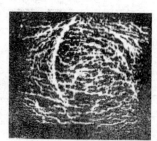 

a) 开裂后　　　　　　　b) 去毛刺抛光处理后　　　　　　c) 浸蚀处理后

图 4-2　浸蚀处理对缺陷迹痕显示的影响

无论酸洗或碱洗，都应用中和液对试件进行中和处理，然后进行彻底的水淋洗，以清除残留的酸或碱。否则，残留的酸或碱不但会腐蚀试件，而且会与渗透液发生化学反应而降低其颜色强度或荧光强度。

残余的酸和铬酸盐仅在有水时才会与荧光染料产生作用，所以残余的酸和铬酸盐对水洗型渗透检测的危害比其他方法大。

清洗后还要烘干，以除去试件表面和可能渗入缺陷中的水分。渗入缺陷中的水分会阻碍渗透液渗入缺陷，严重时会导致渗透检测失败。

3. 溶剂清洗

溶剂清洗包括溶剂液体清洗和溶剂蒸气除油等方法，主要用于清除各类油污、油脂、油膜、腊、密封胶、油漆及普通有机污染物等。

近年来，从节约能源及减少环境污染的角度出发，国内外均已研制出一些新型清洗剂、洗洁剂等，如金属清洗剂，这些清洗剂对油脂类物质有明显的清洗效果，并且在短时间内可保持试件不生锈。

（1）溶剂液体清洗　溶剂液体清洗通常采用汽油、醇类（甲醇、乙醇）、苯、甲苯、三氯乙烷、三氯乙烯等溶剂进行清洗或擦洗，常用于大试件局部区域的清洗。

溶剂清洗剂不能清洗锈蚀、氧化皮、焊瘤、飞溅物以及普通无机污染物。

当清洗时间较短，无法将狭而深的缺陷中的油脂全部清除干净时，建议采用溶剂浸泡法。

（2）溶剂蒸气除油　溶剂蒸气除油是一种有效且方便的除油方法，其溶剂通常为三氯乙烯。三氯乙烯是一种无色、透明的中性有机化学溶剂，具有比汽油大得多的溶油能力，加温使其处于蒸气状态时，溶油能力更强，因此它是一种极好的除油剂。三氯乙烯的密度大，沸点为 86.7℃，蒸气密度可达 4.54g/L，因而易形成蒸气区进行蒸气除油。

这种除油方法操作方便，只需将试件放入蒸气区中，三氯乙烯蒸气便会迅速在试件表面上冷凝，从而将试件表面上的油污溶解掉。在除油过程中，试件表面温度不断上升，当达到蒸气温度时，除油也就结束了。

三氯乙烯蒸气除油法不仅能有效地去除油污，还能加热试件，保证试件表面和缺陷中水分被蒸发干净，有利于渗透液的渗入。

（3）溶剂清洗时的注意事项

1）有些清洗溶剂是易燃物质，有些清洗溶剂可能有毒，所以应按照制造厂说明书和注意事项进行使用。

2）钛合金试件容易与卤族元素起作用而产生腐蚀裂纹，因此当采用三氯乙烯对钛合金试件进行除油时，必须添加特殊抑制剂，并且在除油前必须进行热处理，以消除应力。

3）橡胶、塑料或涂漆的试件不能采用三氯乙烯进行除油，因为这些材料会受到三氯乙烯的破坏。

4）铝、镁合金试件在除油后容易在空气中产生锈蚀，应尽快浸入渗透液中。

4. 洗涤剂清洗

洗涤剂清洗液是一种不易燃的水溶化合物，含有特别选择的表面活性剂，能够清洗各类污染物（如油脂、油膜、切削加工用润滑油等）。

洗涤剂清洗液可分为碱性、中性和酸性，但对受检试件必须无腐蚀作用。

采用洗涤剂清洗，可以很容易地将试件表面和缝隙内的污染物清除干净。清洗时间一般为 10~15min，清洗温度一般为 75~95℃。清洗液浓度应采用制造厂的推荐值（一般为 45~

$60kg/m^3$）。清洗时应做适当搅动。

5. 超声清洗

超声清洗是在溶剂和清洗剂中辅以超声波振动，来提高清洗效果和减少清洗时间的方法。清除无机污染物，如锈蚀、夹渣、盐类、腐蚀物等时，应采用水和洗涤剂；清除有机污染物，如油脂、油膜等时，则应采用有机溶剂。超声清洗后，施加渗透液前，应加热试件，去除溶剂与清洗剂等，然后将试件冷却至50℃以下。

6. 去漆处理

根据油漆的化学成分，有针对性地选择去漆剂，有效地去除试件表面的油漆层。一般情况下，油漆层必须完全除掉，直至露出金属表面；去漆后应使表面充分干燥。

7. 陶瓷的空气焙烧

在清洁的氧化环境中加热陶瓷试件，是去除水分及微量有机污染物的有效方法。最高加热温度应不降低陶瓷的性能。

4.1.3 表面准备和预清洗方法的选择

进行表面准备和预清洗时，选择合适的方法很重要。例如，溶剂清洗剂不能清洗锈蚀、氧化皮、焊瘤、飞溅物以及普通无机污染物；蒸气去油不能清洗无机污染物（夹渣、盐类等），也不能清除树脂类污染物（塑料涂层、油漆等）。

选择预清洗方法时，必须考虑以下几点：

1）必须了解污染物的类别，有针对性地选用合适的预清洗方法，没有一种预清洗方法是万能的。

2）必须了解所选用方法对受检试件的影响，不得损害受检试件的使用功能。例如，密封面不得进行酸蚀处理。

3）必须了解选用方法的实用性。例如，大试件不能放在小型除油槽中进行除油。

注意：预清洗后的试件必须充分干燥，任何残余液体都将影响渗透液渗入开口缺陷中。

4.2 渗透

4.2.1 施加渗透液的基本要求及方法

1. 施加渗透液的基本要求

1）应将渗透液覆盖在受检试件的检测表面上。

2）应保证在整个渗透过程中，检测表面一直处于润湿状态。不能让渗透液干涸在试件表面上，否则将失去渗透作用并造成以后清洗困难。

3）对于有不通孔或内通孔的试件，渗透前应尽可能将孔口用橡胶塞塞住或用胶带粘住，防止渗透液渗入而造成清洗困难。

2. 施加渗透液的方法

施加渗透液的常用方法有浸涂法、喷涂法、刷涂法和浇涂法等。应根据受检试件的大小、形状、数量、检查部位及所用渗透液的特点来选择渗透液施加方法。

1）浸涂法是把整个试件全部浸入渗透液中进行渗透。其渗透速度快、渗透充分、效率高，适用于小试件的大批量全面检测。注意：试件浸没在渗透液中的时间不得大于总渗透时间的一半。

2）喷涂法可采用喷罐喷涂、静电喷涂、低压循环泵喷涂等方式，将渗透液喷涂在受检部位表面。喷涂法操作简单、喷洒均匀且机动灵活，适用于大试件的局部检测或全面检测。

3）刷涂法是采用软毛刷或棉纱布、干布等将渗透液刷涂在试件表面上。刷涂法机动灵活，适用于各种试件，但其效率低，常用于大型试件的局部检测和焊缝检测，也适用于中小型试件的小批量检测。

4）浇涂法也称流涂法，是将渗透液直接浇在试件表面上，适用于大试件的局部检测。

3. 施加渗透液方法的应用

（1）施加着色渗透液　施加着色渗透液时可以采用与施加荧光渗透液相同的方法。但是着色渗透液不能用于检测疲劳裂纹、应力腐蚀裂纹和晶间腐蚀裂纹，其应用有局限性，且灵敏度等级较低。试验表明，着色渗透液能渗透到细微而密集的裂纹中去，但是要形成荧光渗透液所能达到的迹痕显示，需要使用比荧光渗透液多得多的着色渗透液。

（2）热试件的浸渍　这种操作方法通常是把热的受检试件从蒸气除油槽的蒸气箱中取出，或从烘箱内取出，立即浸到渗透液中去。其目的是通过降低渗透液的黏度，使其渗透速度加快。商用渗透液的黏度从 1960 年底就已经开始降低了，目前的黏度是以前的 $1/3 \sim 1/2$。由于现在使用的渗透液黏度很低，因此热零件的浸渍已没有多大优越性了。

（3）静电喷涂的应用　特别是在自动处理机上施加渗透液时，静电喷涂的应用十分广泛。它是在受检试件表面施加一层薄薄的覆盖剂，流动的渗透液很少。虽然这种渗透液较为昂贵，但经验表明，静电喷涂工艺的总体费用较少。因为渗透液从盛装容器中直接喷出使用，没有滴落损失和污染，也不存在由于在渗透液槽中长期放置而引起的变质等问题。

（4）刷涂法的应用　用一套渗透检测剂进行定点和局部检测时，渗透液一般是用喷罐通过喷涂法来施加的。但对于小试件，特别是难以用喷涂法施加渗透液的部分，用刷涂法是比较合适的。因为只在需要的地方施加少量的渗透液即可，不需要清除由于过喷而流淌的渗透液。

（5）油漆喷涂装置的应用　采用喷涂油漆的压缩空气喷涂装置进行渗透液的施加，是效果较好的方法，检测大部件时尤其是这样。

4.2.2　渗透（停留）时间及温度

渗透（停留）时间是指从施加渗透液到开始乳化处理或清洗处理之间的时间。渗透时间又称接触时间或停留时间。采用浸涂法时，在整个滴落过程中，渗透液仍然保留在缺陷中，所以渗透时间是指施加渗透液的时间和滴落时间的总和。

1. 渗透（停留）时间

渗透（停留）时间是由缺陷的开口程度、预期检出的缺陷大小和种类、缺陷中污染物的种类以及渗透液的渗透速率决定的。同时，应考虑受检试件和渗透液的温度、渗透液的种类、试件的种类、试件的表面状态等因素。

渗透时间要适当，不能过短，也不宜太长。时间过短，渗透液渗入不充分，缺陷不易检出；时间过长，则渗透液易干涸，清洗困难，且工作效率低。

检测晶间腐蚀裂纹时，即使使用最灵敏的荧光渗透液，最短的渗透时间也需要数小时。当怀疑受检试件上有这种裂纹时，通常的办法是在前一天晚上对受检试件进行渗透并停留，到第二天再做进一步处理。

2. 渗透温度

渗透温度一般控制在 15~50℃ 范围内。温度过高，渗透液容易干涸在试件表面上，将给清洗带来困难；同时，渗透液受热后，某些成分将蒸发，会使其性能下降。温度太低，将会使渗透液变稠，使动态渗透参量受到影响，此时必须根据具体情况适当增加渗透时间，或把试件和渗透液预热至 15~50℃，然后再进行渗透。

一般规定：温度为 15~50℃ 时，渗透时间为 10~30min。但对于某些微小的裂纹，如应力腐蚀裂纹，所需的渗透时间较长，有时甚至长达几小时。

温度对裂纹缺陷迹痕显示的影响如图 4-3 所示。该图显示了在两种不同温度下，A 型试块上的裂纹缺陷试验结果，图 4-3a 所示为 120℃ 时的试验结果，图 4-3b 所示为 30℃ 时的试验结果。很明显，图 4-3b 中的裂纹缺陷迹痕显示比较清晰。

铸件或热处理零件的渗透时间以几分钟到十几分钟为宜。

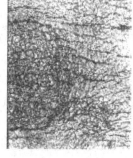

a) 120℃   b) 30℃

图 4-3　两种不同温度下的着色渗透试验结果

3. 标准中关于渗透（停留）时间和温度的规定

GJB-2367A—2005《渗透检验》规定：零件、渗透剂和环境的温度都应控制在 5~50℃ 范围内。当温度不高于 10℃ 时，渗透时间不少于 20min；当温度高于 10℃ 时，渗透时间一般不少于 10min。渗透处理后，如果零件在空气中的停留时间大于 120min，则应重新施加渗透剂，避免渗透剂干涸在零件表面上。

GB/T 18851.1—2012《无损检测 渗透检测 第 1 部分：总则》关于渗透温度的规定：受检表面的温度通常应在 10~50℃ 范围内；特殊情况下，在温度不低于 5℃ 时也可以使用；当温度低于 10℃ 或高于 50℃ 时，渗透产品族和工艺规程应做专门的确认。该标准关于渗透时间的规定：渗透时间最好为 5~60min。

NB/T 47013.5—2015《承压设备无损检测 第 5 部分：渗透检测》规定：在整个检测过

程中，渗透液的温度和试件表面温度应在 5~50℃ 范围内；在 10~50℃ 的温度条件下，渗透液停留时间一般不应少于 10min；在 5~10℃ 的温度条件下，渗透液停留时间一般不应少于 20min 或者按照说明书进行操作。当温度无法满足上述条件时，应对该非标准温度下的操作方法进行鉴定。

4.3　去除表面多余渗透液

这一操作步骤的理想状态是，完全去除试件表面多余的渗透液，而又不将已渗入缺陷中的渗透液清洗出来。

实际上，这是较难做到的。故检测人员应根据受检对象，尽力改善试件表面的信噪比，提高检测的可靠性。去除表面多余渗透液的关键，是不要过洗和欠洗，不要过乳化和欠乳化。这一步骤在一定程度上依赖于操作者所掌握的经验。

水洗型渗透液可直接用水清洗去除；后乳化型渗透液需要先使用乳化剂乳化，然后用水清洗去除；溶剂去除型渗透液用溶剂擦拭去除。

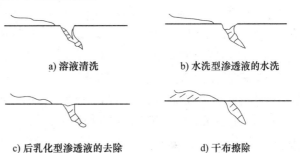

a) 溶液清洗　　　　　b) 水洗型渗透液的水洗

c) 后乳化型渗透液的去除　　d) 干布擦除

去除表面多余渗透液的方法与从缺陷中去除掉渗透液的可能性的关系如图 4-4 所示。

图 4-4　去除表面多余渗透液的方法与从缺陷中去除掉渗透液的可能性的关系

从图 4-4 中可以看出：

1）有机溶剂清洗法效果最差，缺陷中的渗透液被有机溶剂清洗掉很多，如图 4-4a 所示。

2）水洗型渗透液采用水洗去除法时效果较差，如图 4-4b 所示。

3）后乳化型渗透液采用乳化去除法时效果较好，如图 4-4c 所示。

4）用不沾溶剂的干净干布擦除时，缺陷中的渗透液保留效果最好，如图 4-4d 所示。

4.3.1　水洗型渗透液的去除

可用手动、半自动、自动喷枪或水浸装置来清洗去除多余的渗透液。清洗程度及速度取决于水压、水温、冲洗时间等工艺参数。除渗透液的特有清洗特性外，试件表面状态也会影响清洗程度及速度。

手动、半自动与自动喷洗时，水压应保持恒定，不得超过 0.27MPa，喷枪口与试件间距不小于 300mm；采用气/水混合喷枪进行手工喷洗时，空气压力应不大于 0.17MPa。建议使用粗雾状细水冲洗，不能采用实心水柱冲洗，更不能将试件浸泡于水中。

水温应相对恒定，一般为 10~40℃；为得到一致的效果，应采用制造厂家推荐的温度。水洗时间取决于渗透液的固有清洗特性（由制造厂家确定）、试件表面状态、水洗压力及温度等。水洗时间以能正好清除干扰背景为最佳。

去除水洗型渗透液时应注意以下问题：

1）大型试件水洗型荧光渗透检测，使用水喷法清洗时，应由下往上进行，以避免留下一层难以去除的荧光液薄膜。

2）水洗型渗透液中含有乳化剂，如果水洗时间长、水洗温度高或水压过高等，都有可能把缺陷中的渗透液清洗掉，造成过洗。因此在得到合格背景的前提下，水洗时间越短越好。使用荧光渗透液时，应在黑光灯下清洗；使用着色渗透液时，应在白光灯下清洗。

3）避免过洗（即清洗过度）。过洗的标志是渗入缺陷中的渗透液被部分或全部清洗掉。当然，也要避免欠洗。

4）所有过洗的试件，应从预处理开始，按工艺规定重新处理。

4.3.2　后乳化型渗透液的去除

乳化处理方法因乳化剂的不同而不同。乳化剂的乳化过程如图 4-5 所示。

图 4-5a 所示为刚施加乳化剂时，乳化剂未到达受检试件表面。图 4-5b 所示为经过一段时间乳化后，乳化剂与受检试件表面的多余渗透液产生作用。乳化的几种情况（不足、适当、过度）如图 4-6 所示。

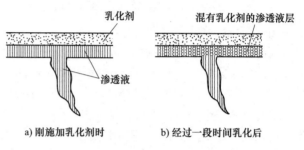

a) 刚施加乳化剂时　　　b) 经过一段时间乳化后

图 4-5　乳化剂的乳化过程

1）乳化不足：乳化剂未到达受检试件表面。

2）乳化适当：乳化剂刚好到达受检试件表面，可以达到理想的乳化效果。

3）乳化过度：乳化剂已进入受检试件表面开口缺陷内，容易造成过乳化。

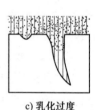

a) 乳化不足　　　　b) 乳化适当　　　　c) 乳化过度

图 4-6　乳化的几种情况

1. 亲油型后乳化渗透液的去除

（1）施加亲油型乳化剂的工艺方法

1）亲油型后乳化渗透液需要经过乳化处理以后才能用水清洗去除。

2）施加亲油型乳化剂的操作方法是直接用乳化剂乳化，然后用水冲洗。

3）亲油型乳化剂的作用过程如图 4-7 所示。

4）亲油型乳化剂可用浸渍法或浇洒法来施加，而不能用刷涂法或喷涂法。这是因为使用刷涂法或喷涂法，在乳化剂和渗透液混合后，乳化时间不好控制；另外，使用刷涂法时，不易保证刷涂均匀。

5）亲油型乳化剂只能在油基渗透液上保留有限的时间，受检试件一接触（浸渍或浇涂）亲油型乳化剂，乳化作用就立即开始进行。

6）在确定亲油型乳化剂的停留时间时，试件表面粗糙度是一个很重要的因素。每个受检试件的乳化剂停留时间都应通过试验来确定。如果受检试件表面是经过精细加工或者磨削加工的光滑表面，应采用 30~45s 的停留时间，然后立即对试件进行清洗。如果产生的背景不多，说明所选取的停留时间比较合适；如果产生的背景过多，则要尝试取更长的停留时间。

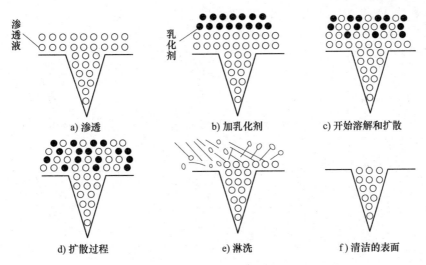

图 4-7 亲油型乳化剂作用过程示意图

7）对中等灵敏度的后乳化荧光渗透液来说，多数渗透工艺将乳化剂停留时间限定为 3min；而对于高灵敏度后乳化荧光渗透液的乳化停留时间，则限定为 5min。上述时间是可以采用的最长时间。采用较短的乳化时间时，多数工艺都能取得比较好的结果。

8）由于停留时间很关键，故应在亲油型乳化剂槽上安装定时装置。

（2）GJB 2367A—2005《渗透检验》对亲油型乳化剂的规定

1）可选用浸涂或浇涂的方式施加亲油型乳化剂，不宜采用喷涂或刷涂的施加方法。

2）在施加乳化剂的过程中，不应翻动零件或搅动零件表面上的乳化剂。

3）荧光渗透检测（Ⅰ类）的乳化时间一般不宜大于 3min；着色渗透检测（Ⅱ类）的乳化时间一般不应大于 0.5min。也可用乳化剂生产厂家推荐的乳化时间。

2. 亲水型后乳化渗透液的去除

（1）施加亲水型乳化剂的工艺方法

1）施加亲水型乳化剂的方法与施加亲油型乳化剂的方法有一些区别。由于亲水型乳化剂中的渗透液容许量比较小，所以要求采用快速而粗大的水柱冲洗去除试件表面上多余的亲水型后乳化渗透液，然后在短时间内将水滴落。

2）经过预水洗后，浸入乳化剂中乳化，然后取出滴落乳化剂，最后水洗。
亲水型乳化剂的作用过程示意图如图 4-8 所示。

3）施加亲水型乳化剂时，只能用浸涂法、浇涂法和喷涂法，不能用刷涂法，因为刷涂不均匀。

4）在用亲水型乳化剂乳化前，应先进行预水洗。预水洗的目的是尽可能去除附着于受检试件表面的多余渗透液，以减少乳化剂用量，同时减少渗透液对乳化剂的污染，延长乳化剂的寿命。可采用压缩空气/水枪或浸入水中清洗等措施进行预水洗。

5）一般采用水喷法进行预水洗，但水压一般不超过 0.27MPa，水温不超过 40℃，时间应尽量短。预水洗时，应特别注意试件上的凹槽、不通孔和内腔等容易滞留渗透液的部位。

6）预水洗后再进行乳化，施加乳化剂时要求均匀，乳化槽中可以同时存有上一批已渗

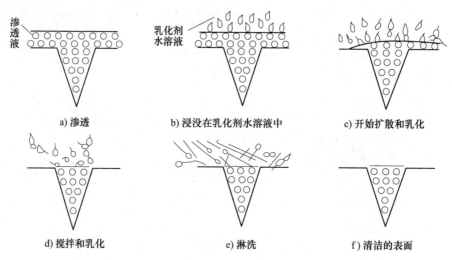

图 4-8　亲水型乳化剂的作用过程示意图

透并预水洗过的试件。

7）试件浸入乳化剂中后，乳化时间一般为 5~20min。在某些浓度下，应取长一些的乳化停留时间。

8）试件从乳化槽中取出后应进行滴落，滴落时间是乳化时间的一部分。

9）乳化时间是从施加乳化剂到开始清洗去除处理的时间，它是施加乳化剂的时间和滴落时间的总和。乳化效果与乳化时间密切相关：乳化时间太短，会因乳化不足而清洗不干净；乳化时间过长，则易引起过乳化而使灵敏度降低。原则上，在获得所允许背景的前提下，乳化时间应尽量短。乳化时间取决于乳化剂的性能、乳化剂的浓度、乳化剂受污染的程度、渗透液的种类以及试件表面粗糙度等因素。因此必须根据具体情况，通过试验选择最佳的乳化时间。

应当指出：在实际使用过程中，还要根据乳化剂受到污染而使乳化能力下降的具体情况，不断地修改乳化时间。当乳化时间增加到新乳化剂乳化时间的 2 倍以上仍达不到乳化效果时，应更换乳化剂。

10）乳化温度的控制也很重要，温度太低，乳化能力将下降，此时可加温后使用。原则上，乳化温度应为乳化剂制造厂商推荐的温度，一般为 20~30℃。

11）乳化完成后，应马上浸入温度不超过 40℃ 的搅拌水中清洗，以迅速停止乳化剂的乳化作用，最后再进行最终水洗。最终水洗应在白光灯（着色渗透检测）或黑光灯（荧光渗透检测）下进行，以控制清洗质量。

若发现清洗得不干净，说明乳化时间不足，应将受检试件烘干，重新进行渗透检测全过程，并增加乳化时间，以获得合格的清洗背景。但对于检测灵敏度要求不高的试件，可直接将试件再次浸入乳化剂中补充乳化，以减少背景。

只要乳化时间合适，最终水洗不像水洗型渗透检测那样要求严格，但仍应在尽量短的时间内清洗完毕。

（2）亲水型乳化剂的浓度　亲水型乳化剂在水中的浓度一般为 5%~30%。试验表明：当浓度取 5% 时，能产生最高的检测灵敏度；在浓度增加到 30% 的过程中，检测灵敏度将随着浓度的增加而不断降低。其中,检测灵敏度明显降低发生在浓度为 5%~20% 之间,尤其是中等灵敏度的荧光渗透液更是如此。

当乳化剂水溶液的浓度为 5% 时,其中渗透液的容许量比浓度为 20% 时还要低一些,这样就会使乳化剂的储存时间缩短。因此在实际应用中,虽然所用乳化剂混合物的灵敏度稍低一点,但是作为典型应用,其浓度仍取 20%~30%。

试验证明,浓度为 30% 时具有最佳的储存期,其检测灵敏度也与浓度为 20% 时相接近。

(3) GJB 2367A—2005《渗透检验》对亲水型乳化剂的规定

1)可采用浸涂、流涂或喷涂的方式施加亲水型乳化剂。

2)乳化时间应尽量短,以能充分乳化渗透液为宜,一般不超过 2min。

3)乳化剂的使用浓度应符合生产厂家推荐值。采用浸涂法时,乳化剂的浓度一般不超过 35%;采用喷涂法时,乳化剂的浓度一般不超过 5%。

4.3.3 溶剂去除型渗透液的去除

溶剂去除型渗透液的去除方法:先用不脱毛的布或纸巾擦拭去除试件表面多余的渗透液,直到无法擦下渗透液为止;然后用沾有溶剂的、干净的不脱毛的布或纸巾擦拭,直至将受检表面上多余的渗透液全部擦净。

这种方法能去除表面多余渗透液最后一层很薄的液膜。这样在施加显像剂之后,不需要的背景就不会显示出来。

注意:不要往复擦拭;溶剂去除型荧光渗透液的去除,应在暗处用黑光灯监视进行。

4.4 干燥

1. 干燥的目的和时机

干燥的目的是除去受检试件表面的水分。干燥的时机与表面多余渗透液的清洗去除方法和所使用的显像剂密切相关。

1)采用溶剂去除试件表面多余的渗透液后,不必进行专门的干燥处理,只需自然干燥 5~10min 即可。

2)采用水清洗的试件,如果采用干粉显像剂或溶剂悬浮显像剂(非水基湿式显像剂),则在显像之前必须进行加热干燥处理。因为试件经水洗后,必须通过加热才能去掉水分,并能使渗透液膨胀,让其黏度降低,以便能提供较好的缺陷迹痕显示。

3)若采用水基湿式显像剂(如水悬浮湿式显像剂、水溶性湿式显像剂),水洗后直接显像,然后再进行加热干燥处理。用水悬浮湿式显像剂或水溶性湿式显像剂时,由于水必须从显像剂中蒸发掉才能实现显像,同时水基显像剂能提供毛细管作用而形成显像,因此加热对于这两种显像剂来说极为重要。

2. 常用的干燥方法

干燥的方法有用干净的布擦干、压缩空气吹干、热风吹干、热空气循环烘干装置烘干等。实际应用中,常将多种干燥方法结合起来使用。

例如：对于单件或小批量试件，经水洗后，可先用干净的布擦去表面明显的水分；再用经过过滤的、清洁干燥的压缩空气吹去表面的水分，尤其要吹去不通孔、凹槽、内腔部位及可能积水部位的水分；然后放进热空气循环干燥装置中干燥。这样做不但干燥效果好，而且效率高。

干燥箱可以用热空气、电或蒸汽进行加热，其中的空气需要用鼓风机进行循环，形成环流热进行干燥。因为循环流动的空气将破坏受检试件表面的滞留空气状态，而使干燥时间缩短，所以在加热系统中，使用空气循环流动比连续地把冷空气加热更为经济。

另外，为了加快烘干速度，也可采用热浸技术。所谓热浸技术，就是将试件洗净以后，短时间地在 80~90℃ 的热水中浸一下。采用这种方法可以提高试件的初始温度，从而加快烘干的速度，但因其对试件表面开口缺陷具有一定的清洗作用，甚至会造成过清洗，故一般不推荐使用。

为确保不因热浸而造成过清洗，要求严格控制热浸时间，表面光洁的机加工试件不允许进行热浸。

3. 干燥时间和温度控制

干燥时，温度不宜过高，时间也不宜过长。否则会将缺陷中的渗透液烘干，造成施加显像剂后缺陷中的渗透液不能渗出到试件表面上来，从而不能形成缺陷迹痕显示。

允许的最高干燥温度与试件的材料和所用渗透液有关。正确的干燥温度应通过试验确定，一般情况下，金属材料的干燥温度不超过 80℃，塑料材料的干燥温度通常在 40℃ 以下。

干燥时间越短越好，一般不宜超过 10min。干燥时间与试件材料、尺寸、表面粗糙度、试件表面水分的多少、试件的初始温度和烘干装置的温度等有关，还与每批被干燥的试件数量有关。为了控制干燥时间，需要控制每批放进干燥装置中的试件数量。

GJB 2367A—2005《渗透检验》规定：采用干燥箱烘干零件时，干燥箱温度不超过 70℃。

NB/T 47013.5—2015《承压设备无损检测 第 5 部分 渗透检测》规定：干燥时，被检面的温度不得高于 50℃；干燥时间通常为 5~10min。

日本工业标准规定：干燥时的温度不得超过 70℃。

4. 其他注意事项

1) 干燥时，还应防止试件筐、吊具上的渗透检测材料以及操作者手上的污物等对试件造成污染，以免产生虚假的显示或掩盖显示。

2) 为防止污染，应将干燥前和干燥后的操作隔离开来。例如，将渗透和清洗时的吊具与干燥时的吊具分开使用等。

4.5　显像

4.5.1　显像方法

常用的显像方法主要有干式显像、溶剂悬浮显像、水基湿式显像（包括水悬浮显像和水溶性显像）和自显像等。

1. 干式显像

干式显像也称干粉显像，主要用于荧光渗透检测法。它是在清洗并干燥后的试件表面上施加干粉显像剂。干粉显像剂具有较高的显像分辨力。

施加时机是在加热干燥后立即进行，因为热试件能得到较好的显像效果。

施加干粉显像剂有多种方法，如采用喷枪或静电喷粉显像，也可将试件埋入干粉中显像，但最好的方法是采用喷粉柜进行喷粉显像。这种方法是将试件放置于喷粉柜中，用经过过滤的、干净的干燥压缩空气或风扇，将显像粉吹扬起来，使其呈粉雾状，将试件包围住，在试件表面上均匀地覆盖一薄层显像粉，一次喷粉可显像一批试件。经干粉显像的试件，检测后显像粉的去除很容易。

2. 溶剂悬浮显像（又称速干式显像）

溶剂悬浮显像剂常以喷涂法来施加，它具有较高的显像灵敏度。

喷涂时，可采用喷罐、压缩空气喷枪或静电喷枪来完成。采用后两种方法时，使用大罐容器或桶装容器盛装显像剂，且用于显像剂用量较大的场合。

由于显像粉在溶剂中沉淀速度快，所以喷涂要在不断搅拌的情况下进行。特别是对于容易聚集的显像粉粒子，搅拌尤其重要。供喷涂出口用的插管，应当接近显像剂容器的底部，因为底部的浓度最高。

喷罐喷涂前，必须摇动喷罐中的珠子，将显像剂搅拌均匀；喷涂时，要预先调节到边喷涂边形成显像薄膜的程度；喷嘴距受检表面的距离为 300~400mm，喷洒方向与受检面的夹角为 30°~40°。

溶剂悬浮显像剂有时采用刷涂法和浸涂法。刷涂时，所使用的刷笔要干净，同一部位不允许往复刷涂多次；浸涂时要迅速，以免缺陷内的渗透液被显像剂中的溶剂浸洗掉。

着色渗透检测中，施加显像剂时应采用喷涂法，以获得一层薄薄的均匀覆盖层。一般来说，喷涂一层显像剂就足够了。如果在喷涂第一层后，发现有显像剂覆盖层比较薄的地方，可在较薄的地方再喷涂第二层显像剂。

只要能够满足白色背景的需要，施涂一定量的显像剂即可。如果覆盖层太厚，则会把显示掩盖起来。

荧光渗透检测中，喷涂溶剂悬浮显像剂时，操作应十分仔细。只需提供一层很薄的显像剂即可。一般喷涂一层显像剂就足够了，如果需要喷涂第二层，则可在较薄处喷少许。

当用喷罐或喷枪进行喷涂时，要求它们与试件表面保持 300mm 左右的距离。

操作人员需要经过一定时间的实践，才能喷涂出薄而均匀的覆盖层。

3. 自显像

对于一些检测灵敏度要求不高的情况，如铝、镁合金砂型铸件及陶瓷件等的检测，常采用自显像检测工艺。即在干燥后不进行显像，而是停留 10~15min，待缺陷中截留的渗透液渗出至试件表面后再进行检测。

为保证具有足够的灵敏度，通常采用灵敏度高一级的渗透液，并在较强的黑光灯下检测。

自显像省掉了显像操作，简化了工艺，节约了检测费用。同时，因自显像法观察到的缺陷迹痕尺寸与真实缺陷尺寸相近，无放大现象，所以其检测精度较高。

4. 用水悬浮显像剂显像

水悬浮显像剂用浸涂、流涂或喷涂的方法施加，在实际应用中，大多采用浸涂法。在施加显像剂之前，应将显像剂搅拌均匀，涂覆后要进行滴落，然后再在热空气循环烘干装置中干燥。干燥的过程就是显像的过程。

为防止显像剂粉末沉淀，在浸涂过程中应不定期地搅拌显像剂。

由于水悬浮显像剂是水基的，因此不推荐用作水洗型渗透液的显像剂。

5. 用水溶性显像剂显像

这类显像剂也可以用浸涂或喷涂的方法施加，在实际应用中，大多采用浸涂法。涂覆后要进行滴落，然后在热空气循环烘干装置中干燥。干燥的过程就是显像的过程。

由于水溶性显像剂是水基的，所以不推荐用作水洗型渗透液的显像剂。

6. 用塑料薄膜显像剂显像

塑料薄膜显像剂具有很高的挥发性，一般是以喷罐形式供应。用于着色渗透液的显像剂中混有白色颜料，能提供白色的背景；用于荧光渗透液的显像剂则是透明的。

显像时，这种显像剂通常需要喷涂两层覆盖层。若要把显像剂剥离下来用于记录，则至少要在剥离的部位喷涂四层以上。

4.5.2　显像工艺

1. 显像时间和温度

所谓显像时间，在干粉显像法中，是指从施加显像剂到开始观察的时间；在湿式显像法中，是指从显像剂干燥到开始观察的时间。

显像时间既不能太长，也不能太短。显像时间太长，会造成缺陷迹痕显示被过度放大，使缺陷图像失真，分辨力降低；而显像时间过短，从缺陷内渗出的渗透液还没有被显像剂吸附，未形成完全的迹痕显示形貌，将造成缺陷漏检。显像时间与荧光强度的关系如图4-9所示。

从图4-9中可以看出：在开始显像时，缺陷显示的荧光强度随显像时间的增加而提高，在10min左右时达到最佳点；此后，荧光强度随着显像时间的增加而下降。

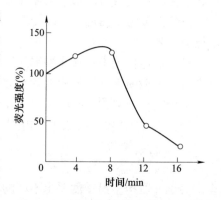

图4-9　显像时间与荧光强度的关系

综上所述，显像时间必须严加控制。原则上，显像时间取决于显像剂和渗透液的种类、缺陷大小以及受检试件的温度。当受检试件的温度为

15～50℃时，显像时间一般控制在 7～30min。

2. 显像剂覆盖层

施加显像剂时，应使显像剂在试件表面上形成均匀的薄层，并以能覆盖受检试件的基底颜色为宜。

显像剂覆盖层不宜太厚或太薄：覆盖层太厚，会把缺陷迹痕显示掩盖起来，降低检测灵敏度；覆盖层太薄，则不能形成缺陷迹痕显示。

4.5.3 显像灵敏度与显像分辨力

和湿式显像相比，干粉显像只附着在缺陷部位，即使经过一段时间后，缺陷轮廓图形也不散开，仍能显示出清晰的图像，所以使用干粉显像时，可以分辨出相互接近的缺陷。即干粉显像剂具有较高的显像分辨力。另外，通过缺陷的轮廓图形进行等级分类时，误差也较小。相反，湿式显像后，如果放置时间较长，缺陷显示图像会扩展开来，使形状和大小都发生变化。

溶剂悬浮显像剂的显像灵敏度较高，这是由于显像剂中的溶剂具有双重作用。一方面，溶剂悬浮显像剂中的溶剂稀释了缺陷中的渗透液，使其黏度降低且体积增加，不仅加速了渗透液的渗出，且渗出的渗透液更多，即形成迹痕显示的渗透液更多；另一方面，溶剂悬浮显像剂中的溶剂对渗出的渗透液有溶解作用，使渗透液中的染料浓度得到提高，即提高了荧光（着色）强度。这种双重作用的结果，使得所渗出渗透液的荧光（着色）强度得到提高，且在显像剂粉状涂层中迅速上升并扩展，提高了显像灵敏度。

复　习　题

说明：题号前带﹡号的为Ⅱ级人员需要掌握的内容，对Ⅰ级人员不要求掌握；不带﹡号的为Ⅰ、Ⅱ级人员都要掌握的内容。

一、是非题（在括号内，正确画○，错误画×）

1. 经机械处理过的零件，一般在渗透探伤前应进行酸洗或碱洗。　　　　　　　（　　）

﹡2. 使用油基渗透液时，不必清洗受检试件表面的油污。　　　　　　　　　　（　　）

﹡3. 蒸气除油是用水蒸气去除表面油脂、油漆等污物。　　　　　　　　　　　（　　）

4. 浸涂法施加渗透液适用于大型零件的局部或全部检测。　　　　　　　　　（　　）

5. 当环境温度低于标准温度时，可将试件加热到标准温度，然后进行渗透检测。

（　　）

6. 如果显像后发现背景过深，应重新清洗，然后再次显像。　　　　　　　　（　　）

7. 防止过清洗的一个办法就是将背景保持在一定的水准上。　　　　　　　　（　　）

﹡8. 试件表面的油污会使渗透液的接触角减小，使渗透液更容易渗入缺陷。　　（　　）

﹡9. 喷丸会使表面开口缺陷闭合，因此表面准备时不采用这种方法。　　　　　（　　）

10. 湿法显像前干燥时间越短越好，干法显像前干燥时间越长越好。　　　　　（　　）

二、选择题（将正确答案填在括号内）

﹡1. 下列哪种方法可用于清理去除试件表面的金属细屑？　　　　　　　　　　（　　）

    A. 腐蚀法   B. 打磨法

    C. 超声清洗法   D. 蒸气除油法

2. 渗透检测前，应采用下列哪种方法去除试件表面的油漆层？   （   ）

    A. 打磨法   B. 溶剂去除法

    C. 腐蚀法   D. 蒸气除油法

3. 下列哪种物质是荧光渗透液中常见的污染物？   （   ）

    A. 金属屑   B. 油

    C. 洗涤剂   D. 水

*4. 下列哪种污染可能影响渗透液的灵敏度？   （   ）

    A. 各种酸类物质   B. 水

    C. 各种盐类物质   D. 以上都是

5. 下列哪种方法是渗透检测预清洗的最有效方法？   （   ）

    A. 蒸气除油   B. 洗涤剂清洗

    C. 乳化剂乳化   D. 溶剂擦除

*6. 采用蒸气除油可把零件表面的哪种污物去掉？   （   ）

    A. 油   B. 漆

    C. 磷酸盐涂层   D. 氧化层

*7. 渗透速度可以用下列哪个工艺参数来补偿？   （   ）

    A. 乳化时间   B. 渗透时间

    C. 干燥时间   D. 水洗时间

*8. 采用亲油后乳化型渗透检测时，下列哪个工序时间要求最严？   （   ）

    A. 渗透时间   B. 显像时间

    C. 乳化时间   D. 干燥时间

9. 在水洗型荧光渗透检测中，用下列哪种方法去除表面多余渗透液的效果较好？

                                                          （   ）

    A. 采用粗雾状细水冲洗   B. 采用实心水柱冲洗

    C. 将试件浸泡于水中   D. 用高压粗水柱冲洗

10. 显像剂过厚、过薄或不均会产生什么严重后果？   （   ）

    A. 影响显像时间   B. 增加后清洗难度

    C. 影响显像灵敏度   D. 影响缺陷观察时间

*11. 表面准备的对象是什么？   （   ）

    A. 与预清洗的对象相同   B. 受检试件表面的固体污物

    C. 受检试件表面的液体污物   D. 受检试件表面的油脂

*12. 高强度钢酸洗后进行去氢处理的目的是什么？   （   ）

    A. 去除受检试件表面的氧化物   B. 去除受检试件表面的固体污物

    C. 防止产生氢脆现象   D. 去除受检试件表面的液体污物

*13. 渗透检测时，花键、销钉、铆钉等的下面会积存渗透液残余物，这些残余物最可能
    引起的后果是什么？   （   ）

    A. 残余物吸收潮气而引起腐蚀   B. 影响焊缝返修质量

  C. 产生疲劳裂纹　　　　　　　　　D. 产生应力裂纹

14. 铝合金试件经渗透检测后应彻底清洗干净的原因是什么？　　　　　　（　　）

  A. 渗透液中的酸性物质可能引起腐蚀

  B. 渗透液与铝合金起反应，影响铝合金的金相组织

  C. 湿式显像剂与大多数乳化剂中的碱性物质会使试件表面产生腐蚀麻坑

  D. 渗透检测带来的有毒残余物会严重影响铝合金表面涂漆

15. 残余的酸和铬酸盐对水洗型荧光渗透检测的危害，比对其他渗透检测方法的危害

  大，这是因为下列哪条原因？　　　　　　　　　　　　　　　　　　（　　）

  A. 荧光染料比着色染料易氧化

  B. 酸和铬酸盐仅在有水时才与荧光染料起作用

  C. 水洗型渗透液中所含的乳化剂具有催化作用

  D. 乳化剂对酸和铬酸盐有中和作用

16. 下列哪种施加渗透液的方法能提供较高的渗透检测灵敏度？　　　　　（　　）

  A. 在渗透时间内，试件一直浸在渗透液中

  B. 把试件浸在渗透液中足够长的时间后，排液并滴落渗透液

  C. 刷涂法

  D. 浇涂法

17. 去除试件表面多余渗透液时，基本的操作要求是什么？　　　　　　　（　　）

  A. 从缺陷中去除少量渗透液，并使试件表面上残余的渗透液最少

  B. 从缺陷中去除少量渗透液，并使试件表面上没有残余的渗透液

  C. 不得将缺陷中的渗透液去除，并使试件表面上残余的渗透液最少

  D. 不得将缺陷中的渗透液去除，并使试件表面上没有残余的渗透液

18. 施加湿式显像剂后通常采用下列哪种干燥方法？　　　　　　　　　　（　　）

  A. 用吸湿纸轻轻地吸表面

  B. 使试件在略高于室温的条件下干燥

  C. 用室温循环空气快速吹干

  D. 在不超过70℃的烘箱中烘干

19. 水洗型渗透检测中，在水洗部位安装一个黑光灯的主要目的是什么？　（　　）

  A. 检查渗透效果　　　　　　　　　B. 检查乳化去除效果

  C. 检查水洗去除效果　　　　　　　D. 检查溶剂擦洗效果

*20. 下列哪种施加干式显像剂的方法较好？　　　　　　　　　　　　　　（　　）

  A. 采用喷枪进行喷粉显像　　　　　B. 使用干燥油漆刷进行刷涂显像

  C. 采用喷粉柜进行喷粉显像　　　　D. 埋入干粉箱进行显像

三、问答题

1. 渗透检测前，表面准备和预清洗的目的与基本要求是什么？

2. 渗透检测中，受检零件表面的以下污物采用哪种方法去除较为适宜？

1）大批量小零件表面的油污；

2）铸件表面的型砂、模料及熔渣等；

3）焊接件表面的飞溅、焊渣及金属屑等；

4）铝合金零件表面的油污；

5）锻件表面的氧化皮、积炭等；

6）陶瓷件表面的油污及水分；

7）受检零件表面的油漆及其他保护层。

3. 施加渗透液的基本要求是什么？有哪几种施加方法？

4. 施加渗透液时，应如何控制渗透时间及温度？

5. 去除工序的基本要求是什么？去除时应注意哪些问题？

＊6. 水洗型、后乳化型及溶剂去除型渗透液的去除方法有何不同？

7. 试分析不同去除方法除掉缺陷中渗透液的可能性大小。

＊8. 使用不同的渗透剂与显像剂时，干燥工序应如何安排？

9. 干燥的方法有哪几种？实际检测中如何应用这些方法？

10. 干式显像剂与溶剂湿式显像剂的性能有何不同？

11. 简述溶剂悬浮显像的基本要求。

复习题参考答案

一、是非题

1. ○；2. ×；3. ×；4. ×；5. ×；6. ○；7. ○；8. ×；9. ○；10. ×。

二、选择题

1. B；2. B；3. D；4. D；5. A；6. A；7. B；8. C；9. A；10. C；11. B；12. C；13. A；14. C；15. B；16. B；17. C；18. D；19. C；20. C。

三、问答题

（略）

第5章 渗透检测技术

前文已述，渗透检测技术包括水洗型渗透检测法、亲水后乳化型渗透检测法、亲油后乳化型渗透检测法和溶剂去除型渗透检测法四种类型。除此之外，还有特殊的渗透检测方法。

5.1 水洗型渗透检测法

1. 水洗型渗透检测法的适用范围

1）检测大体积、大面积试件。

2）检测开口窄而深的缺陷。

3）检测表面很粗糙的试件，如砂型铸件、锻件毛坯。

4）检测螺纹试件及带有键槽或不通孔的试件等。

2. 水洗型渗透检测法的操作工艺

水洗型渗透检测法是目前使用广泛的一种方法。其特点是表面多余渗透液可直接用水冲洗掉。水洗型渗透检测法的操作程序如图5-1所示。

这种方法可使用两种渗透液：一种是水基渗透液，另一种是油基渗透液。水基渗透液的溶剂是水，故受检试件表面多余的渗透液可直接用水去除。油基渗透液中含有乳化剂，故受检试件表面多余的渗透液也可直接用水去除。

水洗型渗透检测法可以组成水洗型荧光渗透检测系统（如水洗型荧光渗透液+干粉显像剂系统）和水洗型着色渗透检测系统。水洗型荧光渗透检测系统的显像方式有干式、湿式和自显像等。水洗型着色渗透检测系统的显像方式主要是湿式显像，一般不用干式显像和自显像，因为使用干式显像或自显像时，检测灵敏度太低。

注意：对于水洗型着色渗透检测系统，无论表面状态如何，都应优先选用溶剂悬浮显像剂，然后是水悬浮显像剂及水溶性显像剂。

表5-1列出了水洗型荧光渗透检测的推荐渗透时间，也可供水洗型着色渗透检测参考。

水洗型渗透液的实际渗透时间应根据检测灵敏度要求、所选用渗透液型号等具体情况确定，或根据渗透液制造厂家推荐的渗透时间来确定。但应注意：受检试件的受检状态不同，预期检出的缺陷种类不同，所需的渗透时间也不同。

3. 水洗型渗透检测法的优点

1）水洗型荧光渗透检测系统，在黑光灯照射下，缺陷显示有明亮的荧光和非常高的可见度；水洗型着色渗透检测系统，在白光下，缺陷能显示出鲜艳的颜色。

2）多余的渗透液可以直接用水去除，相较于亲水后乳化型渗透检测法，具有操作简便、检测费用低等优点。

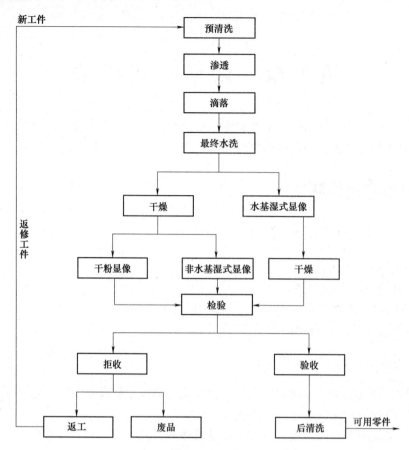

图 5-1 水洗型渗透检测法的操作程序

表 5-1 水洗型荧光渗透检测的推荐渗透时间（温度为 16~32℃）

材　料	状　态	缺　陷　类　型	渗透时间/min
铝、镁	铸件	气孔、裂纹、冷隔	5~15
	锻件	裂纹	15~30
		折叠	30
	焊缝	未焊透、气孔、裂纹	30
	各种状态	疲劳裂纹	30
不锈钢	铸件	气孔、裂纹、冷隔	30
	锻件	裂纹、折叠	60
	焊缝	未焊透、气孔、裂纹	60
	各种状态	疲劳裂纹	60
黄铜、青铜	铸件	气孔、裂纹、冷隔	10
	锻件	裂纹	20
		折叠	30
	焊缝	裂纹	10
		未焊透、气孔	15
	各种状态	疲劳裂纹	30

（续）

材　料	状　态	缺　陷　类　型	渗透时间/min
塑料	—	裂纹	5~30
玻璃	玻璃与金属封严	裂纹	30~120
硬质合金刀头	焊接刀头	未焊透、气孔 磨削裂纹	30 10
钨丝	—	裂纹	1~24h
钛合金和高温合金	各种状态	各种缺陷	不推荐用这种渗透液

3）检测周期较短，能适应绝大多数类型缺陷的检测。如果使用高灵敏度的荧光渗透液，则可检测很细微的缺陷。

4）较适用于表面粗糙试件的检测，如铸件的检测；也适用于有螺纹和有销孔、不通孔等结构试件的检测。

4. 水洗型渗透检测法的缺点

1）渗透检测灵敏度相对较低，对浅而宽的缺陷容易漏检。

2）重复检测时重现性差，不宜用于重复检测场合，也不宜用于仲裁检测场合。

3）如果水洗操作方法不当，如水洗时间过长、水温过高、水压太大及冲洗过猛等，均易造成过清洗。上述不当操作可能会将缺陷中的渗透液清洗掉，降低缺陷的检出率。

4）水洗型渗透液的配方比较复杂。

5）抗水污染的能力弱。特别是当渗透液中的含水量超过允许的极限时，会出现混浊、分离及沉淀等现象，降低渗透检测灵敏度。

6）酸的污染将影响渗透检测灵敏度，尤其是铬酸和铬酸盐的影响很大。原因是铬酸和铬酸盐在没有水存在的情况下，不易与渗透液中的染料发生化学反应；但当有水存在时，则易与渗透液中的染料发生化学反应，影响染料的荧光发光/着色颜色。

由于水基水洗型渗透液本身就含有水，油基水洗型渗透液含有乳化剂，也易与水相溶，因此，铬酸与铬酸盐对水洗型渗透液（不论水基或油基）影响较大。

5.2　后乳化型渗透检测法

乳化剂分为亲水型及亲油型两种，后乳化型渗透检测法因为所使用乳化剂的不同而不同。使用亲水型乳化剂时，就是亲水后乳化型渗透检测法；使用亲油型乳化剂时，就是亲油后乳化型渗透检测法。两者仅是去除操作工艺不同。

5.2.1　亲水后乳化型渗透检测法

1. 亲水后乳化型渗透检测法的适用范围

1）检测大体积试件。

2）检测要求比水洗型渗透检测法有更高灵敏度的试件。

3）检测表面阳极化试件、镀铬试件、复查试件。

4）检测被酸或其他化学试剂（这些物质会损害水洗型荧光渗透液）污染的试件。

5）检测开口浅而宽的缺陷以及磨削裂纹。

6）检测使用过的试件，这类试件中的缺陷可能被污染物所污染。

7）检测应力腐蚀和晶间腐蚀裂纹缺陷，此时应使用灵敏度最高的荧光渗透液。

8）灵敏度必须是可变的，且可受到控制，以便在检测出危险缺陷（如裂纹）的同时，容易判别非危险的不连续性（如受检试件互相摩擦而产生的伤痕）。

2. 亲水后乳化型渗透检测法的操作工艺

亲水后乳化型渗透检测法因有较高的检测灵敏度而被广泛使用。这种方法可以组成亲水后乳化型荧光渗透检测系统（如亲水型后乳化荧光渗透液+干粉显像剂系统）和亲水后乳化型着色渗透检测系统。

亲水后乳化型渗透检测操作工艺与水洗型渗透检测操作工艺相比，除了多一道乳化工序外，其余的完全相同。亲水后乳化型渗透检测法的操作工艺为：预清洗→渗透→滴落→预水洗→乳化→滴落→最终水洗，如图 5-2 所示。

（1）预水洗　预水洗的目的是去除试件表面大部分多余渗透液。水温为 10~40℃，水压≤0.27MPa，喷枪与受检试件表面的间距>300mm；气/水混合喷枪手工喷洗时，空气压力≤0.17MPa。水洗时，通过翻动或抖动使试件表面上的水滴落干净。

由于亲水型乳化剂中的渗透液容许量比较低，所以要求采用快速而粗大的水柱喷洗去除试件表面多余的后乳化渗透液。

（2）乳化　可选用浸涂、浇涂或喷涂的方式施加亲水型乳化剂。乳化剂的使用浓度应符合生产厂家推荐值。采用浸涂法时，乳化剂的浓度一般不超过 35%（体积百分比）；采用喷涂法时，乳化剂的浓度一般不超过 5%（体积百分比）。

需要指出的是：乳化工序是亲水后乳化型渗透检测的关键步骤，应根据具体情况，通过试验确定乳化时间和温度，并严加控制。

原则上，在保证达到允许背景的条件下，乳化时间应尽量短，以能充分乳化渗透液为宜；一般不超过 2min。既要防止过乳化，也要防止乳化不足。对于因乳化不足而造成的过量本底，应通过补充乳化剂和水洗的方法，达到令人满意的效果。对于过乳化、过去除的试件，应从预清洗开始，按操作工艺重新处理。

使用过程中，还应根据乳化剂受污染的程度及时调整乳化时间或更换乳化剂。

（3）最终水洗　最终水洗的目的是去除试件表面残留的渗透液和乳化剂混合物，可参照上述预水洗操作工艺进行。受检试件最终水洗后，也可通过翻动或抖动使其表面上的水滴落干净，然后用吸水的材料（如清洁、干燥的布或纸）吸干试件表面上残留的渗透液和乳化剂混合物（包括剩余的水）；或者用清洁、干燥的压缩空气吹干，空气的压力应不大于 0.17MPa。

（4）显像　亲水后乳化型荧光渗透检测系统的显像方式有干式、湿式显像和自显像等。亲水后乳化型着色渗透检测系统的显像方式主要是湿式显像，一般不用干式显像和自显像，因为采用后两种显像方式的检测灵敏度太低。

注意：对于亲水后乳化型着色渗透检测系统，不论表面状态如何，都应优先选用溶剂悬

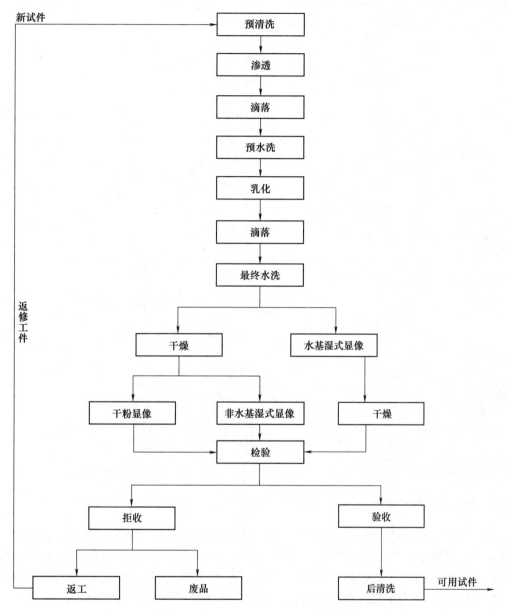

图 5-2 亲水后乳化型渗透检测法的操作工艺

浮显像剂,然后是水悬浮显像剂及水溶性显像剂。

亲水后乳化型渗透检测法被大量应用于重要受力试件或经机加工的光洁表面试件的检测,如发电机涡轮叶片、压气机叶片、涡轮盘等试件的检测。这些试件在渗透检测之前,最好进行一次酸洗或碱洗,以去除工件表面 0.001~0.005mm 厚的金属层,使在机加工时被堵塞的表面开口缺陷重新显露出来。

(5)渗透时间 渗透时间控制也是渗透检测的关键,表 5-2 列出了亲水型后乳化型荧光渗透液的推荐渗透时间,也可供亲水型后乳化型着色渗透液参考。

表 5-2　亲水型后乳化型荧光渗透液的推荐渗透时间（温度为 16~32℃）

材　料	状　态	缺陷类型	渗透时间/min
铝、镁	铸件	裂纹、折叠	10
	焊缝	未焊透、气孔、裂纹	10
	各种状态	疲劳裂纹	10
不锈钢	精铸件	裂纹	20
		气孔、冷隔	10
	锻件	裂纹	20
		折叠	10~30
	焊缝	裂纹、未焊透、气孔	20
	各种状态	疲劳裂纹	20
青铜、黄铜	铸件	裂纹	10
		气孔、冷隔	5
	锻件	裂纹	10
		折叠	5~15
	钎焊焊缝	裂纹、折叠、气孔	10
	各种状态	疲劳裂纹	10
塑　料	—	裂纹	2
玻璃	—	裂纹	5
玻璃与金属封严	—	裂纹	5~60
硬质合金刀头	钎焊刀头	气孔、未焊透	5
		磨削裂纹	20
钛合金和高温合金	各种状态	各种缺陷	20~30

3. 亲水后乳化型渗透检测法的优点

1）亲水后乳化型渗透检测系统具有较高的检测灵敏度。这是因为一方面，渗透液中不含乳化剂，有利于渗透液渗入表面开口缺陷中去；另一方面，渗透液中染料的浓度高，故缺陷迹痕显示的荧光亮度（或颜色强度）比水洗型渗透检测系统高，故可发现更细微的缺陷。

2）能检出浅而宽的表面开口缺陷。这是因为在严格控制乳化时间的情况下，已渗入浅而宽的缺陷中去的渗透液不会被乳化，从而不会被清洗掉。

3）因为不含乳化剂，所以渗透液的渗透速度快，渗透时间比水洗型渗透检测要短。

4）抗污染能力强，不易受水、酸和铬盐的污染。后乳化型渗透液中不含乳化剂，不吸收水分，水进入后将沉于槽底，故水、酸和铬盐对它的污染小。

5）重复检测的重现性好。这是因为后乳化型渗透液中不含乳化剂，第一次检验后，残留在缺陷中的后乳化型渗透液可以用溶剂或三氯乙烯蒸气清洗掉，在第二次检验时不影响渗透液的渗入，故缺陷能重复显示。

而水洗型渗透液中含有乳化剂，第一次检验后，只能清洗去除渗透液中的油基部分，乳化剂将残留在缺陷中，妨碍渗透液的第二次渗入，这也是水洗型渗透检测系统重现性差的主要原因。

6）渗透液中不含乳化剂，故温度变化时，不易产生分离、沉淀和凝胶等现象。

4. 亲水后乳化型渗透检测法的缺点

1）要进行单独的乳化工序，操作周期长，检测费用大。大型试件用亲水后乳化型渗透检测比较困难。

2）必须严格控制乳化时间，才能保证检测灵敏度。

3）要求试件表面有较好的光洁度。如果试件表面太粗糙或试件上存在凹槽、螺纹、拐角、键槽等时，渗透液不易被清洗掉。

5.2.2 亲油后乳化型渗透检测法

1. 亲油后乳化型渗透检测法的适用范围

与亲水后乳化型渗透检测法相同（略）。

2. 亲油后乳化型渗透检测法的操作工艺

亲油后乳化型渗透检测法有较高的检测灵敏度。这种方法可组成亲油后乳化型荧光渗透检测系统（如亲油型后乳化荧光渗透液+干粉显像剂系统）和亲油后乳化型着色渗透检测系统。

亲油后乳化型渗透检测法的操作程序可以参见图 5-2。两者仅仅是去除操作不同：亲水后乳化型渗透检测的去除操作是渗透→滴落→预水洗→乳化→滴落→最终水洗；而亲油后乳化型渗透检测的去除操作是渗透→滴落→乳化→滴落→水洗。即渗透结束后，应首先进行乳化，然后进行水洗，去除试件表面的渗透液和乳化剂混合物。

（1）乳化　亲油型乳化剂可选用浸渍或浇涂的方法施加，不能用刷涂或喷涂的方法施加。在施加乳化剂的过程中，不应翻动试件或搅动试件表面上的乳化剂。

亲油后乳化型荧光渗透检测（I类）的乳化时间一般不宜大于 3min，亲油后乳化型着色渗透检测（II类）的乳化时间一般不应大于 0.5min。也可采用乳化剂厂家推荐的乳化时间。

由于受检试件一接触（浸渍或浇涂）亲油型乳化剂后，乳化作用就立即进行，所以亲油型乳化剂只能在油基渗透液上保留有限的时间。

（2）水洗　试件乳化结束后，应立即浸入水中，或者采用喷水的方法停止乳化。然后采用空气搅拌水浸洗、喷枪喷水洗或气/水混合喷枪喷水洗的方法，去除试件表面的渗透液和乳化剂混合物。水温为 10~40℃，水压≤0.27MPa，喷枪与受检试件表面的间距>300mm。气/水混合喷枪手工喷洗时，空气压力≤0.17MPa。

然后用吸水的材料（如清洁、干燥的布或纸）吸干试件表面上残留的渗透液和乳化剂混合物（包括剩余的水）；或者用清洁、干燥的压缩空气吹干，空气的压力≤0.17MPa。

对于背景过重的试件，应通过补充乳化和补充水洗的方法，达到令人满意的效果。对过乳化、过去除的试件，应从预清洗开始，按操作工艺重新处理。

（3）显像　亲油后乳化型荧光渗透检测系统的显像方式有干式、湿式显像和自显像。亲油后乳化型着色渗透检测系统的显像方式主要是湿式显像，一般不用干式显像和自显像，因为采用后两种显像方式时检测灵敏度太低。

注意：对于亲油后乳化型着色渗透检测系统，不论表面状态如何，都应优先选用溶剂悬浮显像剂，然后是水悬浮显像剂及水溶型显像剂。

（4）渗透时间　渗透时间控制也是渗透检测的关键，亲油后乳化型荧光（着色）渗透液的推荐渗透时间可以参照表 5-2。

亲油后乳化型渗透检测法的应用范围与亲水后乳化型渗透检测法相似。

3. 亲油后乳化型渗透检测法的优点与缺点

与亲水后乳化型渗透检测法相同（略）。

5.3　溶剂去除型渗透检测法

溶剂去除型渗透检测法是目前渗透检测中应用最广泛的方法之一。受检试件表面多余的渗透液可直接用溶剂擦除掉。它包括溶剂去除型着色渗透检测系统（如溶剂去除型着色渗透液+溶剂悬浮显像剂系统）和溶剂去除型荧光渗透检测系统。

溶剂去除型荧光渗透检测系统的显像方式有干式、湿式显像和自显像。溶剂去除型着色渗透检测系统的显像方式主要是湿式显像，一般不用干式显像和自显像，因为采用后两种显像方式时检测灵敏度太低。

注意：对于溶剂去除型着色渗透液检测系统，不论表面状态如何，都应优先选用溶剂悬浮显像剂，然后是水悬浮显像剂及水溶性显像剂。

这里主要介绍溶剂去除型着色渗透检测法。常用检测系统为溶剂去除型着色渗透液+溶剂悬浮显像剂系统。

1. 溶剂去除型着色渗透检测法的适用范围

1）大型结构件、试件的局部检测，非批量试件的检测。

2）渗透检测场所无水、无电源或无暗室，受检试件在高空中的检测。

3）表面光洁的试件和焊缝的检测。

2. 溶剂去除型着色渗透检测法的操作工艺

溶剂去除型着色渗透检测法的操作程序如图 5-3 所示。

受检试件检验前的预清洗和渗透液的去除应采用同一种溶剂。受检试件表面多余渗透液的去除应采用擦拭的方法而不采用喷洗法或浸洗法，这是因为喷洗或浸洗时，清洗用的溶剂会很快渗入表面开口缺陷中，将缺陷中的渗透液溶解掉，从而容易造成过清洗，降低检测灵敏度。

溶剂去除型着色渗透液+溶剂悬浮显像剂（非水基湿式显像剂）组成的溶剂去除型着色渗透检测系统具有较高的检测灵敏度；溶剂去除型着色渗透液的渗透速度快，故常采用较短的渗透时间。

3. 溶剂去除型着色渗透检测法的优点

1）设备简单。清洗/去除剂、渗透液和显像剂一般都装在喷罐中使用，携带方便，且

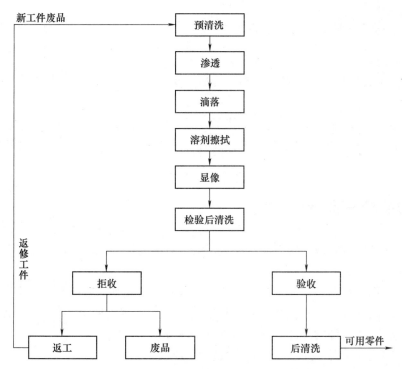

图 5-3 溶剂去除型着色渗透检测法的操作程序

不需要暗室和黑光灯。

2）操作方便，对单个试件检测速度快；可在没有水、电的场合下进行检测。

3）适用于大试件的局部检测；配合返修或对有怀疑的部位，可随时进行局部检测。

4）缺陷污染对渗透检测灵敏度的影响不像对荧光渗透检测的影响那样严重，受检试件上残留的酸和碱对着色渗透液的破坏不明显。

5）溶剂去除型着色渗透液与溶剂悬浮显像剂配合使用，有较高的检测灵敏度，能检出细微的表面开口缺陷。

表 5-3 列出了溶剂去除型着色渗透液的推荐渗透时间，供参考。

表 5-3 溶剂去除型着色渗透液的推荐渗透时间（温度为 16~32℃）

材料状态	缺陷类型	渗透时间/min
各种材料	热处理裂纹	2
	磨削裂纹、疲劳裂纹	10
塑料、陶瓷	裂纹、气孔	1~5
硬质合金、刀具	未焊透、裂纹	1~10
铸件	气孔	3~10
	冷隔	10~20
锻件	裂纹、折叠	20
金属滚轧件	缝隙	10~20
焊缝	裂纹、气孔	10~20

4. 溶剂去除型着色渗透检测法的缺点

1）所用的材料多数是易燃和易挥发的，故不宜在开口槽中使用。

2）与水洗型渗透检测法和后乳化型渗透检测法相比，溶剂去除型渗透检测法不太适用于批量试件的连续检测。

3）不适用于表面粗糙试件的检测，特别是对砂型铸件的试件表面更难应用。

4）擦拭去除受检试件表面的多余渗透液时要细心，容易将已渗入浅而宽的缺陷中的渗透液擦掉而造成漏检。

5.4　渗透液检测泄漏的方法

储存气体或液体的容器、管道等器件出现微量泄漏的根本原因，是在微量泄漏位置存在穿透性的缺陷。

根据毛细管作用原理可知，该穿透性缺陷可以形成不规则的毛细管。因此，储存于密封管道内的气体或液体（油、水）等流体就可能通过上述不规则的毛细管，泄漏到储存气体/液体的容器、管道等器件的外部，从而形成泄漏现象。

用渗透液检测泄漏时，通常采用高灵敏度、具有较高渗透能力和荧光亮度的后乳化型荧光渗透液。渗透液检测泄漏的原理示意图如图5-4所示。

用来检测泄漏的荧光渗透液，其荧光颜色可以是多种多样的。因为受检物体内的油污在黑光灯下常常发蓝色荧光，所以采用红色荧光渗透液即可明显地将泄漏鉴别出来。

荧光渗透液检测泄漏的方法，应根据受检对象的不同而不同。

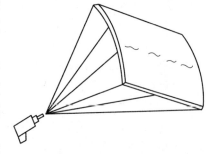

图 5-4　渗透液检测泄漏的原理示意图

1. 受检对象是密封压力容器（或装置）

如果被密封的液体本身就会发出荧光，则只需从容器外侧在黑光灯下进行探测；如果被密封的液体不发荧光，则可往被密封的液体中添加荧光渗透液进行检测。

注意：添加的荧光渗透液应不对受检压力容器的使用产生有害影响。

2. 受检对象是真空容器（或装置）

一种方法是在抽真空前，在容器中充灌荧光渗透液，在外侧用黑光灯照射，检测有无泄漏显示。

另一种方法是在容器外侧喷涂荧光渗透液，并降低容器内的压力（如抽真空），保持一定的渗透时间后，从内侧检查有无泄漏显示。

对于透明玻璃真空容器，只需在外侧喷涂荧光渗透液，然后将荧光渗透液擦去，在黑光灯下观察，若有荧光显示，则说明渗透液已渗入该容器中，可能有泄漏存在。

3. 受检对象是焊接容器

一种方法是在焊接容器内充灌渗透能力强的液体，再在该液体中加入荧光渗透液，在容器外侧，在黑光灯下检测焊缝区有无泄漏显示。

另一种方法是在焊接容器焊缝内侧喷涂荧光渗透液，在外侧，在黑光灯下检测；或在焊缝外侧喷涂荧光渗透液，在内侧进行检测。

用渗透液检测焊接容器泄漏时，各种渗透液均可使用，无须去除表面多余的渗透液，也不必进行显像。只要渗透时间足够长，渗过泄漏的渗透液就可以在黑光灯下被观察出来。

为检测更细微的泄漏，也可在涂覆渗透液的对面施加显像剂。

检测厚试件上的泄漏时，常常需要较长的渗透时间。检测一次泄漏时，所需的渗透时间甚至可以达数小时。

5.5　温度低于10℃的渗透检测

温度低于10℃的渗透检测属于非标准温度（10~50℃范围以外）的渗透检测。

1. 低温渗透检测工艺

（1）表面预处理　在-5~10℃时，水分［不论是液体（或蒸汽）、霜冻甚至结冰］是主要的问题。水分不利于低温渗透检测的进行，为避免水的影响，应采取以下措施：

1）缓慢加热受检试件表面，使缺陷处的水蒸发掉和/或使用易挥发的水溶性溶剂，如丙酮、异丙醇（渗透检测前使用的清洗去除剂通常是烃类溶剂，即碳氢化合物溶剂，如煤油、汽油等，无法去除水）。

2）让水自然蒸发，但应确保不能因水蒸发使受检试件温度降低，而使水在表面再次凝结。

3）当检测环境温度低于-5℃时，应检查受检表面有无霜冻或结冰，任何霜冻或结冰都应去除。

（2）施加渗透液/渗透时间　渗透液可以使用压力喷罐喷涂，也可使用其他简便的方式施加。通常来说，低温下缺陷处的水无法完全去除，会阻碍渗透液进入缺陷中，因此推荐低温渗透时间为常温（10~50℃）时的两倍。

（3）去除多余渗透液　首先使用软布尽量擦除多余的渗透液，然后使用经过少许清洗去除剂润湿的软布清除剩余的渗透液，最后用干燥的软布将渗透液及清洗去除剂的混合残渍擦拭干净。放置几分钟，以便清洗去除溶剂挥发掉。

（4）施加显像剂　溶剂悬浮显像剂［非水基湿式（溶剂）显像剂］是最合适的选择。使用喷罐施加显像剂是最简便的方法，喷罐应保存在10℃以上的环境中，以保证施加的显像剂层薄且均匀。显像剂中的溶剂应在3min内挥发干净。否则，缺陷迹痕显示会变得模糊，从而难以对缺陷进行评定。为满足这一要求，可以使用缓慢流动的热空气加快溶剂的挥发（禁止使用红外加热器）。显像时间可适当延长，建议每10min检查一次缺陷迹痕显示情况。

（5）观察　观察条件与标准温度（10~50℃）条件相同。

2. 注意事项

1）受检试件表面及其缺陷处不应有任何污物，包括表面预清洗后残留的污物。

2）当渗透结束时，按制造厂家推荐，使用干净的软布与清洗去除剂去除受检试件表面残留的渗透液（低温条件下应避免用水做清洗剂）。

3）许多在 10~50℃ 下使用的渗透液和显像剂也可在低温下使用，即使在最低的温度下使用，渗透液也不允许出现分层。

虽然温度降低时，渗透液的黏度会增加，但较高的黏度一般不会影响渗透检测。因为毛细作用远强于黏度的影响，非常黏稠甚至呈凝胶状的渗透液，也能得到很好的裂纹检测效果。

4）使用 GB/T 18851.3—2008《无损检测　渗透检测　第 3 部分：参考试块》中的参考试块。使用前，应将试块清洗干净，并用溶剂悬浮显像剂（非水基湿式显像剂）检查试块上是否有残留的迹痕显示。当确认无残留的迹痕显示时，方可使用该试块。准备使用的试块，应置于检测温度条件下至少 10min。

5）我国已有适用于温度低于 10℃ 的着色渗透液商品。

5.6　温度高于50℃的渗透检测

温度高于 50℃ 的渗透检测属于非标准温度下的渗透检测。

1. 检测温度

温度等级及检测点见表 5-4。对于工作温度高于 50℃ 的渗透液产品，检测间隔最大为 50℃。

表 5-4　温度等级及检测点　　　　　　　　　　　（单位：℃）

温度等级	允许范围	检测点温度	误差
M	中温	50~100 时，50 和 100	±5
H	高温	100~200，100、150 和 200	±5
A、B	制造厂家的特殊规定	A~B 时，A、B 和每间隔 50	±5

2. 检测产品等级

高温用渗透液产品，应按 GB/T 18851.1—2012《无损检测　渗透检测　第 1 部分：总则》表 1 "检测产品"中的类型、方法和方式进行分类，但应增加产品的高温检测灵敏度说明。

例如，类型Ⅰ（荧光渗透剂）、方法 C［溶剂（液体）］、方式 a（干粉）、等级 2（2 级灵敏度−中）、温度 M（中温），即 I-C-a-2/M。

我国已有适用于温度高于 50℃ 的着色渗透液商品。

3. 检测用设备

高温检测需要用到 GB/T 18851.4—2005《无损检测　渗透检测　第 4 部分：设备》未

列出的设备：

1）恒温器，其温度能稳定达到至少高于最高检测温度50℃。

2）检测温度下适用的手套、刷子等。

3）表面温度计（接触式），显示误差为±5℃。

4. 安全提示

要特别注意高温下的危险因素。皮肤灼伤、易燃及易挥发等都是常见的由温度变化引起的潜在危害。工作区域应保持良好的通风，并严格评估工作人员的暴露等级。

5. 参考试块

1）应根据检测产品的适用温度范围，确定参考试块。

2）使用C型参考试块（黄铜板镀镍铬层裂纹试块）或A型参考试块（铝合金淬火裂纹试块）。

3）试块在使用前应彻底清洗干净，并用溶剂悬浮显像剂（非水基湿式显像剂）检查试块表面是否存在残留迹痕显示。确认试块表面无残留迹痕显示时，方可使用。

4）C型参考试块用于定量评估。使用裂纹深度为30μm和50μm的试块，统计覆盖至少80%宽度的连续显示的数量，并与用同一类型渗透液（C型参考试块、1级或2级灵敏度）的初始检测结果（10~50℃）相比较。

注意：C型参考试块在使用后，其上的残渍难以去除，再次使用时，必须注意试块的清洗是否彻底。

5）A型参考试块用于质量评估。用一对试块和同一类型的渗透液（A型参考试块、1级或2级灵敏度）比较检测结果：一块试块在高温下进行检测，另一块试块在10~50℃进行检测。

注意：A型参考试块只能使用一次。

6. 鉴定规程

受检（高温用）渗透液产品在使用前应置于室温环境内。在下述过程中，试块温度的下降不应超过10℃。

1）选定检测温度及检测点。

2）确保恒温装置已稳定达到检测点温度。

3）按受检产品使用说明书选择检测点温度下的鉴定时间。

4）对每一个放入恒温装置中的参考试块执行以下操作：

① 将准备好的参考试块放入恒温器，直至其自身温度超过检测点温度20℃。

② 将试块从恒温器中取出，当其温度达到检测点温度（误差为±5℃）时，在其受检表面施加充足的渗透液，渗透液应能完整覆盖参考试块表面。

③ 立即将参考试块放回恒温器，并维持其在检测温度下直至达到鉴定时间。

④ 从恒温器中取出参考试块，按使用说明书去除参考试块表面多余的渗透液。

⑤ 按产品使用说明书施加显像剂。

⑥ 在产品使用说明书规定的时间内，按规定的观察条件检查参考试块。

5）在所有要求的检测温度点下重复上述过程。

7. 结果评价

检测结果应说明受检产品的性能与参考产品是否相似或更优。如果使用定量评估法，受检产品的显示与参考产品的显示应至少有90%相同。应出具详细的检测报告，包括结果、检测参数、使用的设备及检测规程等。观察条件与标准温度（10～50℃）下的观察条件相同。

一般由制造厂家负责鉴定检测，如果产品是在规定范围内使用，则不必在现场再做检测。

5.7 渗透检测方法的选择

1. 选择渗透检测方法的一般要求

各种渗透检测方法均有各自的优缺点。选择检测方法时，首先应考虑检测灵敏度与检测可靠性的要求，即预期检出的缺陷类型和尺寸；然后考虑以下因素：

1）受检试件的大小、形状、数（批）量、表面粗糙程度。
2）检测现场水、电、气的供应情况。
3）检测场地的大小、空间的高低、检测可达性情况。
4）检测费用等。

在上述诸因素中，以检测灵敏度与检测可靠性最为重要。只有具有足够的检测灵敏度与检测可靠性，才能确保检测质量。注意：这并不意味着在任何情况下都选择检测灵敏度与检测可靠性最高的检测方法。例如，对表面粗糙的试件采用高灵敏度的渗透液，会使清洗困难，造成背景过深，甚至会造成虚假显示和掩盖显示，以致达不到检测的目的。另外，检测灵敏度与检测可靠性高，其检测费用往往也高。因此，应对检测灵敏度、检测可靠性与检测技术、检测费用等进行综合考虑。

2. 检测材料要求

在进行某一项渗透检测时，所用的检测材料应为同一制造厂家生产的产品，尤其是不要将不同厂家生产的产品混合使用。因为制造厂家不同，检测材料的成分也不同，若混合使用，可能会发生化学反应而造成灵敏度下降。

经过着色渗透检测的试件需进行彻底清洗，方可进行荧光渗透检测。否则，缺陷中残存的着色渗透液会猝灭（使发光减弱或完全消失的现象称为猝灭）荧光染料的发光亮度。

3. 显像方法的影响

对给定的受检试件采用合适的显像方法，对保证检测灵敏度非常重要：

1）对于光洁的受检试件表面，如果选用干粉显像，则干粉显像剂不能有效地吸附在试件表面上，因而不利于形成缺陷迹痕显示。此时，应选用湿式显像方法。

2）当受检试件上存在螺纹、键槽及孔洞、空腔等时，适合选用干粉显像。因为湿式显像剂可能会在拐角、孔洞、空腔、螺纹根部等部位积聚而掩盖缺陷显示。

3）溶剂悬浮显像剂对细微裂纹的显示很有效，但对浅而宽的缺陷显示效果则较差。

4）受检试件表面粗糙的，适合选用干粉显像。

5.8 渗透检测时机安排

为确保渗透检测的有效性（包括检测灵敏度与检测可靠性），渗透检测时机的安排是相当重要的。如果无特殊规定，对需进行渗透检测的试件，原则上必须在最终成品上进行检测。

渗透检测时机的安排一般应遵从下述原则：

1）渗透检测应在喷丸、喷砂、镀层、阳极化、涂层、氧化或其他表面处理工序之前进行。表面处理后，还需局部机加工的，应在局部机加工后，对机加工表面再次进行检测。

2）如果受检试件需要进行浸蚀检验，渗透检测应紧接在浸蚀检验工序之后进行。

3）需要热处理的试件，渗透检测应安排在热处理之后进行。如需经过多次热处理，则只需在热处理温度最高的一次热处理后进行渗透检测。

4）对使用过的试件进行渗透检测，必须在去除表面积炭层、漆层后进行。对完整无缺的脆漆层，可不必去除而直接进行渗透检测；但在漆层上检测发现裂纹时，应去除裂纹部位的漆层，然后检查试件基体金属上有无裂纹。

5）疲劳开裂或压缩载荷下开裂的裂纹，不宜安排渗透检测，应采用其他合适的检测方法。

6）当受检试件同一部位需进行渗透检测和磁粉检测、超声检测等其他无损检测时，应首先进行渗透检测。因为磁粉检测用磁悬液、超声检测用耦合剂会对渗透检测形成污染，甚至堵塞缺陷的表面开口，将影响渗透检测的有效性。

复 习 题

说明：题号前带＊号的为Ⅱ级人员需要掌握的内容，对Ⅰ级人员不要求掌握；不带＊号的为Ⅰ、Ⅱ级人员都要掌握的内容。

一、是非题（在括号内，正确画○，错误画×）

＊1. 粗糙表面应优先选用湿式显像剂。　　　　　　　　　　　　　　　　　　　（　　）

＊2. 水洗型着色渗透检测系统的显像方式主要是干式显像。　　　　　　　　　　（　　）

3. 渗透检测泄漏时，通常采用高灵敏度的后乳化型红色荧光渗透液。　　　　（　　）

＊4. 溶剂去除型渗透检测系统不适用于大批量试件的连续检测。　　　　　　　　（　　）

5. 温度高于50℃的渗透检测应使用专用于高温的渗透液。　　　　　　　　　（　　）

6. 水洗型荧光渗透检测，去除表面多余的渗透液时，不能采用实心水柱冲洗。（　　）

＊7. 在压缩载荷下开裂的裂纹，不宜安排渗透检测。　　　　　　　　　　　　　（　　）

8. 水洗型荧光检测，水洗去除表面多余的渗透液时，应由上而下地进行。　　（　　）

＊9. "热浸"清洗零件具有一定的补充清洗功能，应优先使用。　　　　　　　　（　　）

10. 温度低于10℃的渗透检测，如果渗透液出现沉淀，则应在标准温度（10~50℃）范

围内进行检测。　　　　　　　　　　　　　　　　　　　　　　　（　　　）

二、选择题（将正确答案填在括号内）

*1. 普通照明条件下的渗透检测可采用下列哪种渗透液？　　　　　（　　　）

    A. 着色渗透液　　　　　　　　　　B. 荧光渗透液

    C. 荧光着色渗透液　　　　　　　　D. 双重灵敏度渗透液

*2. 对粗糙表面试件进行渗透检测时，应选择下列哪种渗透液？　　（　　　）

    A. 水洗型渗透液　　　　　　　　　B. 后乳化型渗透液

    C. 高灵敏度渗透液　　　　　　　　D. 溶剂去除型渗透液

*3. 溶剂去除型着色渗透液检测系统应优先选用下列哪种显像剂？　（　　　）

    A. 干式显像剂　　　　　　　　　　B. 水悬浮显像剂

    C. 水溶型显像剂　　　　　　　　　D. 溶剂悬浮显像剂

*4. 后乳化渗透检测最难掌握的工艺参数是什么？　　　　　　　　（　　　）

    A. 渗透时间　　　　　　　　　　　B. 显像时间

    C. 乳化时间　　　　　　　　　　　D. 干燥时间

*5. 选择具体渗透检测方法时，应考虑下列哪些因素？　　　　　　（　　　）

    A. 表面状态　　　　　　　　　　　B. 零件炉号

    C. 零件批量　　　　　　　　　　　D. 缺陷类型

*6. 渗透检测前，重要的是要保证零件表面没有哪些物质？　　　　（　　　）

    A. 机加工用油脂　　　　　　　　　B. 铬酸和铬酸盐

    C. 预清洗后残留的水迹　　　　　　D. 以上都不能有

*7. 过清洗与过乳化最容易造成下列哪种缺陷漏检？　　　　　　　（　　　）

    A. 深而窄的缺陷　　　　　　　　　B. 零件表面腐蚀麻点

    C. 浅而宽的缺陷　　　　　　　　　D. 零件表面划伤

*8. 施加亲油型乳化剂时可选用下列哪种方法？　　　　　　　　　（　　　）

    A. 浸渍法　　　　　　　　　　　　B. 刷涂法

    C. 浇涂法　　　　　　　　　　　　D. 喷涂法

*9. 最容易导致后乳化型渗透检测失败的原因是什么？　　　　　　（　　　）

    A. 渗透时间过长　　　　　　　　　B. 显像时间过长

    C. 乳化时间过长　　　　　　　　　D. 乳化前过分水洗

*10. 渗透液中不含乳化剂有哪些优点？　　　　　　　　　　　　　（　　　）

    A. 重复检测的重现性好

    B. 抗污染能力强，不易受水、铬酸和铬酸盐的污染

    C. 温度变化时，容易产生分离、沉淀和凝胶等现象

    D. 渗透速度快，渗透时间短

*11. 水洗型渗透检测中，公认的最重要的注意事项是什么？　　　（　　　）

    A. 保证对零件充分预清洗　　　　　B. 保证渗透停留时间

    C. 避免过清洗　　　　　　　　　　D. 避免过乳化

12. 关于渗透检测的表面准备与预清洗，下面哪种说法是不正确的？（　　　）

    A. 渗透检测前零件表面准备不能使用喷砂方法

  B. 渗透液是油基的，渗透检测前没有必要去除零件表面的油膜

  C. 可以使用蒸气除油法去除零件表面的油污

  D. 可以使用化学试剂去除油漆和有机防护涂层

13. 选择渗透检测类型的原则是什么？　　　　　　　　　　　　　　　　　（　　）

  A. 高空、野外作业时，宜选用溶剂去除型着色渗透检测

  B. 粗糙表面宜选用水洗型渗透检测

  C. 焊缝宜用后乳化型荧光渗透检测

  D. 现场无水、无电时，宜选用溶剂去除型着色渗透检测

14. 选择渗透检测显像剂的原则是什么？　　　　　　　　　　　　　　　　（　　）

  A. 受检试件表面光洁的，适合选用湿式显像

  B. 试件上有拐角、孔洞、空腔的，适合选用湿式显像

  C. 螺纹试件适合选用干粉显像

  D. 受检试件表面粗糙的，适合选用干粉显像

15. 下列哪项是溶剂去除型着色渗透检测法的缺点？　　　　　　　　　　　（　　）

  A. 所用材料大多是易燃、易挥发材料，不宜在开口槽中使用

  B. 不适用于批量试件的连续检测

  C. 不适用于粗糙表面试件的检测

  D. 不适用于无水、无电、无压缩空气场合的检测

*16. 下列关于"黏度与渗透检测"的说法，哪项是不正确的？　　　　　　　（　　）

  A. 环境温度降低时，渗透液的黏度会增加

  B. 较高的黏度一般不影响渗透检测灵敏度

  C. 毛细作用对渗透检测的影响远大于黏度的影响

  D. 环境温度升高时，渗透液的黏度会增加

*17. 着色渗透检测后，不能用荧光渗透检测进行复验，主要原因是什么？　　（　　）

  A. 残留在试件表面的显像剂会产生过高背景

  B. 大多数着色染料会使荧光熄灭

  C. 两种渗透液的溶剂不同

  D. 两种渗透液的颜色不同

*18. 渗透检测精铸涡轮叶片时，应使用哪种渗透液？　　　　　　　　　　（　　）

  A. 水洗型荧光渗透液，以得到较好的水洗性能

  B. 溶剂去除型渗透液，适用于无水检测现场

  C. 后乳化型荧光渗透液，以得到较高的检测灵敏度

  D. 两用型渗透液，以得到较好的可见度

19. 当受检试件同一部位需进行多种无损检测时，应如何安排？　　　　　　（　　）

  A. 先做磁粉检测，然后是渗透检测、超声检测

  B. 先做超声检测，然后是渗透检测、磁粉检测

  C. 先做渗透检测，然后是磁粉检测、超声检测

  D. 先做磁粉检测，然后是超声检测、渗透检测

三、问答题

1. 简述水洗型渗透检测法的操作程序及主要优缺点。

2. 简述亲水后乳化型渗透检测法的操作程序及主要优缺点。

3. 简述亲油后乳化型渗透检测法的操作程序及主要优缺点。

4. 简述溶剂去除型渗透检测法的操作程序及主要优缺点。

*5. 简述用渗透液检测泄漏的基本方法。

*6. 简述温度低于10℃的渗透检测工艺。

*7. 简述温度高于50℃的渗透检测鉴定规程。

复习题参考答案

一、是非题

1. ×；2. ×；3. ×；4. ○；5. ○；6. ○；7. ○；8. ×；9. ×；10. ○。

二、选择题

1. A、C、D；2. A；3. D；4. C；5. A、C、D；6. D；7. A、B；8. A、C；9. C；10. A、B、D；11. C；12. B；13. A、B、D；14. A、C、D；15. A、B、C；16. D；17. B；18. C；19. C。

三、问答题

（略）

第6章 渗透检测材料

渗透检测材料主要包括预处理材料、渗透液、乳化剂、清洗/去除剂、显像剂和后处理材料等。

GJB 2367A—2005《渗透检验》规定：渗透检测所用的渗透剂、乳化剂、去除剂、显像剂、预处理剂和后处理剂等材料应经鉴定认可，均为合格产品；渗透检测所用材料应经复验，合格后方可投入使用。

6.1 预处理材料

对受检试件施加渗透液前，应使用预处理材料将影响渗透液渗入受检试件表面开口缺陷中的一切污染物清洗处理干净。

预处理材料应对受检试件表面及表面开口缺陷中的各类污染物有良好的清洗作用，不能腐蚀试件，无毒或低毒，对环境无污染。应针对不同的污染物，选择不同的预处理材料。预处理材料包括有机溶剂、酸洗液、碱洗液和洗涤剂等。

1. 有机溶剂

有机溶剂用于溶解油污、油脂、蜡、密封胶、油漆及普通有机污染物，包括蒸气除油溶剂及液体清洗溶剂。

蒸气除油溶剂通常使用三氯乙烯溶剂。三氯乙烯是一种有机化学溶剂，比汽油溶油能力强，三氯乙烯蒸气除油操作十分方便。

液体清洗溶剂通常使用乙醇、丙酮或汽油、三氯乙烯等溶剂，常用于大试件局部区域的清洗或擦洗。

2. 酸洗液

酸洗液的作用如下：
1）清除受检试件表面的锈蚀物。
2）清除可能掩盖表面缺陷，并且可能妨碍渗透液渗入表面开口缺陷的氧化物。
3）清除经机械加工或打磨后封闭表面开口缺陷的金属毛刺。
4）清除喷丸处理后形成的封闭表面开口缺陷的细微金属物。

酸洗液一般是由1~3种酸按不同比例混合配制成的不易燃的水溶液。部分酸洗液配方及其适用范围见表6-1。

3. 碱洗液

碱洗适合去除油污、抛光剂、积炭等，多用于铝合金试件。碱洗液是一种由碱（如氢氧化钠）配制成的不易燃的水溶液。部分碱洗液配方及其适用范围见表6-2。

表6-1　部分酸洗液配方及其适用范围

配　方	使用温度	中和液	适用范围
硝酸 80%、氢氟酸 10%、水 10%	室温	氢氧化铵 25%、水 75%	不锈钢试件
盐酸 80%、硝酸 13%、氢氟酸 7%			镍基合金试件
硫酸 100mL、铬酐 50mL、氢氟酸 10mL，加水至 1L			钢试件

表6-2　部分碱洗液配方及其适用范围

配　方	使用温度/℃	中和液	适用范围
氢氧化钠 10%、水 90%	77～88	硝酸 25%、水 75%	铝合金铸件
氢氧化钠 6g、水 1L	70～77		

4. 洗涤剂

洗涤剂是一种含有特殊表面活性剂的不易燃的水溶液，能够对各类污染物（如油污、油脂、切削液等）起清洗作用。

洗涤剂分为碱性、中性和酸性三类，选定的洗涤剂应对受检试件无腐蚀作用。

6.2　渗透液

6.2.1　渗透液的分类及灵敏度等级

渗透液是一种含有荧光染料或着色染料，且具有很强渗透能力的溶液。它能渗入受检试件表面开口缺陷中，并被显像剂吸附，形成缺陷痕迹显示。渗透检测人员根据缺陷痕迹显示的形貌，可对受检试件表面开口缺陷进行定位、定性、定量等评价。渗透液是渗透检测中最关键的材料，它的质量直接影响渗透检测灵敏度。

1. 渗透液的分类

渗透液按其所含染料的成分，可分为荧光渗透液、着色渗透液和荧光着色渗透液三大类；按照受检试件表面多余渗透液的去除方法不同，可分为水洗型渗透液、后乳化型渗透液（亲水、亲油）和溶剂去除型渗透液三大类。

2. 渗透液的灵敏度等级

各标准对渗透液灵敏度的分级方法有所不同，现简介如下。

（1）GJB 2367A—2005《渗透检验》的规定　荧光渗透液的灵敏度等级：1/2 级为最低灵敏度；1 级为低灵敏度；2 级为中灵敏度；3 级为高灵敏度；4 级为超高灵敏度。着色渗透液的灵敏度不分等级。

荧光渗透液的灵敏度等级按参考产品进行确定。

（2）GB/T 18851.2—2008《无损检测　渗透检测　第 2 部分：渗透材料的检验》的规定荧光产品族的灵敏度等级：1/2 级灵敏度（超低）；1 级灵敏度（低）；2 级灵敏度（中）；3

级灵敏度（高）；4 级灵敏度（超高）。着色产品族的灵敏度等级：1 级灵敏度（普通）；2 级灵敏度（高）。

荧光产品族的灵敏度等级按参考产品进行定义。着色产品族的灵敏度等级按 GB/T 18851.3—2008《无损检测 渗透检测 第 3 部分：参考试块》中的 I 型参考试块（即黄铜板镀镍铬层裂纹试块——C 型参考试块）进行定义。

（3）NB/T 47013.5—2015《承压设备无损检测 第 5 部分：渗透检测》的规定 渗透液灵敏度等级：A 级为低灵敏度；B 级为中灵敏度；C 级为高灵敏度。

渗透液灵敏度等级，按 NB/T 47013.5—2015《承压设备无损检测 第 5 部分：渗透检测》中三点式 B 型试块可显示的裂纹区位数进行确定。

6.2.2 渗透液的综合性能

不论哪种类型的渗透液，优质渗透液均应具备下列性能：

1）渗透能力强，能容易地渗入试件表面细微的开口缺陷中去。

2）具有较好的截留性能，能较好地停留在缺陷中，即使是在浅而宽的开口缺陷中的渗透液也不易被清洗/去除出来。

3）容易从被覆盖过的受检试件表面清洗/去除掉。

4）不易挥发，不会很快地干涸在受检试件表面上。

5）润湿显像剂的性能良好，渗出的渗透液容易被显像剂吸附，形成缺陷迹痕显示。

6）荧光渗透液应有明亮的荧光亮度，着色渗透液应有鲜艳的颜色。扩展成薄膜时，仍应保持其荧光亮度或颜色。

7）稳定性能好，在热和光等作用下，仍应保持稳定的物理和化学性能，不易受酸和碱的影响，不易分解、不混浊和不沉淀。

8）闪点高，不易着火；无毒，对人体无害，不污染环境。

9）有较好的化学惰性，对受检试件和盛装的容器无腐蚀作用。

实际上，任何一种渗透液都不可能全面达到理想的程度，只能尽量接近理想水平。在配制每种渗透液时，都采取折中或者"取舍"的办法，即突出某一项或某几项重要性能指标。例如，水洗型渗透液突出的是"易于从受检试件表面去除多余渗透液"的性能，而后乳化型渗透液则突出了"能保留在浅而宽的缺陷中"的性能。

6.2.3 渗透液的物理化学性能

1. 表面张力和接触角

表面张力用表面张力系数来表示。接触角则表征渗透液对受检试件表面和缺陷表面的润湿能力。渗透液的渗透能力是用渗透液在毛细管中上升的高度来表征的。

由液体在毛细管中上升高度的公式可知：渗透液的渗透能力与表面张力系数和接触角的余弦的乘积成正比。可见表面张力系数和接触角是表征渗透液渗透能力的两个重要参数。

如前所述，渗透检测中常用静态渗透参量（SPP）来表征渗透液的渗透能力。SPP 值越大，渗透液的渗透能力越强，当接触角 $\theta \leqslant 5°$ 时，渗透液具有较强的渗透能力。

2. 黏度

黏度是衡量液体流动时所受阻力的物理量，它是流体分子间存在内摩擦而互相牵制的表现。动力黏度的单位是 $N \cdot s/m^2$ 或 $Pa \cdot s$（非法定单位为 P 或 cP，$1Pa \cdot s = 1N \cdot s/m^2 = 10P = 10^3 cP$）。运动黏度是动力黏度与液体密度的比值，其单位是 m^2/s（非法定单位是 cSt，$1cSt = 10^{-6} m^2/s$）。渗透液的性能用运动黏度来表示。

从液体在毛细管中上升高度的公式来看，液体的黏度与其在毛细管中上升的高度没有关系。因此，黏度对渗透液的静态渗透性能没有影响，即不影响渗透液渗入缺陷中的能力。

因黏度与流体的流动性有关，故对渗透液的渗透速率有较大的影响。例如，水的运动黏度较低，在20℃时为 1.005 cSt，但水并不是一种好的渗透液；煤油的运动黏度在20℃时为 1.65 cSt，比水高，但煤油却是一种很好的渗透液。

如前所述，渗透液的渗透速率常用动态渗透参量（KPP）来表征，它表示受检试件渗入渗透液所需的相对停留时间。黏度对动态渗透参量的影响很大：黏度越高，动态渗透参量越小，渗透液渗入表面开口缺陷所需的时间就越长。

黏度对渗透液缺陷截留（简称截留）也有很大影响。如前所述，所谓截留，是指渗透液渗入缺陷后并保留在缺陷中的能力。它不但与静态渗透参量（SPP）、缺陷状态（表面开口缺陷的尺寸、形状、受污染状况等）有关，而且与黏度有关，黏度越大，截留能力越好。

综上所述，黏度对渗透液的运动性能有很大的影响，因而黏度是衡量渗透液性能的一项重要指标。黏度对渗透检测的影响主要有如下几个方面：

1）黏度高的液体，不能很快地流遍受检试件的表面，渗进表面开口缺陷所需的时间较长；黏度低时，则相反。

2）黏度高的液体截留能力好，渗透液能较好地停留在缺陷中，不易造成过清洗。而低黏度的渗透液涂覆试件表面并渗进表面开口缺陷中后，在去除表面多余渗透液时容易被清洗出来，特别是浅而宽的缺陷中的渗透液更容易被清洗掉。

3）黏度高的渗透液从被涂覆的受检试件表面上滴落下来的时间长，被拖带走的渗透液多，渗透液的损耗大。

4）黏度高的后乳化型渗透液，会由于拖带多而严重污染乳化剂，从而降低乳化剂的使用寿命，使检测费用提高。

因此，渗透液的运动黏度太高或太低都不好，一般应控制在 4～10cSt（38℃时）范围内。

3. 密度与比重

密度是单位体积内所含物质的质量，等于物体的质量除以体积。密度用符号 ρ 表示，在国际单位制和我国法定计量单位中，密度的单位为 kg/m^3。

比重也称相对密度。固体和液体的比重是该物质（完全密实状态）的密度与在标准大气压、3.98℃时纯水密度（999.972kg/m^3）的比值。液体或固体的比重说明了它们在另一种流体中是下沉还是漂浮。比重是无量纲的量，一般情况下随温度、压力而变。

水的密度是 1g/cm^3。易挥发溶剂的密度多为 0.73～0.85g/cm^3。可以看出，水的密度较大。水的比重为1，易挥发溶剂的比重大多小于1。

从液体在毛细管中上升高度的公式来看，液体的密度越小，其上升的高度越大，说明液体的渗透能力强。

除水外，液体的密度与温度成反比，温度越高，密度值越小，渗透能力也随之增强。

当水洗型渗透液被水污染时，由于乳化剂的作用，使水分散在渗透液中，因而使渗透液的密度增大，导致渗透能力下降。

由于渗透液中的主要液体是煤油和其他有机溶剂，因此渗透液的比重一般小于1。水洗时，渗透液可漂浮于水面上，容易溢流掉。

4. 挥发性

挥发性可用液体的沸点或蒸气压来表征。沸点越低，挥发性越强。

易挥发的渗透液，在滴落过程中容易干涸在受检试件表面上，给水洗带来困难；也容易干涸在缺陷中，而不易渗出到受检试件表面，严重时难以形成缺陷迹痕显示而使检测失败；另一方面，易挥发的渗透液在敞口槽中使用时挥发损耗大。

渗透液的挥发性越大，着火的危险性也越大；对于毒性材料，挥发性越大，所构成的安全威胁也越大。

上述各点说明，渗透液应不易挥发。但是，渗透液又必须具有一定的挥发性，一般在不易挥发的渗透液中加入一定量的挥发性液体。

一方面，有一定挥发性的渗透液在受检试件表面滴落时，易挥发的成分将挥发掉，使染料的浓度得以提高，有利于提高缺陷迹痕显示的荧光强度或着色强度；另一方面，渗透液从缺陷中渗出来时，易挥发的成分将挥发掉，从而限制了渗透液在缺陷处的扩散，使缺陷显示轮廓清晰。

在渗透液中加入易挥发的成分以后，还可以降低渗透液的黏度，提高渗透速度。

综上所述，渗透液必须有一定的挥发性，这样有利于提高检测灵敏度与检测速度。

5. 闪点和燃点

可燃性液体在温度上升过程中，液面上方挥发出大量可燃性蒸气与空气混合，接触火焰时，会出现闪光现象。闪点就是液体在加温过程中刚刚出现闪光现象时的最低温度。燃点是液体加温到能被接触的火焰点燃并能继续燃烧时的温度。

燃点和闪点是两个不同的物理量，燃点高于闪点。闪点低的液体，其燃点也低，着火的危险性就越大。从安全方面考虑，渗透液的闪点越高则越安全。

按不同的闪点测量方式，可分为开口闪点和闭口闪点。开口闪点是用开杯法测出的，它是将试样盛于开口油杯中进行试验。闭口闪点是用闭杯法测出的，它是将试样置于带盖的油杯中，盖上有一可开闭的窗孔，加热过程中窗孔关闭，测试闪点时窗孔打开。

闭口法的测定重复性比开口法好，且测得的数值偏低，故渗透检测中常采用闭口闪点。

对于水洗型渗透液，原则上要求闭口闪点大于93℃；而对于后乳化型渗透液，闭口闪点一般为60~70℃。美国军事工业标准规定：渗透液的闪点应大于93℃。

有些压力喷罐用渗透液的闪点较低，使用时应特别注意避免接触明火或烟火；在室内操作时，应具有良好的通风条件。

6. 稳定性

渗透液的稳定性是指其对光、热和温度的耐受能力。渗透液的稳定性是非常重要的参数。稳定性高的渗透液，在长期储存或使用过程中，能够耐受光、热和温度的影响，而不太容易发生变质、分解、混浊及沉降等现象。

荧光渗透液对黑光的稳定性，可用照射前的荧光亮度值与照射后的荧光亮度值的百分比来表示。荧光渗透液在 $1000\mu W/cm^2$ 的黑光下照射 1h，稳定性应在 85% 以上；着色液在强白光照射下应不褪色。

7. 化学惰性

化学惰性是衡量渗透液对盛放容器和受检试件腐蚀性能的指标。要求渗透液对盛装容器和受检试件尽可能是惰性的或不腐蚀的。

大多情况下，油基渗透液能符合这一要求。然而，水洗型渗透液中的乳化剂可能是微碱性的。渗透液被水污染后，水与乳化剂结合而形成微碱性溶液并保留在渗透液中，这时渗透液将会对铝合金、镁合金等受检试件产生腐蚀作用，还可能与盛装容器上的涂料或其他保护层起反应。

渗透液中硫元素的存在，在高温下会对镍基合金的受检试件产生热腐蚀（也称热脆），使受检试件遭到严重破坏。

渗透液中的卤族元素（如氟、氯等）很容易与钛合金及奥氏体型不锈钢起作用，在应力存在的情况下易产生应力腐蚀裂纹。

对盛装液氧的装置，渗透液应不与液氧起反应，油基或类似的渗透液不能满足这一要求，需使用特殊的渗透液。

对于与液体氧（LOX）或高压气态氧（GOX）相溶的渗透液，不能留下与氧起反应的污染物或残留物。

用来检测橡胶、塑料等试件的渗透液，不应与其发生反应，应采用特殊配制的渗透液。NB/T 47013.5—2015《承压设备无损检测 第 5 部分：渗透检测》规定：对于镍基合金材料，当一定量的渗透液蒸发后，残渣中硫元素的质量分数不得超过 1%，如果有更高要求，可由供双方另行商定；对于奥氏体型不锈钢、钛和钛合金，当一定量的渗透液蒸发后，残渣中的卤族元素（如氯、氟等）的质量分数不得超过 1%，如果有更高要求，可由供需双方另行商定。

8. 溶剂溶解性

常用渗透液是一种溶液。前已叙述：在一定的温度和压力下，溶质在一定量的溶剂中所能溶解的最大量称为该溶剂的溶解度，一般用 100g 溶剂里所能溶解的溶质的质量（单位为 g）来表示。

（1）渗透液的溶剂溶解性 它是衡量渗透液清洗去除性能的重要指标。如果溶剂溶解性差，则很难清洗去除受检试件表面多余的渗透液，会造成不良的背景而影响检测效果，故要求渗透液具有良好的溶剂溶解性。

渗透液的溶剂溶解性与所选用清洗去除剂的种类有关。例如，水洗型渗透液和后乳化型渗透液在规定的水温、压力与时间等条件下，可被水溶解而冲洗掉，不残留明显的荧光背景或着色背景；溶剂去除型渗透液不能用水冲洗，而只能用有机溶剂擦拭去除，这主要是因为这种渗透液不溶于水而溶于有机溶剂。

（2）渗透液中的溶剂对染料的溶解度　渗透液是将染料溶解到渗透溶剂中配制而成的。染料在渗透溶剂中的溶解度高，就可以得到高浓度的渗透液，可以提高渗透液的发光强度（荧光染料）或着色强度（着色染料），从而提高检测灵敏度。

9. 含水量和容水率

渗透液的含水量是指渗透液中水分的含量与渗透液总量之比的百分数，其值越小越好。

渗透液的容水率（量）是指渗透液出现分离、混浊、凝胶或灵敏度下降等现象时渗透液含水量的极限值。它是衡量渗透液抗水污染能力的指标，渗透液的容水率（量）指标越高，抗水污染的性能越好。

10. 毒性

渗透液应是无毒（低毒）的。因此，有毒的材料、腐蚀性强的材料或有异味、臭味的材料均不允许用来配制渗透液。

目前，所生产的大部分渗透液是安全的，对人体健康无严重影响。尽管如此，操作者仍应避免自己的皮肤长时间地接触渗透液，也应避免吸入渗透液蒸气。

11. pH 值

配制渗透液时，pH 值应呈中性，pH 值过高或过低都可能对操作者有害或腐蚀受检试件。通常用 pH 计测量 pH 值，也可用滴定法或滤纸测量。

应当指出：任何一种渗透液，不可能具备一切优良的物理化学性能，也不能仅根据某一项性能来评价渗透液的优劣。

6.2.4　渗透液的主要组分

渗透液是由多种材料配制而成的，其主要组分是染料（荧光染料或着色染料）、溶剂和表面活性剂；此外，还有多种用于改善渗透液性能的附加成分。实际渗透液中，一种化学试剂往往同时起几种作用。例如，溶剂本身除了有渗透作用，还有溶解染料的作用。

1. 荧光染料

荧光染料是组成荧光渗透液的关键物质之一。荧光染料应具有发光强、色泽明亮、能与背景形成较高对比度、稳定性好、耐热、不受光线影响、易溶解、易清洗、杂质少、无腐蚀、无毒等特点。荧光染料的种类很多，在黑光的照射下，从发蓝色荧光到发红色荧光的染料均有。

荧光渗透液应选择在黑光照射下发出黄绿色荧光的染料，这是因为人眼对黄绿色荧光最敏感，从而可以提高检测灵敏度。

我国常用荧光染料有芘类化合物 YJP-1、YJP-15；萘酸亚胺化合物 YJN-52、YJN-68；咪唑化合物 YJP-1；香豆素类化合物 MDAC。其中，芘类化合物荧光强度较高、色泽明亮、稳定性好。

荧光染料的荧光强度和荧光波长不但与染料的种类有关，还与所使用的溶剂及其浓度有关。例如，YJP-15在氯仿中发出黄绿色荧光，在石油醚中却呈绿色，且前者的荧光强度比后者高，这就说明选择合适的溶剂也能提高荧光强度。

试验证明，荧光强度随浓度的增加而提高，但当浓度增加到某一限值时，荧光强度不再随浓度增加而继续提高，甚至还会出现荧光强度降低的现象。这说明仅靠增加浓度来提高荧光强度的做法受到一定的限制。

2. 红色染料

着色渗透液中所采用的染料为暗红色的染料，因为暗红色与显像剂所形成的白色背景有较高的对比度。着色渗透液中的染料应满足色泽鲜艳、颜色深、对比度高、易清洗、易溶于合适的溶剂、对光和热的稳定性好、不褪色、不腐蚀受检试件、对人体无毒等要求。

染料有油溶型、醇溶型及油醇混合型三大类。着色渗透液中多采用油溶型偶氮染料，常用的着色染料有苏丹红Ⅳ、刚果红、烛红、油溶红、丙基红等。其中，苏丹红Ⅳ（化学名称为偶氮苯）使用最广；偶氮-β萘酚为醇溶型染料，溶于酒精、煤油等中呈暗红色。

3. 溶剂

渗透检测的关键是将含有染料的渗透液渗入表面开口缺陷，渗出后被显像剂吸附而形成缺陷迹痕显示。因此，选择合适的溶剂是非常重要的。

溶剂有两个主要作用：一是溶解染料，二是起渗透作用。溶剂大致可以分为基本溶剂和起稀释作用的溶剂（即稀释溶剂）两大类：基本溶剂必须能充分溶解染料；稀释溶剂除应具备能适当调节黏度与流动性的功能外，还应起降低材料费用的作用。

要求渗透液中的溶剂渗透力强、对染料的溶解度大、挥发性适中、毒性小、对受检试件无腐蚀、经济易得等。

为使溶剂对染料有较大的溶解度，可根据化学结构相似相溶原则，尽量选择分子结构与染料相似的溶剂。但是，相似相溶原则仅仅是经验法则，有一定的局限性。有一些物质虽然结构相似，但却并不相溶，如氯乙烷与聚氯乙烯。因此，在实际应用中应用试验加以验证。

在多数情况下，渗透液中的溶剂几乎都不是单一的，而是几种溶剂的组合，使各成分的特性达到平衡。

4. 附加成分

渗透液中的附加成分有表面活性剂、助溶剂、互溶剂、稳定剂、增光剂、乳化剂、抑制剂和中和剂等。

表面活性剂用于降低表面张力，增强润湿作用。在渗透液中，仅使用一种表面活性剂往往得不到良好的效果，故常选择两种以上的表面活性剂组合使用。

助溶剂用于促进染料的溶解，这是因为渗透性能好的溶剂对染料在其中的溶解度不一定高，或者染料在其中不一定能得到理想的颜色或荧光强度。

常常采用一种中间溶剂来溶解染料，然后再与渗透性能好的溶剂互溶，从而得到较为理想的渗透液。这种中间溶剂称为互溶剂。

稳定剂的作用是保持渗透液的稳定，防止染料在溶剂中因温度变化而从溶液中析出。

增光剂用于增强荧光渗透液的荧光亮度或着色渗透液的色泽，提高对比度。例如，变压器油、航空滑油等就是增光剂。

乳化剂常用在水洗型渗透液中，使其能用水清洗掉。乳化剂能促进染料溶解，起增溶作用。

抑制剂用于抑制挥发，如糊精、胶棉液等。

中和剂用于中和渗透液的酸碱性，使 pH 值呈中性。

需要指出的是，渗透液中并非必须含有以上各种附加成分。例如，煤油是一种常用的溶剂，它具有表面张力小、润湿能力强等优点，但对染料的溶解度小，故常加入邻苯二甲酸二丁酯。这样不但能提高煤油对染料的溶解度，而且可在较低温度下使染料不致沉淀出来，此外还可调节渗透液的黏度和闪点，减少溶剂挥发，使渗透液具有良好性能。

6.2.5　荧光渗透液

荧光渗透液中所含的染料是荧光染料，观察缺陷迹痕显示时需在紫外灯下进行。常用的荧光渗透液有水洗型、后乳化型和溶剂去除型三类。

1. 水洗型荧光渗透液

水洗型荧光渗透液按化学组成可分为水基和油基两种。

注意：本书中的水洗型荧光渗透液通常指水洗型（油基）荧光渗透液，实为"自乳化型荧光渗透液；如果是水洗型（水基）荧光渗透液，则会另加说明。

水洗型（油基）荧光渗透液根据检测灵敏度的高低和从试件表面上去除多余渗透液的难易程度，分为 1/2 级（最低灵敏度）、1 级（低灵敏度）、2 级（中灵敏度）、3 级（高灵敏度）和 4 级（超高灵敏度）五个级别。

（1）水洗型（水基和油基）荧光渗透液的成分及配方

1）水洗型（水基）荧光渗透液。这类荧光渗透液的基本成分是荧光染料和水，其特点及适用范围与水洗型（水基）着色渗透液基本相同，但检测灵敏度高于水洗型（水基）着色渗透液。

常用配方是荧光染料（增白洗衣粉）+水（溶剂、渗透）。这种配方的特点是毒性小、成本低、易清洗及易配制等，但检测灵敏度一般。

2）水洗型（油基）荧光渗透液。这类荧光渗透液的基本成分是荧光染料、油性溶液、渗透液、乳化剂等。它的特点是渗透能力强；由于自身含有乳化剂，故又称自乳化型荧光渗透液，可直接用水清洗；检测灵敏度高于水洗型（水基）荧光渗透液，成本较低。

自乳化型荧光渗透液的配方较为复杂，其典型配方见表 6-3，供参考。该配方检测灵敏度高、化学稳定性较好、毒性小、对试件无腐蚀。

表 6-3　自乳化型荧光渗透液的典型配方

成　分	配　比	作　用
10 号变压器油	66%	渗透
邻苯二甲酸二丁酯	17%	增溶、稳定

（续）

配　方	配　比	作　用
三乙醇胺油酸皂	2%	乳化
MOA-3	9%	乳化
6502	6%	乳化
YJP-53	0.2g/100mL	荧光染料

自乳化型荧光渗透液的检测灵敏度比自乳化型着色渗透液高。

（2）水洗型（自乳化型）荧光渗透液（各级灵敏度）的用途及牌号

1）最低灵敏度与低灵敏度渗透液。最低灵敏度（1/2级）与低灵敏度（1级）渗透液易于从粗糙表面上去除，主要用于轻合金铸件的检测。

最低灵敏度渗透液的典型牌号有 Magneflux/ZY-15B、MARKTEC/P-100 等。低灵敏度渗透液的典型牌号有 Magneflux/ZY-19、MARKTEC/P-100A 等。

2）中灵敏度渗透液。中灵敏度（2级）渗透液较难从粗糙表面上去除，主要用于焊接件、精密铸钢件、精密铸铝件及机械加工表面的检测。

中灵敏度渗透液的典型牌号有 Magneflux/ZY-60C、Magneflux/ZY-61、MARKTEC/P-120、MARKTEC/P-121 等。

3）高灵敏度与超高灵敏度渗透液。高灵敏度（3级）和超高灵敏度（4级）渗透液难以从粗糙的表面上去除，要求有良好的机械加工表面，主要用于精密铸造涡轮叶片等关键试件的检测。

高灵敏度渗透液的典型牌号有 Magneflux/ZY-67、Magneflux/ZY-67A、MARKTEC/P-130、MARKTEC/P-140E 等。超高灵敏度渗透液的典型牌号有 Magneflux/ZY-56、MARKTEC/P-141D、MARKTEC/P-141E 等。

2. 后乳化型荧光渗透液

后乳化型荧光渗透液的基本成分为荧光染料、油性溶剂、渗透剂、互溶剂、润湿剂等。这类渗透液本身不含乳化剂，需经乳化工序后才能用水冲洗掉。

缺陷中的后乳化型荧光渗透液不易被水清洗掉，其所含互溶剂的比例比自乳化型荧光渗透液高，目的在于溶解更多的染料；渗透液的密度比水小，水进入液槽后会沉到底部，故抗水污染的能力强，也不易受酸或碱的影响。

这种渗透液的检测灵敏度高，特别适合检测浅而细微的表面缺陷以及检测要求较高的试件，要求受检试件表面光洁、无不通孔和螺纹等。

后乳化型荧光渗透液按所使用乳化剂的不同，分为亲水型和亲油型两大类；按灵敏度等级，分为低灵敏度（1级）、中灵敏度（2级）、高灵敏度（3级）和超高灵敏度（4级）四种。

亲水后乳化型荧光渗透液的典型配方见表6-4。该配方的特点是检测灵敏度较高、化学稳定性好、毒性小、对试件无腐蚀。

表 6-4 亲水后乳化型荧光渗透液的典型配方

成　　分	配　比	作　用
煤油或 L-AN5 润滑油	25%	渗透
邻苯二甲酸二丁酯	65%	互溶
LPE-305	10%	润湿
PEB	2g/100mL	增白
YJP-15	0.55g/100mL	荧光染料

（1）亲水后乳化型荧光渗透液

1）低灵敏度与中灵敏度后乳化型荧光渗透液。低灵敏度（1级）与中灵敏度（2级）亲水后乳化型荧光渗透液适用于各种变形材料的机械加工试件的检测。

低灵敏度（1级）亲水后乳化型荧光渗透液的典型牌号有 Magneflux-ZL1D、MARKTEC/P210 等。中灵敏度（2级）亲水后乳化型荧光渗透液的典型牌号有 Magneflux-ZL2C、MARKTEC/P220 等。

2）高灵敏度后乳化型荧光渗透液。高灵敏度（3级）亲水后乳化型荧光渗透液适用于检测灵敏度要求较高的各种变形材料的机械加工试件的检测，典型牌号有 Magneflux-ZL27A、MARKTEC-P230 等。

3）超高灵敏度后乳化型荧光渗透液。超高灵敏度（4级）亲水后乳化型荧光渗透液仅在特殊情况下使用，如航空发动机上的涡轮盘、轴等关键零部件的成品检测，典型牌号有 Magneflux-ZL37、MARKTEC/P240 等。

（2）亲油后乳化型荧光渗透液　亲油后乳化型荧光渗透液与亲水后乳化型荧光渗透液可以通用，仅是在去除时使用的乳化剂不同，前者使用亲油型乳化剂，后者则使用亲水型乳化剂。

例如：美国磁通（Magneflux）公司各种灵敏度等级的亲油与亲水后乳化型荧光渗透液的型号是相同的，区别仅仅是前者使用 ZE-4B 亲油型乳化剂，而后者使用 ZR-10B 亲水型乳化剂（体积分数为20%）；日本美柯达（MARKTEC）公司也一样，前者使用 E400 亲油型乳化剂，后者使用 R500 亲水型乳化剂（体积分数为30%）。

3. 溶剂去除型荧光渗透液

溶剂去除型荧光渗透液的配方与后乳化型荧光渗透液类似。所有同级灵敏度的水洗型荧光渗透液及后乳化型荧光渗透液均可以作为同级灵敏度溶剂去除型荧光渗透液使用，仅在去除零件表面多余渗透液时，需要使用有机溶剂擦除。

溶剂去除型荧光渗透液的典型配方见表 6-5，这种配方的特点是检测灵敏度较高、毒性小、配制方便、稳定性较好等，可用于无水、无电场合的检测。

表 6-5 溶剂去除型荧光渗透液的典型配方

成　分	配　比	作　用
YJP-1	0.25g/100mL	荧光染料
煤油	85%	渗透
航空滑油	15%	增光

6.2.6 着色渗透液

着色渗透液中含有着色（红色）染料，观察缺陷迹痕可在日光或普通灯光下进行。着色渗透液分为水洗型、后乳化型和溶剂去除型三种类型。

1. 水洗型着色渗透液

水洗型着色渗透液可分为水基和油基两种。注意：本书中的水洗型着色渗透液通常指水洗型（油基）着色渗透液，实为自乳化型着色渗透液；如果是水洗型（水基）着色渗透液，则会另加注明。

（1）水洗型（水基）着色渗透液 水洗型（水基）着色渗透液是将水作为渗透溶剂，在水中溶解染料的一种渗透液，可直接用水清洗。这种渗透液由于具有价格便宜、易清洗、安全、无毒、不可燃、不污染环境、使用安全等诸多优点，而受到人们越来越多的关注。

水的渗透能力较差，但如果在水中加入适量的表面活性剂，来降低水的表面张力，增加水对固体的润湿能力，水就可以变成一种好的渗透溶剂。尽管如此，水仍达不到油基渗透溶剂或醇基渗透溶剂那样好的渗透能力，故检测灵敏度较低。

水洗型（水基）着色渗透液适用于对检测灵敏度要求不高的试件，以及某些同油类接触容易引起爆炸的试件，如盛装液氧的容器；塑料、橡胶等制成的部件，或者可能与油基、醇基等渗透液发生化学反应而受到破坏的试件，也可以采用这种渗透液。其典型配方见表6-6。

表 6-6　水洗型（水基）着色渗透液的典型配方

成分	刚果红	水	氢氧化钾（KOH）	表面活性剂
配比	2.5g/100mL	100%	0.6g/100mL	2.5g/100mL
作用	染料（酸性）	渗透	中和	润湿

注：染料刚果红可溶于热水，且具有酸性，故用氢氧化钾（KOH）中和。

（2）水洗型（油基）着色渗透液 水洗型（油基）着色渗透液由油基溶剂、互溶剂、红色染料、乳化剂等组成。这种渗透液的渗透能力强，检测灵敏度比水洗型（水基）着色渗透液高，且成本低。由于其自身含有乳化剂，在乳化剂的作用下，渗透液可以直接用水冲洗，故也称为自乳化型着色渗透液。

渗透液中乳化剂的含量越高，越容易清洗，但检测灵敏度也越低；乳化剂含量少，则清洗困难，但检测灵敏度较高。

渗透液中的染料浓度高，可得到较高的着色强度；但在低温时，染料析出的可能性也较大，清洗较困难。

在自乳化型着色渗透液中，乳化剂不但可以使渗透液易于被水清洗掉，而且能增加染料的溶解度，起增溶的作用。

由于这类渗透液含有乳化剂，所以具有一定的亲水性，容易吸收水分（包括空气中的水分），当吸收的水分达到一定数量时，渗透液会产生混浊、沉淀等被水污染的现象。为提高自乳化型渗透液的抗水污染能力，可适当增加亲油型乳化剂的含量，以降低渗透液的亲水性。此外，可采用非离子型乳化剂，利用非离子型乳化剂的凝胶现象，使渗透液本身具有一定的抗水污染能力。即使如此，也应避免水分侵入渗透液中，以免因黏度增大而使渗透液的性能降低。

自乳化型着色渗透液的检测灵敏度较低，但其较易清洗，故适用于表面粗糙试件的检测。自乳化型着色渗透液的典型配方见表6-7。

表 6-7　自乳化型着色渗透液的典型配方

成　分	配　比	作　用
油 基 红	1.2g/100mL	染　料
二甲基萘	15%	溶　剂
α-甲基萘	20%	溶　剂
200 号溶剂汽油	52%	渗透剂
萘	1g/100mL	助溶剂
吐温-60	5%	乳化剂
三乙醇胺油酸皂	8%	乳化剂

注：吐温-60 为亲水性较强的乳化剂，能产生凝胶现象；汽油及二甲基萘有增加凝胶现象的作用。

水洗型着色渗透液的典型牌号有 Magneflux/SKL-WP 等。

2. 后乳化型着色渗透液

亲水后乳化型着色渗透液与亲油后乳化型着色渗透液可以通用，它们的区别仅仅是前者使用亲水型乳化剂，后者使用亲油型乳化剂。后乳化型着色渗透液由油基渗透溶剂、互溶剂、染料、增光剂、润湿剂等组成。这类渗透液自身不含乳化剂，所以不能直接用水清洗，必须经过乳化工序后才能用水清洗掉，故不适用于表面粗糙、有不通孔或带螺纹试件的检测。

后乳化型着色渗透液所含互溶剂的比例较大，目的在于溶解更多的染料。润湿剂能增加渗透液对于固体表面的润湿。这种渗透液的特点是渗透能力强，且与水洗型渗透液相比，缺陷中的渗透液不易被水洗去，故有较高的检测灵敏度。水进入渗透液槽中后能沉于底部，故抗水污染的能力强。后乳化型着色渗透液在实际检测中应用较广，由于其检测灵敏度高，故适合检测浅而细微的表面缺陷。

后乳化型着色渗透液的典型配方见表6-8。这种配方的特点是检测灵敏度高、毒性小，但乙酸乙酯有难闻的刺激性气味。

表 6-8　后乳化型着色渗透液的典型配方

成　分	配　比	作　用
苏丹红Ⅳ	0.8g/100mL	染料
乙酸乙酯	5%	渗透
航空煤油	60%	溶剂、渗透
松 节 油	5%	溶剂、渗透
变压器油	20%	增光
丁酸丁酯	10%	助溶

亲水后乳化型着色渗透液的典型牌号有 Magneflux/SKL-SP、Magneflux/SKL-SP1 等。亲

油后乳化型着色渗透液的典型牌号有 Magneflux/SKL-SP、Magneflux/SKL-SP1 等。其中，美国磁通（Magneflux）公司的 SKL-SP、SKL-SP1 着色渗透液既是亲油后乳化型着色渗透液，也是亲水后乳化型着色渗透液，它们的区别仅仅是前者使用 ZE-4B 亲油型乳化剂，后者使用 ZR-10B 亲水型乳化剂（浓度为 20%）。

3. 溶剂去除型着色渗透液

溶剂去除型着色渗透液的主要成分与后乳化型着色渗透液类似。它是由红色染料、油性溶剂、互溶剂、润湿剂等组成的。

所有同级灵敏度的水洗型着色渗透液及后乳化型着色渗透液，均可以作为同级灵敏度的溶剂去除型着色渗透液使用，仅仅在去除零件表面多余渗透液时，需要使用有机溶剂擦除。

溶剂去除型着色渗透液的典型配方见表 6-9，该配方组分较少、检测灵敏度较高，但有一定毒性。

表 6-9   溶剂去除型着色渗透液的典型配方

成　分	配　比	作　用
苏丹红Ⅳ	1g/100mL	着色染料
萘	20%	溶　剂
煤油	80%	渗　透

溶剂去除型着色渗透液的渗透能力强，可用丙酮等有机溶剂直接擦除。在材料选择上，由于使用喷罐，故通常采用低黏度且易挥发的溶剂作为渗透溶剂，使其有较快的渗透速度；对闪点和挥发性的要求没有在开口槽中使用的渗透液那样严格。

溶剂去除型着色渗透液多装在压力喷罐中，与清洗/去除剂、显像剂配套使用。检测时常与溶剂悬浮显像剂配合使用，这种组合的检测灵敏度高，适用于大型试件的局部检测和无电、无水的野外作业，但其成本较高，且效率较低。

与荧光渗透液相比，着色渗透液的检测灵敏度较低，不适合检测临界疲劳裂纹、应力腐蚀裂纹或晶间腐蚀裂纹。试验表明：着色渗透液也能渗透到细微裂纹中去，但要形成荧光渗透液所能达到的迹痕显示，所需着色渗透液的容积要比荧光渗透液大得多。

4. 过滤型微粒渗透液

过滤型微粒渗透液是一种适合检测粉末冶金制品、石墨制品、陶土制品等材料的渗透液。它是一种悬浮液，是将粒度大于裂纹宽度的染料悬浮在溶剂中配制而成的。当渗透液流进裂纹中时，染料微粒不能流进裂纹，而是聚积在开口裂纹处。这些留在表面开口裂纹处的染料微粒沉积后，就可以提供裂纹迹痕显示，如图 6-1 所示。使用这种渗透液时，不用显像剂。

渗透液中的染料微粒可以是着色染料微粒，也

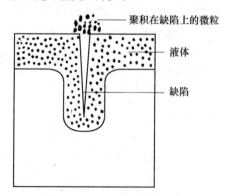

图 6-1   过滤型微粒渗透液裂纹迹痕显示示意图

聚积在缺陷上的微粒

液体

缺陷

可以是荧光染料微粒；微粒大小和形状必须恰当，形态最好是球形；微粒颜色应与受检试件表面颜色有较大的反差。渗透液中悬浮微粒的液体，必须能充分润湿受检试件的表面，液体的挥发性应适中。

渗透液在使用前应充分搅拌，待染料微粒悬浮均匀后方可使用。施加渗透液时，最好用喷枪喷涂，不允许刷涂。

6.3　清洗/去除剂

渗透检测中，用来除去受检试件表面多余渗透液的溶剂称为去除剂。水洗型渗透液可直接用水去除，水就是一种去除剂。后乳化型渗透液是在乳化以后再用水去除，则其去除剂是乳化剂和水。溶剂去除型渗透液采用有机溶剂去除，这些有机溶剂就是去除剂。

6.3.1　乳化剂

（1）乳化剂的作用及组成　乳化剂是去除剂中的重要组成材料，其典型配方见表 6-10。

表 6-10　乳化剂的典型配方

成　分	乳化剂 OP-10	工业乙醇	工业丙酮
配　比	50%	40%	10%
作　用	乳化剂	溶剂	溶剂

渗透检测中使用的乳化剂，其作用是乳化不溶于水的渗透液，使其便于用水清洗。

自乳化型渗透液自身含有乳化剂，可直接用水清洗；后乳化型渗透液自身不含乳化剂，需要经过专门的乳化工序以后才能用水清洗。

乳化剂是由表面活性剂和添加溶剂组成的，其主体是表面活性剂；添加溶剂的作用是调整与表面活性剂的配比，从而调节黏度、降低材料费用等，常用的添加溶剂有丙酮、乙醇等。

（2）乳化剂的综合性能要求

1）乳化效果好；颜色与渗透液有明显区别。

2）抗污染能力强，特别是受少量水或渗透液的污染时，不会降低乳化去除性能。

3）黏度和浓度适中，使乳化时间合理，不致造成乳化操作困难。

4）稳定性好，在储存或保管时，不受热和温度的影响。

5）具备良好的化学惰性，对受检试件与盛装容器不产生腐蚀，不变色。

6）对人体无害，无毒及无不良气味。

7）因必须在开口槽中使用，故要求其闪点高、挥发性差。

8）凝胶作用强，便于清洗等；废液及污水便于处理。

（3）使用乳化剂时的注意事项

1）使用亲水型乳化剂时的注意事项。

①亲水型乳化剂的黏度较高，通常用水稀释后再使用，厂家推荐的浓度为 5%~20%。

②稀释后的乳化剂浓度越高，则乳化能力越强，乳化速度越快，但乳化时间难以控制，乳化时的拖带损耗也大。

③一方面，稀释后的乳化剂浓度太低，则乳化能力弱，乳化速度慢，因而需要乳化的时间长，乳化剂有足够的时间渗入表面开口缺陷中，使缺陷中的渗透液也变得可以用水洗掉，从而达不到后乳化型渗透检测应有的高灵敏度。另一方面，乳化剂的浓度太低，受水和渗透液污染而变质的速度就快，因而更换乳化剂的频率高，易造成浪费。

因此，需要根据受检试件的大小、数量、表面粗糙度等情况，通过试验选择最佳浓度，或按乳化剂制造厂家推荐的浓度使用。

2）使用亲油型乳化剂时的注意事项：

①不加水使用。

②黏度高的乳化剂，扩散到渗透液中的速度慢，容易控制乳化，拖带损耗大；黏度低的乳化剂，乳化速度快，应注意控制乳化时间，拖带损耗小。

③渗透检测中使用的亲油型乳化剂一般是由渗透液制造厂家根据其渗透液的特点配套生产供应的，使用者最好选择与所用渗透液相同族组的乳化剂，以取得较好的乳化效果。

6.3.2　有机溶剂去除剂

有机溶剂去除剂应对渗透液中的染料（红色染料或荧光染料）有较大的溶解度，对渗透溶剂有良好的互溶性，且不与渗透液起化学反应，不应猝灭荧光染料。

通常采用的有机溶剂去除剂有煤油、酒精、丙酮、三氯乙烯等。

6.4　显像剂

6.4.1　基础知识

1. 显像剂的作用

1）通过毛细作用，吸出从截留中渗出的渗透液，形成缺陷迹痕显示。

2）使形成的缺陷迹痕显示在受检试件表面上横向扩展，放大到足以用肉眼观察的程度。相关资料指出，通过显像剂的放大作用，裂纹的显示尺寸可高达其原宽度的许多倍，有的甚至高达250倍左右。

3）提供与缺陷迹痕显示有较大反差的背景，从而达到提高检测灵敏度的目的。

根据显像剂的使用方式，可将其分为干式显像剂与湿式显像剂两大类。

2. 显像剂的综合性能

显像原理与渗透液渗入缺陷中原理是一样的，都属于毛细现象。

由于显像剂中的显像粉末非常细微，其颗粒度为微米级，当这些微粒覆盖在受检试件表面时，微粒之间的间隙类似于不规则毛细管。因此，缺陷中渗出的渗透液很容易沿着上述这些不规则毛细管上升到受检试件表面，形成缺陷迹痕显示。

基于显像原理与具体应用状况，显像剂应具备下列性能：

1）显像剂粉末的颗粒细微均匀，对受检试件表面有较强的吸附力，能均匀地附着于受检试件表面，形成较薄的覆盖层，有效地覆盖住金属本色；能吸附缺陷处微量渗出的渗透液，并将其扩展到足以被肉眼所观察到，且能保持显示清晰。

2）吸湿能力强，吸湿速度快，能容易地被缺陷处渗出的渗透液所润湿。

3）用于荧光渗透检测的显像剂应不发荧光，也不含有任何减弱荧光亮度的成分。

4）用于着色渗透检测的显像剂应对光有较大的折射率，能与缺陷迹痕显示形成较大的色差，以保证得到最佳的对比度，且对着色染料无消色的作用。

5）具有较好的化学惰性，对盛放容器和受检试件不产生腐蚀。

6）无毒、无异味、对人体无害。检测完毕后，易于从受检试件表面上清除。

3．显像剂的物理化学性能

（1）润湿能力　如果润湿能力差，则显像剂中的溶剂挥发以后，会出现显像剂流痕或卷曲、剥落等现象。

（2）粒度　要求显像剂的粒度细而均匀，如果显像剂的粒度过大，则微小的缺陷就很难显示出来，这是由于渗透液只能润湿粒度较细的球状颗粒。显像剂的粒度不应大于 $3\mu m$。

（3）干粉显像剂的密度　干粉显像剂的密度，松散状态下应小于 $0.075g/cm^3$，包装状态下应不大于 $0.13g/cm^3$。

（4）溶剂悬浮显像剂或水悬浮显像剂的沉降率　显像剂中的粉末在水中的沉降速率称为沉降率。细小的显像剂粉末悬浮后，沉淀速度慢；粗的显像剂粉末不易悬浮，悬浮后沉淀速度快；粗细不均匀的显像剂粉末沉降速率不均匀。为确保显像剂有较好的悬浮性能，必须选用细微且均匀的显像剂粉末。

（5）分散性　分散性是指当显像剂粉末沉淀后，经再次搅拌，显像剂粉末重新分散到溶剂中去的能力。分散性好的显像剂，经搅拌后能全部重新分散到溶剂中去，而不残留任何结块。

（6）腐蚀性　显像剂应不腐蚀盛装容器，也不应对受检试件在渗透检测过程中及以后的使用期间产生腐蚀。应控制显像剂中硫元素的含量，因为硫元素会对镍基合金产生热腐蚀；显像剂中的氟、氯等卤族元素会与奥氏体型不锈钢、钛合金等起反应，而产生应力腐蚀裂纹，因此，原子能工业和航空航天等工业上用的显像剂，应严格控制卤族元素的含量。

（7）毒性　显像剂应是无毒的，有毒、有异臭的材料不能用来配制显像剂。不使用二氧化硅干粉显像剂，因为长期吸入这类显像剂会对人的肺部产生有害影响。

6.4.2　干式显像剂

干粉显像剂的典型牌号有 Magneflux/ZP-4A、Magneflux/ZP-4B、MARKTEC/D-700 等。

1．干式显像剂的组成及应用

干式显像剂是指干粉显像剂，实际上就是一种白色的显像粉末，如氧化镁、碳酸镁、氧化锌、氧化钛等。有时在白色粉末中加入少量的有机颜料或有机纤维素，以减少白色背景对黑光的反射，提高显像对比度和清晰度。

干粉显像剂一般与荧光渗透液配合使用，其分辨力较高，是一种常用的显像剂。

2. 对干粉显像剂的要求

1）应是轻质的、松散的、干燥的粉末，粉末颗粒应细微，大小以 1~3μm 为宜。

2）应具有较好的吸水、吸油性能，容易被缺陷处微量渗出的渗透液所润湿，使渗透液能容易地渗出。

3）应容易吸附在干燥的受检试件表面上，并形成一层显像粉薄膜。

4）显像剂粉末在黑光照射下不应发荧光，对受检试件和存放容器不应有腐蚀性，对人体应无害。

3. 干粉显像剂的优缺点

1）干粉显像剂不会黏附在缺陷以外的部位，因此，显像后经过很长时间，仍能保持清晰的缺陷迹痕轮廓图形，容易识别缺陷。

2）干粉显像剂施加容易，操作简便，对受检试件无腐蚀，不挥发有害气体，不会留下妨碍后续处理的膜层。

3）干粉显像剂的一个明显缺点是有严重的粉尘，故需要有净化空气的设备或装置。

6.4.3 溶剂悬浮显像剂

溶剂悬浮显像剂是将显像剂粉末加在具有挥发性的有机溶剂中配制而成的，常用的有机溶剂有丙酮、乙醇、苯、二甲苯等。由于有机溶剂挥发快，故又称速干显像剂。

为改善这类显像剂的性能，还会添加火棉胶、醋酸纤维素、过氯乙烯树脂等限制剂。为调整显像剂的黏度，增加限制剂的溶解度，还必须添加稀释剂，但稀释剂的添加量必须适当，如果加入量过大，会引起显像膜自动剥落。

这类显像剂通常装在喷罐中使用，常与着色渗透液、清洗/去除剂配套使用。由于这类显像剂是悬浮液，故使用前必须充分摇动喷罐，将其搅拌均匀，使显像剂粉末颗粒充分悬浮起来，以便得到薄而均匀的显像剂膜层。

由于这类显像剂中含有有机溶剂，故有毒或易燃，使用中必须注意避免过多吸入或意外引爆，必须将其储存于密闭容器中。

溶剂悬浮显像剂的典型牌号有 Magneflux/SKD-S2、Magneflux/ZP-9F、MARKTEC/D-701 等。表 6-11 列出了两种溶剂悬浮显像剂的典型配方，供参考。

表 6-11　溶剂悬浮显像剂的典型配方

配　方	成　分	作　用	配　比	备　注
1	氧化锌	吸附	5g/100mL	醋酸纤维素在丙酮中完全溶解后再加氧化锌
	丙酮	悬浮	100%	
	醋酸纤维素	限制	1g/100mL	
2	二氧化钛	吸附	5g/100mL	—
	丙酮	悬浮	50%	
	火棉胶（5%）	限制	35%	
	乙醇	稀释	15%	

6.4.4 其他类型的显像剂

1. 水悬浮显像剂

水悬浮显像剂是将干粉显像剂按一定的比例加入水中配制而成的。为了改善水悬浮显像剂的性能，一般还应添加下列试剂：

（1）分散剂　它的作用是防止沉淀和结块，使显像剂具有良好的悬浮性能。

（2）润湿剂　它的作用是改善显像剂与受检试件表面的润湿能力，确保在受检试件表面形成均匀的薄膜。

（3）限制剂　它的作用是防止缺陷迹痕显示无限制地扩散，保证显示的分辨率和显示轮廓清晰。

（4）防锈剂　它的作用是防止显像剂对受检试件表面的锈蚀。

显像剂通常是弱碱性的，在此状态下，一般不会对受检试件产生腐蚀。但如果长时间残留在铝合金或镁合金上，则会引起腐蚀麻点。水悬浮显像剂的典型配方见表6-12。

表 6-12　水悬浮显像剂的典型配方

成 分	配 比	作 用
氧化锌	6g	吸附
水	100mL	悬浮
表面活性剂	0.01~0.1g	润湿
糊精	0.5~0.7g	限制

2. 水溶性显像剂

水溶性显像剂是将显像材料溶解于水中而制成的。当溶解在水中的显像材料在显像剂中的水分蒸发后，能在表面形成一层与受检试件表面紧密贴合的薄膜，有利于缺陷迹痕的显示。

为了改善这类显像剂的性能，还在其中添加润湿剂、助溶剂、防锈剂和限制剂等。

由于这种显像剂是溶液，因此克服了水悬浮显像剂容易沉淀、不均匀、可能结块的缺点。同时，它还具有清洗方便、无毒、不腐蚀试件、不可燃、使用安全等优点。

但由于显像剂材料多为结晶粉末的无机盐类，因此白色背景不如水悬浮、溶剂悬浮等显像剂，显像灵敏度不太高。另外，这类显像剂也不适合与水洗型渗透液检测系统配合使用，要求受检试件表面较为光洁。

3. 塑料薄膜显像剂

塑料薄膜显像剂主要是由显像剂粉末和透明清漆（或者胶状树脂分散体）所组成的悬浮剂。

通常采用喷涂的方式将显像剂施加于受检试件表面上，显像剂吸附缺陷中渗出的渗透液，使其进入不定型的塑料薄膜中。由于透明清漆是高挥发性物质，在较短时间内就会干燥而形成一层薄膜，缺陷迹痕显示就被凝固在膜层中，可将膜层剥下来用作永久记录。

这种显像剂的优点是它所形成的缺陷迹痕显示扩散小，因而可以得到具有高清晰度的缺陷迹痕显示。其有效性取决于所使用的施加方法和所施加的显像剂量。首先施加一层极薄的白色胶层；然后用极细喷孔的喷枪小心地喷涂薄薄的一层塑料薄膜显像剂层。注意：再次喷涂之前，应让原来的膜层充分干燥。显像剂薄膜可由6~7次喷涂积聚而成，厚度应小而均匀。如果膜层太厚，会使缺陷显示的清晰度下降或掩盖小缺陷显示。多次喷涂比单次喷涂好，因为在多次喷涂中，操作者能观察缺陷迹痕显示的特性。

6.5 后处理材料

一般情况下，所有预处理材料均可用作后处理材料，如水、洗涤剂、有机溶剂等。但不使用碱洗液、酸洗液等做后处理材料，因为这些溶液对受检试件表面有浸蚀作用。

应根据需要后处理的受检试件状况，包括受检试件本身的状况、受检试件表面渗透液的类型等，选择合适的后处理材料。

6.6 渗透检测材料的同族组及其选择

6.6.1 渗透检测材料的同族组

所谓渗透检测材料的同族组，是指完成一个特定渗透检测过程所必需的一系列完整的材料，包括渗透液、乳化剂、清洗/去除剂及显像剂等。

渗透检测材料作为一个整体必须相互兼容，才能满足渗透检测的要求；否则，可能出现虽然渗透液、乳化剂、清洗/去除剂及显像剂等各自都符合规定要求，但它们之间不能相互兼容，最终无法达到渗透检测灵敏度、可靠性要求，而使渗透检测失败的情况。

因此，对于同一渗透检测过程，所用渗透检测材料应是同族组，推荐采用同一厂家提供的相同系列产品。原则上，不同厂家的产品不能混用。如果确需混用，则必须经过验证，确保它们能相互兼容，其检测灵敏度、可靠性应能满足渗透检测的要求。

6.6.2 渗透检测材料系统的选择原则

1）选择渗透检测材料系统的首要原则是渗透检测灵敏度必须满足要求。不同渗透检测材料系统的检测灵敏度是不同的。例如，一般后乳化型渗透检测材料系统的检测灵敏度比水洗型渗透检测材料系统的高，荧光渗透检测材料系统的检测灵敏度比着色渗透检测材料系统的高。

在检测中，应按受检试件的检测灵敏度要求来选择渗透检测材料系统。当检测灵敏度要求高，如检测疲劳裂纹、磨削裂纹或其他细微裂纹时，可选用后乳化型荧光渗透检测材料系统；当检测灵敏度要求不高，如检测一般铸件时，可选用水洗型着色渗透检测材料系统。

应当指出：检测灵敏度要求越高，其检测费用也越高。因此，从经济上考虑，不能片面追求高的检测灵敏度，只要渗透检测灵敏度能够满足受检试件的检测要求即可。

2）根据受检试件状态进行选择。例如：对于表面光洁的试件，可选用后乳化型渗透检测材料系统；对于表面粗糙的试件，可选用水洗型渗透检测材料系统；对于大试件的局部检测，可选用溶剂去除型着色渗透检测材料系统。

3）在满足检测灵敏度的前提下，应选用价格低、毒性小、易清洗的渗透检测材料系统。

4）应优先选用环保型渗透检测材料系统及水基渗透检测材料系统。

5）渗透检测材料系统对受检试件应无腐蚀。例如：铝、镁合金不宜选用偏碱性的渗透检测材料；奥氏体型不锈钢、钛合金等不宜选用含氟、氯等卤族元素的渗透检测材料。

6）应选用化学稳定性好，受阳光照射或遇高温时不易分解和变质的渗透检测材料。

7）应选用使用安全、不易着火的渗透检测材料。例如，盛装液氧的容器不能选用油溶性渗透液，而只能选用水基渗透液，因为液氧遇油容易引起爆炸。

6.7 国内外渗透检测材料简介

6.7.1 国外渗透检测材料简介

国外生产荧光渗透检测材料的厂家很多，许多厂家（如美国 Magnaflux 公司、英国 Ardrox 公司、美国 Sherwin 公司、日本 MARKTEC 公司）的产品被列入美国国防部定期发布的《QPL-AMS-2644》《QPL-MIL-I-25135》中，且在我国占有一定市场。

美国 Magnaflux 公司与日本 MARKTEC 公司产品简介见表 6-13 和表 6-14。

表 6-13 美国 **Magnaflux** 公司渗透液产品简介

水洗型荧光渗透液（方法 A）	ZL-15B	1/2 级	很低灵敏度
	ZL-19	1 级	低灵敏度
	ZL-60D	2 级	中灵敏度
	ZL-67	3 级	高灵敏度
	ZL-56	4 级	超高灵敏度
亲油（亲水）后乳化型荧光渗透液（方法 B、C 和 D）	ZL-2C	2 级	中灵敏度
	ZL-27A	3 级	高灵敏度
	ZL-37	4 级	超高灵敏度
水基荧光渗透液（方法 A）	ZL-5C	用于塑料、陶瓷等试件的表面缺陷检测	
着色渗透液	SKL-SP1	溶剂去除型着色渗透液	
	SKL-WP	水基着色渗透液	
	SKL-5C	水基荧光/着色两用渗透液	
乳化剂	ZR-10B	方法 D，亲水型，浓度为 20%	
	ZE-5R	方法 B，亲油型	
清洗/去除剂	SKC-S	不含氯、易燃	
	SKC-HF	高闪点、低气味	
显像剂	SKD-S2	溶剂悬浮显像剂	
	ZP-5B	水悬浮显像剂	
	ZP-4A	干粉显像剂	

表 6-14　日本 MARKTEC 公司荧光渗透液产品简介

水洗型 荧光渗透液 （方法 A）	P-100（荧光渗透液）	1/2 级	很低灵敏度
	P-110（荧光渗透液）	1 级	低灵敏度
	P-120（荧光渗透液）/121（荧光渗透液）/122（荧光渗透液）	2 级	中灵敏度
	P-130（荧光渗透液）/131（荧光渗透液）/140E（荧光渗透液）	3 级	高灵敏度
	P-141（荧光渗透液）/141E（荧光渗透液）	4 级	超高灵敏度
后乳化型 荧光渗透液 （方法 B、 C、D）	P-210（荧光渗透液）/Z400（乳化剂）	1 级	低灵敏度
	P-220（荧光渗透液）/Z400（乳化剂）	2 级	中灵敏度
	P-230（荧光渗透液）/Z400（乳化剂）	3 级	高灵敏度
	P-240（荧光渗透液）/Z400（乳化剂）	4 级	超高灵敏度

6.7.2　国内渗透检测材料简介

1. 国内着色渗透检测材料

国内部分着色渗透检测材料厂商产品见表 6-15。

表 6-15　国内部分着色渗透检测材料厂商产品

型　号	厂　商	特　征
金盾牌 SM-1	上海材料研究所	溶剂去除型
大铜锣 DPT-5	上海诚友实业集团有限公司	溶剂去除型、可水洗、通用型
大铜锣 DPT-GW	上海诚友实业集团有限公司	高温：50~200℃
大铜锣 DPT-DW	上海诚友实业集团有限公司	低温：-10~30℃
大铜锣 DPT/WU-T	上海诚友实业集团有限公司	核级：低氟、低氯、低硫核
金晴牌 GE 国际级	上海日用化学制罐厂	溶剂去除型
船牌 HD-G 核工业级	上海沪东造船厂探伤剂分厂	溶剂去除型

2. 国内荧光渗透检测材料

北京德高航空检测材料有限责任公司的荧光渗透检测材料见表 6-16。上海新美达探伤器材有限公司的荧光渗透检测材料见表 6-17。

表 6-16　北京德高航空检测材料有限责任公司的荧光渗透检测材料

可水洗型 荧光渗透液 （方法 A）	ZY11D、ZY11	1 级	低灵敏度
	ZY21、ZY21D	2 级	中灵敏度
	ZY31、ZY31D	3 级	高灵敏度
	ZY51D	4 级	超高灵敏度

（续）

后乳化型 荧光渗透液 （方法 D）	HY11D	1级	低灵敏度
	HY21D	2级	中灵敏度
	HY31，HY31D	3级	高灵敏度
	HY51D	4级	超高灵敏度
乳化剂	QY31	方法 D	亲水型
显像剂	DG-1、DG-2	形式 a	干粉显像剂

表 6-17 上海新美达探伤器材有限公司的荧光渗透检测材料

可水洗型 荧光渗透液 （方法 A）	CY-3900E	2级	中灵敏度
	CY-3700E	3级	高灵敏度
	CY-3500E	4级	超高灵敏度
后乳化型 荧光渗透液 （方法 D）	CY-3900P	2级	中灵敏度
	CY-3700P	3级	高灵敏度
	CY-3500P	4级	超高灵敏度
乳化剂	CY-3900R	方法 D	亲水型
显像剂	FP-1DG	形式 a	干粉显像剂

复 习 题

说明：题号前带 * 号的为 II 级人员需要掌握的内容，对 I 级人员不要求掌握；不带 * 号的为 I、II 级人员都要掌握的内容。

一、是非题（在括号内，正确画○，错误画×）

*1. 水基着色渗透液是一种水洗型着色渗透液。（　　）

*2. 干粉显像剂用于荧光渗透检测法，一般不用于着色渗透检测法。（　　）

*3. 自显像是渗出的渗透液形成缺陷迹痕显示。（　　）

*4. 荧光渗透液黑点直径越大，临界厚度越大，则发光强度越高。（　　）

5. 溶剂有两个主要作用：一是溶解染料，二是起渗透作用。（　　）

6. 荧光着色液是将荧光染料和着色染料溶解在溶剂中配制而成的。（　　）

*7. 乳化剂的黏度对渗透液的乳化时间有直接影响。（　　）

*8. 从安全的角度出发，必须考虑乳化剂的闪点与挥发性。（　　）

9. 乳化剂的黏度越高，扩散到渗透液中去的速度越快，乳化速度越快。（　　）

*10. 各类湿式显像剂都是悬浮液。（　　）

*11. 干粉显像剂最适用于粗糙表面零件的着色探伤。（　　）

*12. 荧光渗透液和溶剂悬浮显像剂都是溶液。（　　）

*13. 水悬浮湿式显像剂有可能对铝零件产生腐蚀点。（　　）

14. 就显像方法而论，溶剂悬浮湿式显像剂的灵敏度较高。（　　）

二、**选择题**（将正确答案填在括号内）

*1. 下列哪些元素是引起镍基合金热腐蚀的有害元素？ （　　）
    A. 硫　　　　　　B. 氟、氯　　　　　C. 氧、氮　　　　　D. 氢

*2. 关于渗透检测材料，下列哪些论述是正确的？ （　　）
    A. 水洗型渗透液是溶液　　　　　　B. 亲水后乳化型渗透液是悬浮液
    C. 溶剂悬浮显像剂是溶液　　　　　D. 水溶型显像剂是溶液

*3. 决定渗透液渗透能力的重要参数是什么？ （　　）
    A. 表面张力和黏度　　　　　　　　B. 黏度和接触角的余弦
    C. 密度和接触角的余弦　　　　　　D. 表面张力和接触角的余弦

*4. 下列哪种材料比较适合使用过滤型微粒渗透液检查？ （　　）
    A. 铝、镍及其合金　　　　　　　　B. 塑料、橡胶
    C. 石墨、陶土制品　　　　　　　　D. 粉末冶金材料

5. 下列哪种方法可用于评定渗透液的性能？ （　　）
    A. 测定渗透液的表面张力　　　　　B. 测定渗透液的黏度
    C. 测定渗透液的接触角　　　　　　D. 用 A 型试块进行综合评定

6. 后乳化型渗透液中一般也含有表面活性剂，它的作用是什么？ （　　）
    A. 乳化作用　　　　　　　　　　　B. 润湿作用
    C. 渗透作用　　　　　　　　　　　D. 化学作用

*7. 渗透液挥发性太高，容易出现什么不利于渗透检测的现象？ （　　）
    A. 渗透液易干涸在受检试件表面　　B. 可提高渗透检测速度
    C. 渗透液易干涸在缺陷中　　　　　D. 可提高渗透清洗效果

*8. "干式""速干式"和"湿式"等术语是说明什么类型的渗透检测材料？ （　　）
    A. 乳化剂　　　　B. 清洗剂　　　　　C. 显像剂　　　　　D. 渗透剂

*9. 下列哪些物质会污染干粉显像剂？ （　　）
    A. 受检零件带来的水分　　　　　　B. 受检零件带进的油污
    C. 干燥零件时的荧光渗透液斑点　　D. 擦拭受检零件的有机溶剂

10. 下列哪种显像剂不能在水洗型渗透检测系统中使用？ （　　）
    A. 干粉显像剂　　　　　　　　　　B. 塑料薄膜显像剂
    C. 溶剂悬浮显像剂　　　　　　　　D. 水溶性显像剂

*11. 后清洗时，下列哪种显像剂最容易去除掉？ （　　）
    A. 溶剂悬浮显像剂　　　　　　　　B. 水悬浮显像剂
    C. 干粉显像剂　　　　　　　　　　D. 塑料薄膜显像剂

*12. 关于显像剂的功能，下列哪种论述是正确的？ （　　）
    A. 将不连续性中渗出的渗透液吸出　B. 遮住不相关的显示
    C. 干燥零件表面　　　　　　　　　D. 提供一个反差背景

13. 下列哪种试验能够反映出乳化剂的综合性能？ （　　）
    A. 水溶性试验　　　　　　　　　　B. 容水量试验
    C. 水洗性试验　　　　　　　　　　D. 黏度测定

14. 着色渗透液中的红色染料应具有什么性能？ （　　）

A. 色泽鲜艳   B. 与荧光渗透液灵敏度相等

C. 容易溶解在溶剂中   D. 不与溶剂起化学反应

*15. 乳化剂应具有哪些综合性能？ （ ）

    A. 乳化效果好   B. 颜色与渗透液有明显区别

    C. 抗污染能力强   D. 黏度与浓度不受限制

*16. 着色渗透检测时，受检试件表面缺陷迹痕是如何显示的？ （ ）

    A. 白色背景上显示鲜艳红色   B. 灰色背景上显示红色

    C. 粉红色背景上显示鲜艳红色   D. 粉红色背景上显示微弱蓝光

17. 水悬浮湿式显像剂呈弱碱性，下列哪类受检试件需要考虑腐蚀问题？ （ ）

    A. 钛及钛合金   B. 铝及铝合金

    C. 碳钢和低合金钢   D. 铜及铜合金

*18. 渗透检测材料的同族组是指什么？ （ ）

    A. 渗透检测材料必须相互兼容   B. 相同厂家提供的产品

    C. 相同厂家提供的相同系列产品   D. 如确需混用，则必须经过验证

*19. 下列哪些预处理材料均不可用作后处理材料？ （ ）

    A. 洗涤剂   B. 碱洗液

    C. 酸洗液   D. 有机溶剂

*20. 如果显像剂的润湿能力差，会出现哪些现象？ （ ）

    A. 流痕现象   B. 剥落现象

    C. 卷曲现象   D. 吸附良好现象

21. 下列哪些显像剂不适合与水洗型着色渗透液配合使用？ （ ）

    A. 干式显像剂   B. 溶剂悬浮显像剂

    C. 水悬浮显像剂   D. 水溶性显像剂

*22. 荧光渗透检测时，受检试件表面缺陷迹痕是如何显示的？ （ ）

    A. 灰色背景上显示黄绿色光

    B. 白色背景上显示明亮黄绿光

    C. 深紫蓝色背景上缺陷部分显示明亮黄绿光

    D. 由于是暗视场显像，所以无缺陷区域呈黑色

23. 关于渗透液的安全使用，下列论述哪些是错误的？ （ ）

    A. 燃点高于闪点，闪点高的燃点也高

    B. 闪点越高，则越安全

    C. 渗透检测中常采用闭口闪点

    D. 渗透检测中常采用开口闪点

24. 渗透液中的溶剂应具有哪些性能？ （ ）

    A. 对染料有较大的溶解度

    B. 能较好地渗入试件表面缺陷中

    C. 黏度高、表面张力大

    D. 闪点高、挥发性好

25. 下列关于优质渗透液润湿能力的论述，哪项是正确的？ （ ）

A. 用接触角度量，与表面张力无关

B. 是黏度的函数，并随表面张力的减小而增大

C. 用接触角度量，与表面张力相关

D. 是密度的函数，并随接触角的增大而减小

三、问答题

*1. 优质渗透液应具备哪些主要综合性能？

2. 简述不同灵敏度级别的水洗型荧光渗透液的主要用途。

3. 简述不同灵敏度级别的后乳化型荧光渗透液的主要用途。

4. 简述溶剂去除型着色渗透液的主要用途。

*5. 乳化剂应具备哪些基本性能？它们分为哪两类？使用时应注意哪些问题？

*6. 简述干粉显像剂、溶剂悬浮显像剂的主要组成成分、特征及适用范围。

*7. 什么叫渗透检测材料的同族组？它的意义是什么？

*8. 指出下列国外渗透检测材料的名称及特点：ZP-5B、ZL-15B 、ZL-19、ZL-27A、ZL-37、ZL-56、ZL-60D、ZL-67、SKC-S、SKC-HF、SKD-S2、ZP-5B。

9. 指出下列国内渗透检测材料的名称及特点：ZY11、ZY21D、ZY31、ZY51D、HY11D、HY21D、HY31、HY51D、QY31、DG-1、DG-2、SM-1、DPT-5、DPT-5A、HD-G。

复习题参考答案

一、是非题

1. ○；2. ○；3. ○；4. ×；5. ○；6. ×；7. ○；8. ○；9. ×；10. ×；11. ×；12. ×；13. ○；14. ○。

二、选择题

1. A；2. A、D；3. D；4. C、D；5. D；6. B；7. A、C；8. C；9. A、B、C；10. D；11. C；12. A、D；13. C；14. A、C、D；15. A、B、C ；16. A；17. B；18. A、C、D；19. B、C；20. A、B、C；21. A、C、D；22. C；23. D；24. A、B；25. C。

三、问答题

（略）

第7章 渗透检测设备和仪器

7.1 便携式渗透检测装置

1. 便携式装置的构成

便携式装置主要是指便携式压力喷罐，它通常是由渗透液喷罐、清洗/去除剂喷罐、溶剂悬浮显像剂喷罐及擦布（纸巾）、灯、毛刷、金属刷等组成。通常将它们装在小箱子里，这就是便携式渗透检测箱。

如果使用荧光渗透检测法，则所带的灯应是黑光灯；如果使用着色渗透检测法，则所带的灯应是普通照明灯。对于现场检测和大试件的局部检测，采用便携式装置非常方便。

2. 压力喷罐的结构

压力喷罐一般由渗透检测剂的盛装容器和喷射机构两部分组成。盛装容器内装有渗透检测剂和气雾剂。气雾剂采用氟利昂或乙烷等，通常在液态时装入渗透检测剂的盛装容器内，常温下汽化，形成高压。使用时只要按下压力喷罐头部的阀门，渗透检测剂就会以雾状从喷嘴自动喷出。

常用内压式渗透检测（渗透液、清洗/去除剂、溶剂悬浮湿式显像剂）压力喷罐的结构如图 7-1 所示。

压力喷罐内的压力因渗透检测剂和温度不同而异，温度越高，压力越高。40℃左右时可产生 0.29~0.49MPa 的压力，如图 7-2 所示。

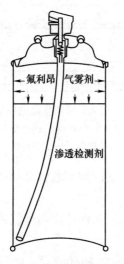

图 7-1 内压式渗透检测压力喷罐

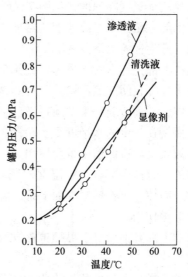

图 7-2 喷罐内压力和温度的关系

压力喷罐内盛装溶剂悬浮显像剂或水悬浮显像剂时，罐内均有数个弹珠。使用前，应充分摇晃弹珠，通过弹珠的充分运动，使沉淀下来的显像剂固体粉末重新悬浮起来，重新呈细微颗粒均匀分布状态。这样喷射出来的显像剂液体才能成为雾状，才能在受检试件表面形成显像剂均匀薄层。

3. 使用压力喷罐时的注意事项

1）喷嘴应与受检试件表面保持一定距离。这是因为渗透检测剂材料刚从喷嘴喷出时，由于气流集中，使喷出的渗透检测剂呈液滴状，还未形成雾状，如果离得太近，会使渗透检测剂施加得不均匀。

2）因喷罐内的压力随温度的升高而增大，故喷罐不得放在靠近火源、热源处，以免受热后罐内压力过高而引起爆炸。特别是使用石油液化气（如乙烷）作为气雾剂的喷罐，切忌接近火源，以免引起火灾。

3）空的喷罐需遗弃时，应先破坏其密封性，然后方可遗弃。

7.2　固定式渗透检测设备

当工作场所的流动性不大、试件数量较多、要求布置流水作业线时，一般采用固定式检测设备，所采用的主要方法是水洗型或后乳化型渗透检测方法。固定式渗透检测设备主要包括预清洗装置、渗透装置、乳化装置、显像装置、干燥装置和后处理装置。

7.2.1　三氯乙烯蒸气除油槽

常用的预清洗装置有三氯乙烯蒸气除油槽、碱性或酸性清洗槽、超声波清洗装置、洗涤槽和喷枪等，这些装置大多比较简单。现仅介绍三氯乙烯蒸气除油槽，如图7-3所示。

槽中的三氯乙烯溶液被加热器加热至87℃时沸腾，产生三氯乙烯蒸气。

槽的上部是蛇形管冷凝器，蛇形管内不断地通冷水冷却，使三氯乙烯蒸气在冷凝器上冷凝成液体，从而保证三氯乙烯蒸气不再上升，并使其保持在一定的水平面上。冷凝的三氯乙烯液体被收集后流回槽中重复使用。

槽的上部内侧装有一个温度控制器，如果

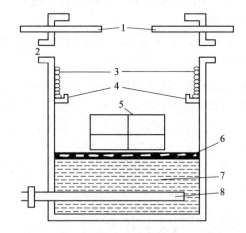

图7-3　三氯乙烯蒸气除油槽原理图
1—滑动盖板　2—抽风口　3—冷凝管　4—冷凝集液槽
5—零件筐　6—栅格　7—三氯乙烯　8—加热器

因某种原因使三氯乙烯蒸气面上升，温度就会升高，此时，温度控制器将自动切断电源，起到安全保护作用。

槽的上部有抽风口，可抽掉挥发到槽口的三氯乙烯蒸气。为保持槽内蒸气稳定，抽风速度不宜太快。

三氯乙烯是一种无色、透明的中性有机化学溶剂，其沸点为86.7℃，比汽油溶油能力强，蒸气密度可达4.54g/L，容易形成蒸气区。三氯乙烯蒸气除油操作十分方便，只需将受检试件放入蒸气区中，蒸气便迅速在受检试件表面冷凝，而将受检试件表面的油污溶解掉。除油过程中，受检试件表面温度不断上升，当达到蒸气温度时，除油就结束了。

7.2.2 渗透液施加装置

渗透液施加装置（简称渗透装置）主要包括渗透液槽、滴落架、试件筐和喷枪等。

渗透液槽用铝合金或不锈钢薄板制成。设计时，应考虑必须能放置最大试件，具有足够的空间和深度；正常液面高度还应考虑到试件浸入槽中以后能被完全浸没，而又不使渗透液外溢；有的渗透液槽下部还应装有2个阀门，一个用于排液，另一个用于排渣。

滴落架大多直接装在渗透液槽上，与渗透液槽制成一体，如图7-4所示。这种结构可使从滴落架上滴落的渗透液直接流回渗透液槽中。对那些不能直接浸涂的试件，这种滴落架还能为试件的流涂或喷涂提供一个操作位置。为便于流涂或喷涂操作，最好在渗透液槽中加装一个小泵，并在泵上安装软管喷嘴。在寒冷地区，渗透液槽还应备有加热装置，必要时可对渗透液加温。

7.2.3 乳化剂施加装置

乳化剂施加装置（简称乳化装置）与渗透装置相似。乳化装置中一般需安装搅拌器，以便定期或不定期对乳化剂进行搅拌。搅拌器可采用泵式或浆式，最好采用浆式。通常不宜采用压缩空气搅拌，因为采用压缩空气搅拌时，会伴随产生大量的乳化剂泡沫，影响操作者的视线。

7.2.4 水洗装置

常用的水洗装置有搅拌水槽和喷枪等。图7-5所示的压缩空气搅拌水槽用普通钢板或不

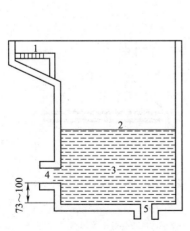

图7-4 带滴落架的渗透液槽

1—滴落架 2—正常液面标记 3—渗透液
4—排液口 5—排渣口

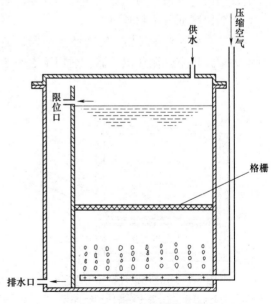

图7-5 压缩空气搅拌水槽

115

锈钢板焊接而成，压缩空气通过水平安放、其上钻孔的管子进入槽底，槽中水温控制在10~40℃，水压不超过0.27MPa。工作时，脏水自水槽上方的限位口溢流排出。

喷洗槽喷嘴安装在槽的所有侧面，形成扇形喷射，喷嘴的角度可以调节，喷洗后的水从槽底部的排水口流出，或者流入净化装置循环使用。水的净化装置可采用活性炭过滤器等。

手工喷洗时，用喷枪将水喷至试件上，一般是将试件放于槽内清洗；槽底装有格栅以支承试件，可以用挡板挡住飞溅的水。水温和水压的控制流程如图7-6所示。

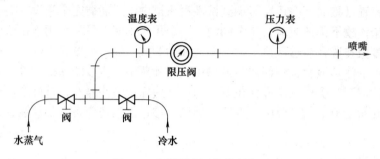

图7-6　水温和水压的控制流程

清洗用水应该保持恒温和恒压。手工操作混合阀，也要能控制清洗用水的水温及水压。热水和冷水应分别使用各自的阀门。在混合阀后面，应依次设置水温指示器、压力调节器和压力指示器。压力指示器应与一个三通管相连接，该三通管每一端应各自安装一个至少长250mm的直管，用压力调节器将压力调节到清洗用水完全打开时能达到0.2~0.3MPa即可。

7.2.5　干燥装置

常用的干燥装置为热空气循环干燥器，它是由加热器、循环风扇和恒温控制系统等组成的。干燥温度通常不超过70℃。

图7-7所示为井式热空气循环干燥器，适用于由起重机吊运试件的检测流水线。图7-8所示为罩式热空气循环烘干器，适用于由滚道传送试件的检测流水线。

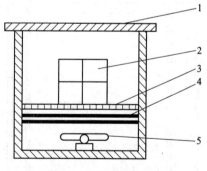

图7-7　井式热空气循环干燥器
1—盖板　2—被干燥零件　3—格栅
4—加热器　5—电风扇

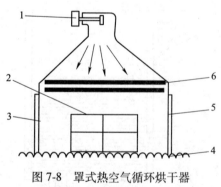

图7-8　罩式热空气循环烘干器
1—鼓风机　2—被干燥零件　3—零件入口
4—传送道　5—零件出口　6—加热器

7.2.6　显像剂施加装置

显像剂施加装置（简称显像装置）分为湿式和干式两大类。

1. 湿式显像装置

湿式显像装置的结构与渗透液槽相似，也是由槽体和滴落架组成的。

湿式显像装置（槽）中安装有浆式搅拌器，用于进行不定期的搅拌；压缩空气搅拌会产生气泡和泡沫，故不推荐使用。

有的湿式显像装置（槽）中还装有加热器和恒温控制器。

2. 干式显像装置

干式显像装置有喷粉柜和喷粉槽等。喷粉柜的结构如图 7-9 所示。

柜底部为锥形，内盛显像粉。加热器使柜中的显像粉末保持干燥、松散的状态。

柜下部的压缩空气管下方钻有小孔，当通入压缩空气时，压缩空气将显像粉吹扬起来形成雾状，充满密封柜的全部空间，进而飘扬到受检试件上，完成显像过程。

柜上部的压缩空气管下方也钻有小孔，当通入少量压缩空气时，压缩空气将把受检试件上多余的显像粉吹落下来。

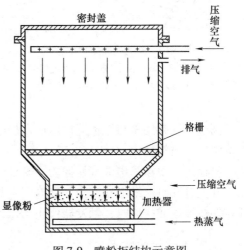

图 7-9　喷粉柜结构示意图

柜内装有支承试件的格栅。密封盖下方和喷粉柜槽边贴有一层海绵或泡沫塑料，当盖板盖上时，盖板本身的重量将槽口密封住。

7.2.7　静电喷涂装置

1. 静电喷涂原理

检测大型试件时，常采用静电喷涂装置。静电喷涂的原理：喷涂渗透液或显像剂的喷枪（或喷嘴）接负极，试件接正极并接地作为阳极，施加 $60 \sim 100kV$ 的负电压。喷枪（或喷嘴）的端部与试件之间将形成一个静电场，使渗透液和显像剂带负电，在高压静电发生器的高电压作用下，由于静电吸引，使渗透液和显像剂吸附在试件上。工作时，静电喷涂的渗透液或显像剂微粒所受到的电场力与静电场的电压和微粒的带电量成正比，而与喷枪和试件间的距离成反比，如图 7-10 所示。

2. 静电喷涂装置的结构

静电喷涂装置如图 7-11 所示，它由高压发生器、高压空气泵、粉末漏斗柜、喷枪（包括渗透液喷枪和显像剂喷枪）等组成。

高压发生器的作用是供给渗透液或显像剂喷枪的负高压。发生器中装有过电流自动保护装置，发生过电流时，保护装置能自动断电。

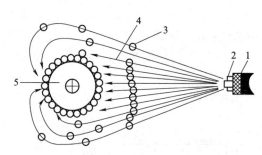

图 7-10　静电喷涂原理示意图
1—喷枪头　2—特殊电极　3—负电离子
4—静电场区　5—正极接地试件

图 7-11　静电喷涂装置

高压空气泵用来将渗透液加压送入静电喷枪中进行喷涂。粉末漏斗柜用来将显像粉压入喷枪中进行喷粉显像。

喷枪用于喷涂渗透液或显像粉。喷枪柄上装有低压开关，与静电发生器上的继电器相连接，开关打开时，继电器工作，静电产生并达到喷枪头部。枪柄上还装有触发安全锁，以保证在偶然掉落或碰撞时，触发器停止工作，使渗透液或显像剂不会喷射出来。

3. 静电喷涂的特点

静电喷涂可使渗透液或显像剂均匀地分布在试件表面上，并增加它们对试件表面的附着力，故检测灵敏度可相应提高。静电喷涂时，检测材料的用量少，喷射量中有 70% 以上的渗透检测材料都能够洒落在试件上；如果喷涂速度调节得当，则很少有液滴或粉末飞出静电场。这样，可节约大量渗透检测材料，也可减少环境污染，保持工作场所清洁。

静电喷涂往往在现场操作，不需要移动试件，也不需要渗透液槽、显像粉柜等一系列的容器，渗透、水洗、显像和检查等各道工序均在同一地点进行，故占地面积小。

7.2.8　检验暗室

采用荧光渗透检测法时，必须有暗室。暗室内应装有标准的黑光光源，还应备有黑光光源内窥镜，以便于检查试件的深孔位置。暗室内还应配备白光照明装置，用于一般照明和白光下的缺陷评定。

7.2.9　渗透检测废液处理装置

渗透检测过程中产生的废液，包括废弃的渗透液、乳化剂、去除剂及显像剂等，都必须经过处理，满足国家（或地方）有关的污水排放标准后，才能排放。故必须建立相应的废液处理设备。污染物的处理方法较多，技术也较复杂。

7.3 渗透检测成套设备

根据受检试件对检测灵敏度的要求，以及受检试件的大小、数量和现场的情况，安排渗透检测工艺路线。将渗透检测的各种分离装置合理地排列起来，组成一个整体，即构成渗透检测成套设备，也称渗透检测流水线。

成套设备占地面积小，各部分连接紧凑，既适用于中小型试件的连续大批量渗透检测，也适于大型试件的检测，还便于进行自动检测，达到高效的目的。

渗透检测流水线的形式是多种多样的，如"一"字形、"L"形、"U"形等。"U"形渗透检测流水线如图7-12所示。

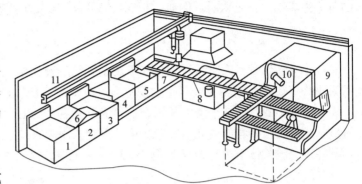

图7-12 "U"形渗透检测流水线示意图

1—渗透槽 2—滴落槽 3—乳化槽 4—水洗槽 5—液体显像槽
6、7—滴落板 8—传输带 9—观察室 10—黑光灯 11—吊轨

7.4 渗透检测照明装置

7.4.1 光源及其分类

发光的物体称为光源，也称发光体。按不同方式分类，光源可有很多种。

（1）按光的激发方式分 光源分为热光源和冷光源。利用热能激发的光源称为热光源，如白炽灯。利用化学能、电能或光能激发的光源称为冷光源，如荧光及磷光。

（2）按激发光的来源分 光源分为场致发光、光致发光和射线致发光。激发光源来自外加电场时，称为场致发光。激发光源来自紫外线时、可见光或红外线时，称为光致发光。激发光源来白X射线或γ射线时，称为射线致发光。

（3）按高能态向低能态跃迁的形式分 光源分为自发辐射光源和受激辐射光源等。日常遇到的光源，如白炽灯、霓虹灯、荧光灯、高压水银灯等都是自发辐射光源。而激光是受激辐射光源，它与绝大多数发光系统的常规激发发光是不同的。

7.4.2 光致发光

1. 光致发光的原理

如前所述，许多在白光下不发光的物质，在紫外线照射下能够发光，这种被紫外线激发而发光的现象，称为光致发光。能产生光致发光现象的物质，称为光致发光物质。

光致发光物质通常分为两类：一类是磷光物质，另一类是荧光物质。两者的区别在于：

在外界光源停止照射后仍能持续发光的，称为磷光物质；在外界光源停止照射后立刻停止发光的，称为荧光物质。

荧光渗透液中的荧光染料属于荧光物质，它能吸收紫外线的能量，发出荧光。不同的荧光物质发出的荧光颜色不同，波长也不同，它们的波长一般在510～550nm范围内。

因为人眼对黄绿色光较为敏感，故在荧光渗透检测中，常使用能发出波长为550nm左右的黄绿色荧光的荧光物质。例如，YJP-1、YJP-15等荧光染料就属于这类物质。

2. 可见光和紫外线

着色渗透检测时，人眼可在白色光下观察到缺陷迹痕显示。白色光也称可见光，其波长范围为400～760nm，可由荧光灯、白炽灯、LED灯或高压汞灯等得到。

荧光渗透检测时，缺陷迹痕显示在白色光下是看不到的，只有在紫外线的照射下，缺陷迹痕显示才会发出明亮的荧光，在暗场中才能被人眼观察到。

紫外线的波长位于可见光和X射线之间，在电磁波谱图中的位置如图7-13所示。

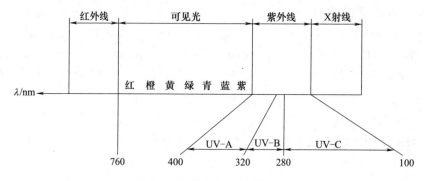

图7-13　紫外线电磁波谱图

紫外线是一种波长比可见光短的不可见光，也称黑光，波长范围为100～400nm。国际照明委员会把紫外线的频谱范围分类如下。

UV-A：波长为315～400nm，又称黑光或长波紫外线。其波长最长、能量最低，占有自然界紫外线的最大份额。由于UV-A能引起皮肤的色素沉淀产生黑斑，故又称致黑斑紫外线。

UV-B：波长为280～315nm，又称中波紫外线或红斑紫外线。UV-B具有使皮肤变红的作用，还可引起晒斑和雪盲，不能用于荧光渗透检测。部分UV-B可被大气臭氧层吸收。

UV-C：波长为100～280nm，又称短波紫外线。UV-C具有光化和杀菌作用，能引起猛烈的燃烧，还会伤害眼睛，也不能用于荧光渗透检测，医院使用UV-C紫外线来杀菌。UV-C全部被大气层吸收。

真空紫外线：波长为20～100nm，无法进入大气层，存在于太空中。

荧光渗透检测所用的紫外线波长在330～390nm范围内，其中心波长约为365nm，属于黑光，即UV-A。荧光渗透检测所用的紫外线灯也称黑光灯。

7.4.3　白光灯

白光灯是着色渗透检测必备的照明装置，常用的有白炽灯、荧光灯、LED灯等。着色渗透检测所用白光灯，在受检试件表面上的白光照度应不低于 1000Lx。

发光二极管（LED）是一种能够将电能直接转化为可见光的半导体器件，其核心是一个半导体晶片，晶片的一端附在一个支架上，是负极，另一端连接电源的正极，整个晶片被环氧树脂封装起来。

LED 灯的优点是节能、寿命长、价格低廉等，其能耗是普通白炽灯的 1/10、是节能灯的 1/4，寿命可以达到 10 万 h。

7.4.4　黑光灯

荧光渗透检测所用黑光灯主要有高压汞黑光灯及 LED 黑光灯两大类。LED 黑光灯属于冷光源，高压汞黑光灯属于热光源。它们能使荧光渗透液中的染料发光而不使暗区产生光亮。

荧光渗透液中的染料吸收波长为 365nm 的紫外线，经染料分子转换后，发射出黄绿色的可见光（波长为 550~570nm）。

荧光渗透检测所用黑光灯的波长为 320~400nm，峰值波长为 365nm。荧光渗透检测工艺要求：距黑光灯滤光片 380mm 处的黑光辐射照度应不低于 $1000\mu W/cm^2$。荧光渗透自显像工艺要求：距黑光灯滤光片 160mm 处的黑光辐射照度应不低于 $3000\mu W/cm^2$。

1. 高压汞黑光灯

由于环保和节能的要求，现在高压汞黑光灯已不再生产，但仍有检测单位在使用，因此这里仅做简要介绍。

高压汞黑光灯（图 7-14）由高压汞蒸气弧光灯、紫外线滤光片（或称黑光滤光片）和镇流器所组成。其中高压汞蒸气弧光灯的结构如图 7-15 所示。

a) 便携式

b) 大面积照射

图 7-14　各种高压汞黑光灯

灯内的石英管中充有汞和氖气，管内有两个主电极和一个辅助电极，辅助电极与其中一个主电极靠得很近。开始通电时，主电极与辅助电极首先通过氖气产生电极放电；由于限流电阻的作用，使放电电流相当小，但却足以使管内的汞蒸发。汞蒸气使两主电极之间产生电弧放电，黑光灯开始点亮。此时，放电电压不稳定，一般要经过 5~10min 后，电压才能稳定，管内汞蒸气压力可高达 0.4~0.5MPa。所以高压汞蒸气灯的"高压"不是指电源电压高，而是指管内汞蒸气压力较高。

　　高压汞蒸气弧光灯输出的光谱范围很宽，如图7-16所示。光谱中，除黑光外，还有可见光和红外线。波长大于390nm的可见光会在受检试件上产生不良衬底，330nm以下的短波紫外线会伤害人的眼睛。荧光渗透检测需要中心波长为365nm的黑光。故需选择合适的滤光片，以滤去波长过短或过长的光线。

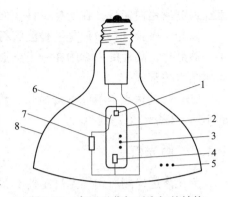

图 7-15　高压汞蒸气弧光灯的结构
1、4—主电极　2—石英管　3—汞和氖蒸气
5—抽真空（或充氮或惰性气体）
6—辅助电极　7—阻流电阻　8—玻璃外壳

　　滤光片材料是深紫色耐热玻璃。典型的 KOPP41 滤光片透射特性如图 7-17 所示，这种滤光片仅允许波长为 330~390nm 的黑光通过，而不让其他波长的光线通过，且所通过黑光的波长主峰为 365nm。黑光灯的外壳直接用深紫色耐热玻璃制成，起到滤光片的作用。

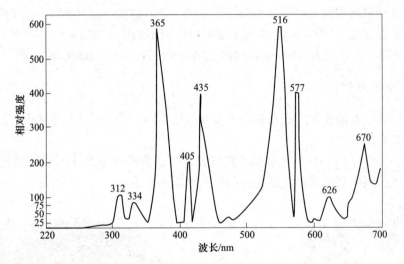

图 7-16　高压汞蒸气弧光灯输出光谱

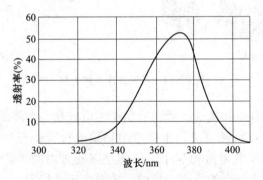

图 7-17　典型的 KOPP41 滤光片的透射特性

黑光灯需与镇流器串接才能使用，具体的接线方法如图7-18所示。镇流器是由铁芯和绕在上面的线圈组成的。在主、辅电极放电和两主电极放电时，它都起阻止电流增大的作用，使放电电流趋于稳定，保护黑光灯不致过载。在由主、辅电极放电转为两主电极放电的一瞬间，主、辅电极断电，在镇流器上产生一个阻止电流减小的趋势，这个反向电压加到电源电压上，使两主电极之间的放电电压高于电源电压，有助于高压汞蒸气弧光灯的点亮。

2. 使用高压汞黑光灯时应注意的事项

1）尽量减少不必要的开关次数。每断电一次，黑光灯的寿命大约缩短3h。通常每个班只开关一次，即黑光灯开启后，直到本班不再使用时才关闭。黑光灯点燃并稳定工作后，石英管中的汞蒸气压力很高。在这种状态下关闭电源，在断电瞬间，镇流器上产生一个阻止电流减小的反电动势；这个反电动势加到电源电压上，使两主电极之间的电压高于电源电压。将会造成高压汞蒸气弧光灯处于瞬时击穿状态，从而减少黑光灯的使用寿命。

2）在使用过程中，黑光灯的辐射照度会不断降低，必须进行定期校验。

3）同一工厂生产的黑光灯，输出功率之差可高达50%。

4）黑光灯所输出的功率与所施加的电压成正比，如图7-19所示。

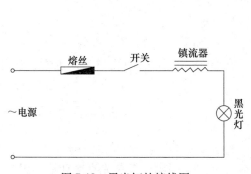

图7-18　黑光灯的接线图

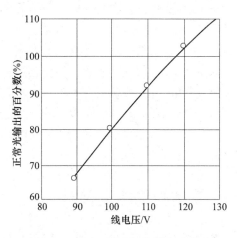

图7-19　100W黑光灯的输出功率随
电压的改变而变化的曲线

5）黑光灯上集积的灰尘将严重地降低黑光灯的输出功率。

6）黑光灯的使用电压超过额定电压时，其寿命会下降。例如额定电压为110V的黑光灯，当电压增加到125~130V时，每点亮1h，寿命会减少48h。

3. LED黑光灯

图7-20所示为大面积照射LED黑光灯。图7-21所示的筒式LED黑光灯适用于零件内孔、容器及管道内壁的检测。

LED黑光灯可配置一个或多个LED灯组，以实现多种照射形态。其设计灵活多样，可用于近距离照射检测和一般用途，也可以用于覆盖大面积照射区域的大型检测。可使用市电交流电源、电池、充电电池等为LED黑光灯供电。

图 7-20　大面积照射 LED 黑光灯

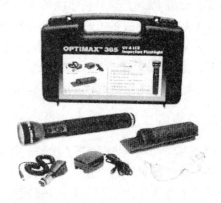

图 7-21　筒式 LED 黑光灯

LED 黑光灯为新型紫外线光源，与高压汞黑光灯等传统紫外线光源相比具有强大的优势，正在逐步取代高压汞黑光灯。其主要特点如下：

1）LED 黑光灯的使用寿命长，超过 20000h，且开闭次数不影响使用寿命。

2）光谱集中纯正，UV-A 占所有光输出的 98% 以上，没有高压汞黑光灯所附带的红外辐射光谱，也不含 UV-B 和 UV-C 成分。

3）主波峰狭窄单一，90% 以上的光输出集中在主波峰附近 ±10nm 范围内。

4）体积小，仅为 $0.1cm^3$，能随意组装成各种形式的灯阵，应用于不同需求。

5）瞬间出光，不需要预热时间，响应时间为微秒级。

6）直流低压驱动，一节充电电池可连续使用 2h，适用于便携式 UV 设备。

7）工作时不会发热，因此灯壳可密封，即使在潮湿、肮脏的环境中工作也不会损坏；不含汞，无重金属污染。

7.5　渗透检测测量仪器

渗透检测常用的测量仪器主要有黑光辐射照度计、白光照度计及荧光亮度计等。黑光辐射照度计和白光照度计如图 7-22 所示。

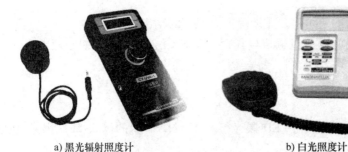

a) 黑光辐射照度计　　　　　　　　b) 白光照度计

图 7-22　黑光辐射照度计和白光照度计

应该指出，作为无损检测单位，应用荧光渗透检测法时，白光照度计和黑光辐射照度计是必备的检测测量仪器；应用着色渗透检测法时，白光照度计是必备的检测测量仪器。

7.5.1 黑光辐射照度计

黑光辐射照度计用于校验黑光光源性能和测定受检试件表面的黑光辐射照度。

在荧光渗透检测操作过程中和观察缺陷迹痕显示时，试件表面需要具有一定的黑光辐射照度，这是评定缺陷迹痕显示的质量保证。国内外荧光渗透检测工艺方法标准对受检试件表面的黑光辐射照度都提出了不同的要求，例如，自显像荧光渗透检测时，受检试件表面的黑光辐射照度不同于一般的荧光渗透检测。

黑光辐射照度计的波长范围为 320~400nm，峰值波长为 365nm，量程上限一般不应低于 $3000\mu W/cm^2$。

7.5.2 白光照度计

白光照度计用于测定受检试件表面的白光照度值。

在着色渗透检测操作过程中和观察缺陷迹痕显示时，试件表面都需要一定的白光照度；荧光渗透检测观察缺陷迹痕显示时，则需要控制暗室中的白光照度，以提高缺陷迹痕显示可见度。

国内外渗透检测工艺方法标准对着色渗透检测受检试件表面的白光照度提出了要求，对荧光渗透检测暗室的白光照度提出了控制要求。

7.5.3 荧光亮度计

荧光亮度计（图7-23）是一种具有一定波长范围的可见光照度计。荧光亮度计的波长范围为 430~520nm，峰值波长为 500nm。

荧光亮度计主要用于比较两种荧光渗透检测材料的性能，它能提供比视觉更为准确的判定，是一种定性比较。在实际渗透检测条件下，通常不能用荧光亮度计可靠地测定实际荧光显示的亮度，因为受诸多可变因素以及检测人员精确控制这些变化的能力的影响，即使使用同样的渗透检测材料和程序，再次检测

图 7-23 荧光亮度计

相同的不连续性时，在测定荧光显示亮度时也会出现较大的差别。

7.5.4 折射计

折射计又称折射仪或折光仪，它是利用光线测试液体浓度的仪器。手持式折射计如图 7-24 所示。

折射率是物质的重要物理常数之一。许多纯物质都具有一定的折射率，如果物质中含有杂质，折射率将发生变化，出现偏差，杂质越多，偏差越大。

折射仪是通过溶液的折射率与其浓度的对应关系的换算，来测量溶液的浓度。折射仪主要由高折射率检测棱镜（铅玻璃或立方氧化锆）、棱镜反射镜、透镜、标尺（内标尺或外标尺）和目镜等组成。

折射仪的使用方法如下：

1）使用折射仪前，需要校正零点。取蒸馏水数滴，置于检测棱镜上，拧动零位调节螺钉，将分界线调至刻度0%位置。

2）打开盖板，用软布仔细擦净检测棱镜。取待测溶液数滴，置于检测棱镜上，轻轻合上盖板，避免产生气泡，使溶液遍布棱镜表面。将仪器的进光板对准光源或明亮处，通过目镜观察视场，转动目镜，调节手轮，使视场中的蓝白分界线清晰。分界线的刻度值即为溶液的浓度。

7.5.5 密度计

密度计（图7-25）是根据阿基米德定律和物体浮在液面上的平衡条件制成的，用于测定液体的密度。它是一个密闭的玻璃管，一端粗细均匀，内壁有刻度；另一端膨大呈泡状，泡里装有小铅粒或汞，使玻璃管能在被检测液体中竖直地浸入足够的深度，并能稳定地浮在液体中，即当玻璃管受到摇动时，能自动恢复成竖直的静止位置。当密度计浮在液体中时，其自身的重力与它排开的液体的重力相等，于是，在不同的液体中将浸入不同的深度。密度计就是利用这一原理进行刻度的。

图7-24 手持式折射计

图7-25 密度计

密度计的使用方法如下：

1）取玻璃容器或其他透明的容器。

2）把需要测量密度的液体倒入玻璃容器中。

3）把密度计轻轻地放置于玻璃容器的液体中。

4）待密度计稳定后，即可直接读数，如图7-26所示。

5）读取数据后，使用酒精清洗玻璃容器和密度计，放回指定位置待下次使用。

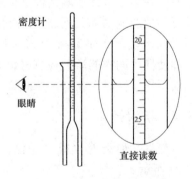

图7-26 密度计读数示意图

复 习 题

说明：题号前带＊号的为II级人员需要掌握的内容，对I级人员不要求掌握；不带＊号的为Ⅰ、Ⅱ级人员都要掌握的内容。

一、是非题（在括号内，正确画○，错误画×）

*1. 着色渗透检测便携式设备中的灯可以是照明灯。 （ ）

*2. 密度计是测定液体密度的一种仪器。 （ ）

3. 荧光渗透检验中，黑光灯的主要作用是放大缺陷痕迹显示。 （ ）

*4. 在后乳化型渗透液+水基湿式显像中，干燥箱应放在显像槽后。 （ ）

*5. 装有合适滤光片的黑光灯不会对人眼产生永久性损害。 （ ）

*6. 折射仪用于测量溶液的浓度。 （ ）

7. 黑光灯需要与镇流器并联使用。 （ ）

8. 溶剂去除型着色渗透检测可以不使用电源。 （ ）

9. LED黑光灯在使用中会产生热量，需要经常关闭散热，以延长其使用寿命。（ ）

*10. 使用静电喷涂装置时，渗透液或显像剂为负极，零件接地为阳极。 （ ）

二、选择题（将正确答案填在括号内）

*1. 高压汞黑光灯的"高压"指的是什么意思？ （ ）

    A. 需要高压电源   B. 管内汞蒸气压力高

    C. 镇流器产生的反电动势高   D. 承受的电压波动高

*2. 荧光亮度计的主要作用是什么？ （ ）

    A. 比较两种荧光渗透液的发光性能

    B. 测定荧光渗透液的显示亮度

    C. 比较两种荧光渗透液的渗透性能

    D. 测定荧光渗透液的荧光强度

3. 在水洗型荧光渗透液+干式显像剂生产线中，黑光灯应安置在哪些位置？ （ ）

    A. 渗透部位   B. 水洗部位

    C. 显像部位   D. 烘箱部位

*4. 下列哪些因素会减短黑光灯的使用寿命？ （ ）

    A. 黑光灯的开关次数   B. 黑光灯的滤光片

    C. 黑光灯的使用电压   D. 黑光灯的石英内管

*5. 白光照度计的用途有哪些？ （ ）

    A. 测定着色渗透检测受检试件表面的白光照度

    B. 测定着色渗透液的着色强度

    C. 测定荧光渗透液的荧光亮度

    D. 测定荧光渗透检测环境的白光照度

*6. 下列关于黑光辐射照度计的论述，哪项是正确的？ （ ）

    A. 可以校验黑光光源的性能

    B. 可以测定受检试件表面的黑光辐射照度

    C. 可以测定荧光渗透液的荧光亮度

    D. 可以使用直接测量法进行测定

7. 带有滴落架的渗透液槽还应配备哪些装置？ （ ）

    A. 不需要配备搅拌装置，因为渗透液是均匀的

B. 必须配备搅拌装置，以防渗透液沉淀

C. 寒冷地区需要配备加热装置

D. 需要配备循环风扇装置

8. 干式显像喷粉柜应配备哪些装置？　　　　　　　　　　　　　　　　（　　）

　　A. 显像粉搅拌装置　　　　　　　　　　B. 加热装置

　　C. 支承显像试件的格栅　　　　　　　　D. 压缩空气喷粉装置

9. 在后乳化型渗透液+干式显像剂流水线上，干燥箱应放在什么位置？　　（　　）

　　A. 乳化剂槽前边　　　　　　　　　　　B. 显像剂槽前边

　　C. 显像剂槽后边　　　　　　　　　　　D. 最终水洗槽后边

10. 三氯乙烯蒸气除油槽应配备哪些装置？　　　　　　　　　　　　　　（　　）

　　A. 温度控制装置　　　　　　　　　　　B. 压缩空气搅拌装置

　　C. 液体冷凝装置　　　　　　　　　　　D. 液体加热装置

三、问答题

1. 简述压力喷罐的结构及工作原理。

*2. 简述三氯乙烯蒸气除油装置的结构及工作原理。

3. 简述渗透液施加装置的结构及各部分的作用。

4. 简述乳化剂施加装置的结构及各部分的作用。

*5. 简述压缩空气搅拌水槽的结构及各部分的作用。

*6. 简述热空气循环干燥装置的结构及各部分的作用。

*7. 简述干式显像剂喷粉柜的结构及各部分的作用。

*8. 简述黑光灯的结构、点亮过程及使用时的注意事项。

*9. 黑光辐射照度计有哪几种形式？分别简述其工作原理。

复习题参考答案

一、是非题

1. ○；2. ○；3. ×；4. ×；5. ○；6. ○；7. ○；8. ○；9. ×；10. ○。

二、选择题

1. B；2. A；3. B、C；4. A、C；5. A、D；6. A、B、D；7. A、C；8. B、C、D；9. B、D；10. A、C、D。

三、问答题

（略）

第8章 渗透检测试块

当渗透检测操作程序完成时，可能出现以下四种结果：

1）缺陷（包括细微裂纹、浅而宽的缺陷等）存在，已经发现该缺陷。

2）缺陷存在，并未发现该缺陷。

3）缺陷不存在，却"发现"缺陷。

4）缺陷不存在，没有发现缺陷。

可靠的渗透检测系统和可靠的渗透检测人员应当发现存在的缺陷，即不要漏检；而不存在的缺陷不应当被"发现"，即不要误判。

渗透检测（系统）的可靠性包括对细微缺陷的检出能力（渗透检测灵敏度）和对相邻缺陷的分辨能力（渗透检测分辨力）。

渗透检测人员的可靠性，可以通过对渗透检测人员进行培训和考核来控制；而渗透检测系统的可靠性，目前只能使用渗透检测试片（块）来评估。

渗透检测试片（块）是指带有人工缺陷或自然缺陷的试件，用于评估渗透检测系统的可靠性、衡量渗透检测灵敏度，常称灵敏度试块。

在渗透检测中，试片（块）的主要作用表现在下述三个方面：

1）灵敏度试验。用于评价所使用的渗透检测系统的灵敏度等级。

2）工艺性试验。用以确定渗透检测的工艺参数，如渗透时间和温度、乳化时间和温度、干燥时间和温度等。

3）渗透检测系统比较试验。在给定的检测条件下，通过使用不同类型的渗透液和工艺，来比较并确定不同渗透检测系统的优劣。

渗透检测中常用的试块主要有铝合金淬火裂纹试块（A型试块）、不锈钢镀铬裂纹试块（B型试块）、黄铜板镀镍铬裂纹试块（C型试块）和自然缺陷试件等。每种试片（块）均有其优缺点，本章主要介绍A型试块、B型试块及C型试块。

8.1 铝合金淬火裂纹试块（A型试块）

8.1.1 A型试块的形式

A型试块裂纹形貌如图8-1所示（试块中间尚未加工出贯通矩形槽）。

A型试块有两种形式：一体式（图8-2）和分体式（图8-3）。

一体式A型试块每个面的中间一般使用机械加工方法加工出贯通矩形槽，将试块分成两个区域（如A区和B区）。用于检测对比两种不同的

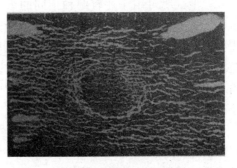

图8-1 A型试块裂纹形貌
（水洗型荧光渗透液、自显像）

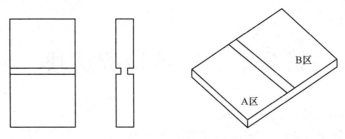

图 8-2　一体式 A 型试块示意图

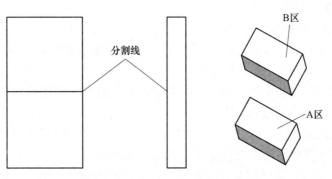

图 8-3　分体式 A 型试块示意图

渗透检测剂时，需将两种不同的渗透检测剂分别施加在试块的两个区域。两个区域之间由于距离很近，仍然会相互影响。如果两种渗透检测剂的表面张力相差较大，则表面张力较低的渗透检测剂就可能润湿中间的沟槽而进入另一区域。用于检测对比高温或低温下渗透检测系统与标准温度（15~50℃）下渗透检测系统的差异时，两个区域的相互影响将更加明显。

因此，使用机械加工方法将一体式 A 型试块分割成相互分离的两个半块试块是有必要的，这就得到了分体式 A 型试块。为识别起见，应在被分割的两个半块试块表面做出永久标记，如"A"区和"B 区"。

8.1.2　A 型试块的用途

1. 比较两种不同的渗透检测系统

A 型试块可用于比较两种不同的渗透检测系统的渗透检测灵敏度。由于不同的组合方式可以得到不同的渗透检测系统，因此 A 型试块的应用范围非常广泛。它不仅可用于不同厂商的（荧光、着色）渗透检测系统的比较，也可用于同一厂商不同型号的渗透检测系统的比较。

图 8-4 所示为使用 A 型试块比较俄罗斯 ЦM-15B 着色渗透检测系统与上海诚友公司 DPT-5 着色渗透检测系统的结果（照片）。

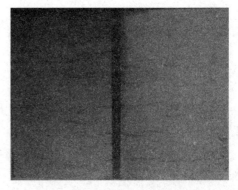

图 8-4　俄罗斯 ЦM-15B（左）与
上海诚友 DPT-5（右）的比较

2. 比较不同的渗透检测温度

美国 ASME《锅炉及压力容器规范》规定：当渗透检测实际温度不在 15～50℃ 范围内时，必须使用 A 型试块对此检测方法进行鉴定。

下面介绍使用 A 型试块鉴定非标准温度下渗透检测的几个实例：

1）图 8-5 所示为溶剂去除型荧光渗透检测系统在不同温度下进行渗透检测的鉴定结果（照片），采用分体式 A 型试块，左侧温度为 177℃，右侧温度为 27℃。

2）图 8-6 所示为溶剂去除型着色渗透检测系统在不同温度下进行渗透检测的鉴定结果（照片），采用分体式 A 型试块，左侧温度为 121℃，右侧温度为 27℃。

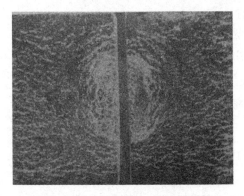

图 8-5　溶剂去除型荧光渗透检测

图 8-6　溶剂去除型着色渗透检测

8.1.3　A 型试块的制作及技术参数

1. A 型试块的制作

A 型试块由轧制铝合金材料制成，材质应符合相关规定。试块表面粗糙度应与受检试件表面粗糙度相对应，如有必要，可以采用机械加工方法制备表面。

对试块加热时，应用热敏指示器测温（不推荐使用测温笔测温），测温位置应在试块正中直径为 25mm 的区域内。应该使用本生灯（一种煤气灯）加热，火焰加热位置应在试块正中测温位置。待试块达到 570℃ 左右、测温热彩涂料颜色完全变化后，立即将试块插入冷水中淬火，试块表面就会立即产生网状裂纹。为了在同一试块上制备必需尺寸、数量及形貌的网状裂纹，往往需要反复进行几次加热和淬火操作。

制作 A 型试块时，由于不可控因素较多，所制得表面裂纹的尺寸、数量和形貌等不尽相同。大部分表面裂纹是大尺寸和中等尺寸的。渗透检测时，除非使用最低级灵敏度渗透液，一般的低级或中级灵敏度渗透液都能够将 A 型试块的表面裂纹检测出来。

由于 A 型试块表面裂纹尺寸较大，因此无法鉴别中级或者高级灵敏度渗透液之间的微小差异。渗透检测时，灵敏度的任何差异都会对渗透检测结果产生很大影响，所以 A 型试块的用途有限。

2. A 型试块的技术参数

为了对渗透检测可靠性进行鉴定评估，必须使用标准的裂纹试块，即 A 型试块的表面裂纹应具有一定的数量及不同的尺寸，且呈网状形貌，以便评估渗透检测中的各种变量（如不同的渗透检测材料、不同的渗透检测工艺参数）与渗透检测可靠性之间的定量关系。

标准试块上的裂纹特征应能代表受检试件或者部件上的常见裂纹特征，尤其是裂纹的开口宽度，因为这一个尺寸对渗透液渗入裂纹的量值影响较大。

JB/T 9213—1999《无损检测 渗透检查 A 型对比试块》规定了 A 型试块的材质、形式、尺寸、技术要求、检验要求及标记、包装和储存等内容。关于 A 型试块上的裂纹，具体要求如下：

1）开口裂纹，呈不规则分布。

2）裂纹宽度有 ≤3μm、>3~5μm 和 >5μm 三种。

3）每块试块上，宽度 ≤3μm 的裂纹不得少于两条。

表 8-1 列出的是飞机受检试件在制造过程中产生的裂纹宽度，这些部件是被拒收的，裂纹宽度是通过其他方法检定后确定的。

表 8-1 飞机受检试件制造过程中产生的裂纹宽度

材料	裂纹名称	裂纹宽度/μm
钛	模压裂纹（原因不清）	7[①]，17[②]
铝	锻造重叠（原因不清）	2~15[①]，20~90[②]
不锈钢	焊接缺陷	2[①]

①横截面上，用金相法测得。
②除横截面外，用电镜直接测得。

显然，表 8-1 中所列飞机受检试件在制造过程中产生的裂纹是可以用渗透检测法进行检测的。

8.1.4　A 型试块的特征及缺欠

1. A 型试块的特征

不同 A 型试块表面上的网状裂纹，其网状尺寸、数量及形貌都不太一样。也就是说，不存在两块完全相同的 A 型试块。另外，从理论上讲，A 型试块沟槽两侧的两个半块的网纹形貌应该是相近的或者完全对称的。但实际情况是，两个半块的网纹形貌有所不同，如图 8-7 和图 8-8 所示。如果这种差异非常明显，那么，这块 A 型试块的使用价值就不大。这是 A 型试块的一个重要不足。

2. A 型试块的缺欠

为了对不同的受检试件（铸件、焊件、锻件等）、受检缺陷（铸造裂纹、焊接裂纹、疲劳裂纹等）和渗透检测工艺（水洗型渗透检测法、后乳化型渗透检测法、溶剂去除型渗透检测法等）的可靠性进行评估，要求用于评估的渗透检测试片（块）（包括 A 型试块）完全相同。

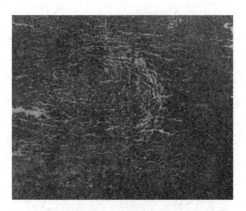

图 8-7　裂纹呈环状分布的 A 型试块

注：锅炉及压力容器规范中使用的试块。

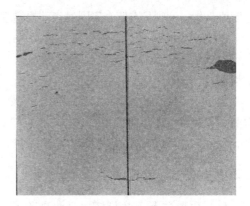

图 8-8　裂纹呈平行分布的 A 型试块

注：溶剂去除型着色渗透液+速干式显像剂。

如果没有完全相同的试片（块），评估结果的重复性和可比性将无法得到保证。例如，在一个位置对渗透检测系统所做的评估，可能无法完全等同于在另一个位置所做的评估。

很显然，A 型试块（不仅仅是 A 型试块）的不可复制问题给评估渗透检测系统的可靠性带来了不少麻烦，即使用渗透检测试片（块）评估渗透检测系统可靠性的方法还不太完善。尽管如此，许多年来，在进行渗透检测系统评估时，仍然采用这种方法。

8.1.5　A 型试块的清洗及保存

A 型试块经使用后，渗透检测材料会残留在其裂纹内，清洗较为困难，重复使用时会影响裂纹的重现性，严重时会因为裂纹被堵塞而导致检测失效。因此，试块在使用后应及时清洗。

A 型试块的清洗方法：先将试块表面的显像剂清洗干净，用水煮沸 30min，清除缺陷内残留的渗透液；然后在 110℃下干燥 15min，使裂纹中的水分蒸发干净；再使用溶剂悬浮显像剂检查是否存在缺陷迹痕显示；最后浸泡在 50%甲苯和 50%三氯乙烯的混合溶液中，以备下次使用。另外，也可将表面清洗干净的试块置于丙酮中浸泡 24h 以上，干燥后放在干燥器中保存备用。

应当指出：虽然有多种清洗方法，但清洗效果都不能令人满意。一般情况下，铝合金淬火裂纹试块的使用次数不多于 3 次，因为在大气中铝表面会被氧化。

8.2　不锈钢镀铬裂纹试块（B 型试块）

不锈钢镀铬裂纹试块又称 B 型试块，主要用于校验操作方法与工艺系统的灵敏度。B 型试块不像 A 型试块那样可以分成两个半块进行比较检验，只能与标准工艺照片或塑件复制品对照使用。即在 B 型试块上，按预先规定的标准工艺程序进行渗透检测，再把按实际工艺程序进行渗透检测的显示图像与标准工艺图像的复制品或照片相比较，从而评定操作方法正确与否和确定工艺系统的灵敏度。

B 型试块有很多种形式，常用的主要有三种：一种为三点 B 型试块，另两种为五点 B 型试块。这两种五点 B 型试块的主要区别是可清洗测试区的表面粗糙度值不一样，一种为单一表面粗糙度值，另一种则具有四个不同的表面粗糙度值；另外，五个星形裂纹的尺寸也不一样。

B 型试块的特点是裂纹深度尺寸可控，一般不超过镀铬层厚度；同一试块上具有不同直径尺寸的裂纹，直径尺寸取决于背面压力，压力大的压痕大，裂纹尺寸直径大，反之亦然；试块制作工艺简单，重复性较好，使用方便。

由于 B 型试块的检测面没有分开，故不便于比较不同渗透检测材料或不同工艺方法的检测灵敏度。

B 型试块的清洗和保存可参考 A 型试块。

8.2.1　单一粗糙度五点 B 型试块

单一粗糙度五点 B 型试块是改型的 B 型试块，也称 PSM 试块或歇尔温五点试块。

1. 试块的结构

试块的基体材料是不锈钢，牌号为 06Cr18Ni11Ti 或 17Cr16Ni2，其化学成分应符合 GB/T 4237—2015《不锈钢热轧钢板和钢带》的规定。试块呈矩形，长度为（152±0.5）mm，宽度为（102±1）mm，厚度为（2.5±0.5）mm。沿宽度方向分隔成两部分：一部分为缺陷评定区，另一部分为可清洗测试区，如图 8-9 所示。

a) 着色渗透检测　　　　　　　　　　　　　b) 荧光渗透检测

图 8-9　单一粗糙度五点 B 型试块

缺陷评定区的面积为（152±0.5）mm×（45±0.5）mm，在该区制出均匀分布且大小不同的五个星形裂纹，如图 8-9a、b 上半部分所示。该区可用于确定渗透检测灵敏度等级（即评定某渗透检测系统或某渗透检测程序对不同尺寸缺陷的检测能力）、校验工艺性能及评价渗透检测性能。

可清洗测试区的面积为（152±0.5）mm×（57±0.5）mm，该区制成具有特定表面粗糙度的形式，表面粗糙度值为 $Ra1.2 \sim 2.5 \mu m$，如图 8-9a、b 下半部分所示。该区可用于测定渗透检测剂的可去除性，即评定某渗透检测系统或某渗透检测工序对某表面粗糙度表面的清洗/去除能力。

2. 试块的制作

（1）缺陷评定区的制作

1）在试块的缺陷评定区位置电镀一薄层金属铬，铬层厚度为 20~60μm，其表面粗糙度

值为 $Ra0.63 \sim 1.25 \mu m$。

2）在此镀铬层区域背面，选择各相距 25mm 的五个图示点位，采用压力试验机（120kN）或圆形压头的维氏硬度计，以 $1 \sim 8kN$ 的压力等距离地压制出五个均匀分布且大小不同的星形裂纹。最小压力对应于最小星形裂纹，人工星形裂纹缺陷与所加外力近似值见表8-2。

表8-2 人工星形裂纹缺陷与所加外力近似值

缺陷号码	1	2	3	4	5
所加外力近似值/kN	<1.0	<2.0	<3.5	<6.5	<8.0

3）压头的技术参数如图8-10所示。压制过程是在连续载荷下进行的，加载速度为 $0.05kN/s$，卸载速度为 $0.5kN/s$。压头材料牌号为90MnV8（或硬度为 $53 \sim 63HRC$ 的钢材），经淬火+回火制成。

4）在试块的电镀层表面与压痕对应处形成五个放射状的星形裂纹。近似包围这五个星形裂纹的外切圆直径（人工缺陷直径）见表8-3。

（2）可清洗测试区的制作 在试块的可清洗测试区，用 $\phi 0.2mm$ 的细砂、$0.4MPa$ 的气压喷砂，制成特定表面粗糙度区域，表面粗糙度值为 $Ra1.2 \sim 2.5 \mu m$。

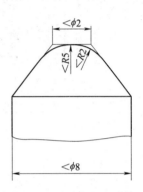

图8-10 压头的技术参数

表8-3 人工缺陷直径

缺陷号码	1	2	3	4	5
缺陷直径/mm	5.5~6.3	3.7~4.5	2.7~3.5	1.6~2.4	0.8~1.6

3. 试块的用途

1）评定渗透检测系统或渗透检测工序对不同尺寸缺陷的检测灵敏度。当用不同灵敏度的渗透检测系统进行检测时，渗透检测系统灵敏度与缺陷评定区上可显示裂纹区数的对应关系见表8-4。

表8-4 渗透检测系统灵敏度与缺陷评定区上可显示裂纹区数的对应关系

渗透检测系统的灵敏度	可显示裂纹区数	渗透检测系统的灵敏度	可显示裂纹区数
很低灵敏度	1~2	高灵敏度	4~5
低灵敏度	2~3	超高灵敏度	5
中灵敏度	3~4		

2）评定渗透检测系统或渗透检测工序对粗糙表面的清洗能力。

8.2.2　四粗糙度五点 B 型试块

1. 试块的结构

四粗糙度五点 B 型试块也是一种改型的 B 型试块。试块呈矩形，长度为（155±1）mm，宽度为（50±1）mm，厚度为（2.5±0.1）mm；试块沿宽度方向分隔为两个相等的区：一个为缺陷评定区（下半部分），另一个为可清洗测试区（上半部分），如图 8-11 所示。

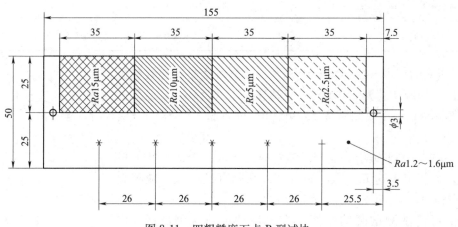

图 8-11　四粗糙度五点 B 型试块

试块基体材料为不锈钢，牌号为 06Cr18Ni11Ti 或 022Cr17Ni12-Mo2N，初始硬度为（150±10）HV20 或相当。试块表面形貌（包括人工裂纹缺陷及表面粗糙度）的荧光迹痕显示如图 8-12 所示。

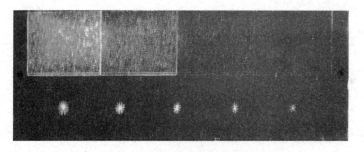

图 8-12　试块表面形貌的荧光迹痕显示

缺陷评定区的面积为 155mm×25mm，在该区制出均匀分布且大小不同的五个星形裂纹。

可清洗测试区的面积为 155mm×25mm，在该区制出四个特定表面粗糙度区域，表面粗糙度值分别为 $Ra2.5\mu m$、$Ra5\mu m$、$Ra10\mu m$ 和 $Ra15\mu m$。

2. 试块的制作

（1）缺陷评定区的制作

1）在试块的缺陷评定区预先电镀一薄层金属镍，厚度为（60±3）μm，使硬度达到 500～600HV0.2；再电镀一薄层金属硬铬，厚度为 0.5～1.5μm；然后在 400℃下加热 70min（不排除其他热处理工艺），使其硬度达到 900~1000HV0.3。镀铬层的表面粗糙度值为 Ra 1.2~1.6μmm。

2）在试块电镀层背面，分别以 2.0kN、3.5kN、5.0kN、6.5kN 和 8.0kN 的压力，等距离地压制五个压痕，在电镀层表面（与压痕对应处）形成圆形或近似圆形的放射状裂纹，裂纹直径分别为 3.0mm、3.5mm、4.0mm、4.5mm 和 5.5mm。

（2）可清洗测试区的制作

1）将试块的可清洗测试区划分为四个 25mm×35mm 的相等区域，并分别制备成表面粗糙度值为 $Ra2.5$μm、$Ra5$μm、$Ra10$μm、$Ra15$μm。

2）表面粗糙度值为 $Ra2.5$μm 的区域通过喷砂制备而成，其余区域由电侵蚀制备而成。

3. 试块的用途

该试块用于评定荧光渗透检测和着色渗透检测的综合性能：

1）缺陷评定区用于确定渗透检测灵敏度等级（即评定某渗透检测系统或某渗透检测工序对不同尺寸缺陷的检测能力）、校验工艺性能及评价渗透检测剂性能。

2）可清洗测试区用于测定渗透检测剂的可去除性，即评定某渗透检测系统或某表面渗透检测工序对某表面粗糙度表面的清洗/去除能力。

8.2.3 三点 B 型试块

1. 试块的结构

试块的基体材料是不锈钢，材料牌号为 06Cr18Ni11Ti 或 17Cr16Ni2，化学成分应符合 GB/T 4237—2015《不锈钢热轧钢板和钢带》的规定。

试块呈矩形，长度为 100~130mm，宽度为 30~40mm，厚度为 3~4mm，如图 8-13 所示。

2. 试块的制作

1）在试块的一面镀铬，厚度为 30~80μm，然后退火。

图 8-13 三点 B 型试块示意图

2）在镀铬层的背面中央，按图 8-13 所示位置（各相距约 25mm 的三个点位），以 φ12mm 钢球，用布氏硬度计依次施加 12500N、10000N、7500N 的负荷，使镀铬层面上形成三个放射状星形裂纹区。近似包围这三个星形裂纹区的外切圆直径（人工缺陷直径）见表 8-5。

表 8-5 人工缺陷直径

缺陷号码	1	2	3
缺陷直径/mm	3.5~4.5	2.4~3.0	1.6~2.0

3. 试块的用途

在试块上制出均匀分布且大小不同的三个星形裂纹，用于确定渗透检测灵敏度等级（即评定某渗透检测系统或某渗透检测工序对不同尺寸缺陷的检测能力）、校验工艺性能及评价渗透检测性能。

渗透检测系统的检测灵敏度与可显示裂纹区数的关系见表8-6。

表8-6 渗透检测系统的检测灵敏度与显示裂纹区数的关系

渗透检测系统灵敏度	可显示裂纹区数
低灵敏度	1~2
中灵敏度	2~3
高灵敏度	3

8.3 黄铜板镀镍铬裂纹试块（C型试块）

黄铜板镀镍铬裂纹试块又称C型试块，它有两种常用形式：一种为分体式，另一种为整体式。分体式C型试块又有两种：一种为三块型，另一种为四块型。

8.3.1 四块型分体式C型试块

1. 试块的结构

四块型分体式C型试块的形貌、尺寸及结构如图8-14所示。试块材质为黄铜板，尺寸为（100±1）mm×（35±1）mm×（2±0.1）mm，四块（Ⅰ型、Ⅱ型、Ⅲ型、Ⅳ型）形状均为矩形。每块试块表面的电镀层总厚度不同，分别为10μm（Ⅳ型），20μm（Ⅲ型）、30μm（Ⅱ型）和50μm（Ⅰ型）。

a) 荧光渗透检测形貌

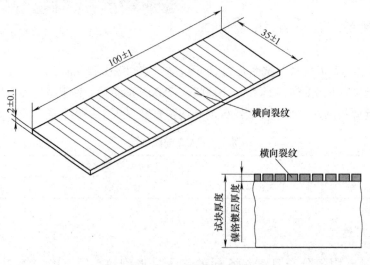

b) 几何尺寸

图8-14 四块型分体式C型试块

2. 试块的制作

1）在黄铜板试块基材上电镀镍和铬，每块试块表面的电镀层总厚度不同（见上文）。

2）用纵向拉伸方法（不排除其他工艺方法）使电镀层开裂，形成若干条近乎平行的横向裂纹；裂纹深度接近电镀层总厚度，宽度与深度之比约为 1∶20。

8.3.2 三块型分体式 C 型试块

1. 试块的结构

共有三块试块，试块形状均为矩形，尺寸为 100mm×70mm×（0.4 或 1）mm，如图 8-14 所示。试块材质均为黄铜板。

2. 试块的制作

先在黄铜板试块基材上电镀镍层（10～50μm），然后电镀铬层（1μm 左右）；再将试块拉伸或在压弯机上弯曲（镀面朝外），使镀层产生裂纹，然后将曲面校平。这样，试块上就形成了若干条近乎平行的横向裂纹，裂纹深度接近电镀层总厚度。三块型分体式 C 型试块的裂纹尺寸见表 8-7。

表 8-7 三块型分体式 C 型试块的裂纹尺寸 （单位：μm）

裂纹等级	粗裂纹（C1）	中裂纹（C2）	细裂纹（C3）
深度	40～50	20～30	<13
宽度		0.1～5	

8.3.3 整体式 C 型试块

整体式 C 型试块可用于评定比较荧光和着色渗透检测系统的灵敏度等级。

1. 试块的结构

推荐的尺寸为 100mm×70mm×4mm，如图 8-15 所示。

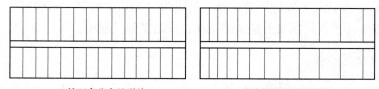

a) 等距离分布的裂纹　　　　b) 由密到疏排列的裂纹

图 8-15　整体式 C 型试块

根据不同的电镀工艺技术可制出以下裂纹尺寸：

1）带有宽度约 2μm、深度约 50μm 的粗裂纹。

2）带有宽度约 2μm、深度约 30μm 的中等裂纹。

3）带有宽度约 1μm、深度为 10～20μm 的细裂纹。

4）带有宽度约 0.5μm、深度约 2μm 的微细裂纹。

2. 试块的制作

在 4mm 厚的黄铜板上截取 100mm×70mm 的试块毛坯并磨光，先镀镍，再镀铬；然后在悬臂靠模上反复进行弯曲，使其形成疲劳裂纹，这些裂纹呈接近于平行条状分布；最后在垂直于裂纹的方向上开一切槽，将试块分成两半，两半的裂纹互相对应。

靠模有圆柱面模和非圆柱面模两种。在半径约为 114mm 的圆柱面模上进行弯曲时，可以得到等距离分布且开口宽度相同的裂纹，如图 8-15a 所示；在非圆柱面模具（如悬臂靠模）上进行弯曲时，裂纹则是从固定点向外由密到疏地排列且开口宽度由大到小变化，如图 8-15b 所示。这种试块的裂纹深度由镀铬层的厚度控制，裂纹的宽度可根据弯曲和校直时试块的变形程度来控制。

这种试块的镀层表面光洁如镜，使表面多余的渗透液易于清洗，与实际受检试件的检测情况差异较大，因而所得出的结论不能等同于在工业检测试件上获得的结果。

试块的制作比较困难，特别是裂纹尺寸的有效控制更为困难，且在制作过程中，不存在裂纹尺寸完全相同的两块试块，因此，在比较两种渗透检测系统时应严格应用。

这种试块的裂纹较浅，故易于清洗，不易堵塞，可多次重复使用。试块使用完毕后应清洗干净，清洗和保存方法参照 A 型试块。

8.3.4 C 型试块的用途和应用举例

1. C 型试块的用途

C 型试块的用途非常广，在试验研究领域，可用于比较不同的渗透检测系统、渗透检测剂和渗透检测工序等。

1）C 型试块裂纹尺寸的量值范围与渗透检测显示的裂纹尺寸极限比较接近，因而它是检验渗透检测系统性能和确定检测灵敏度的有效工具。其裂纹尺寸小，可用于高灵敏度渗透检测材料性能测定。

2）C 型试块可用于某一渗透检测系统性能的对比试验和校验显示的记录或结果，能进行两个渗透检测系统的性能比较；也可将试块一分为二，形成两块相匹配的试块（或划分为 A、B 两个区），使比较不同的渗透检测工艺成为可能。进行对比试验时，不仅要评价缺陷条纹的完整性，还要评价试块上显示的亮度、清晰度和灵敏度。

2. C 型试块应用举例

（1）两种干粉显像剂增强荧光亮度的能力对比试验　C 型试块［粗裂纹、50μm（Ⅰ型）、成对使用］两半部分施加的荧光渗透检测剂和处理方法相同，但试块上半部分所浸渍的是试验用干粉显像剂，而下半部分则是用标准干粉显像剂。很明显，试验用干粉显像剂增强荧光亮度的能力比标准干粉显像剂强，如图 8-16 所示。

（2）过度干燥对荧光迹痕显示形貌的影响试验　C 型试块［粗裂纹、50μm（Ⅰ型）、成对使用］分割成两个等面积部分，分别施加两种不同的荧光渗透液，在规定的烘箱温度下过度干燥（干燥时间较长）。对荧光迹痕显示的形貌进行对比，试验结果表明，观察到的荧光迹痕显示可见度基本没有差异或稍有区别，如图 8-17 所示。

a) 试验用干粉显像剂　　　b) 标准干粉显像剂

图 8-16　干粉显像剂增强荧光亮度能力的对比试验

图 8-17　过度干燥对荧光迹痕显示形貌的影响试验

（3）两种去除方法对荧光渗透液荧光迹痕显示的影响试验　C 型试块［粗裂纹、50μm（Ⅰ型）、成对使用］分割成两个等面积部分，使用干粉显像剂；分别施加两种标准检测灵敏度（二级）的荧光渗透液，上半部分为水洗型荧光渗透液，下半部分为后乳化型（亲油）荧光渗透液。

试验结果表明，使用亲油型后乳化剂进行乳化处理时，发生了过乳化现象，使试块表面粗裂纹的荧光迹痕显示较差，如图 8-18 所示。

a) 水洗型荧光渗透液　　　b) 后乳化型(亲油)
　　　　　　　　　　　　　　荧光渗透液

图 8-18　荧光渗透液荧光迹痕显示试验

8.4　其他试块

8.4.1　陶制试块

陶制试块是一种未上釉的陶制圆盘片，表面上有许多小孔。使用时，在试块两面分别施加两种不同的渗透液（或同一类型的新、旧渗透液），保持一定时间后，直接观察两面的渗透液，比较两面显示的小孔数量及荧光亮度（或红色色泽）。

陶制试块可以用于比较两种过滤型微粒渗透剂的性能。

8.4.2　吹砂钢试块

吹砂钢试块是采用 100mm×50mm 的退火不锈钢片制成的。在试块的一面，用平均粒度为 100 目的砂子进行吹砂，吹砂喷枪距试块表面 450mm，压缩空气压力为 0.4MPa，直到把试块吹成毛面状态。制作好的试块要用干净的纸包好备用。

这种试块主要用于检验渗透液的水洗性能和乳化剂的清洗去除性能，也用于校验去除受检试件表面多余渗透液的工艺方法是否适当。

8.4.3　焊接裂纹试块

与其他无损检测技术一样，渗透检测技术也是一门理论与实践结合得非常紧密的技术。

渗透检测人员必须接受实际操作培训，并且通过考核，理论与实践均考核合格后方能上岗。

图 8-19 所示的对接焊缝裂纹试件和图 8-20 所示的丁字接焊缝裂纹试件都是可用于实际操作培训与考核的试件。

图 8-19　对接焊缝裂纹（着色渗透检测）试件

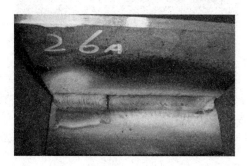
图 8-20　丁字接焊缝裂纹（着色渗透检测）试件

8.4.4　自然缺陷试块

人工裂纹试块表面与实际受检试件表面的光洁度相差较大，因此清洗状况相差也大，为了克服这一缺点，可选择带有自然缺陷的试件作为缺陷试件与人工裂纹试块一起使用。

自然缺陷试件的选择原则如下：

1）在受检试件中挑选有代表性的工件。

2）在所发现的缺陷工件中，挑选有代表性缺陷的工件。裂纹是最危险的缺陷之一，通常应选择带有裂纹的缺陷试件。

3）应选择带有细小裂纹和其他细小缺陷的缺陷试件。不但要选择窄而深的裂纹，还要选择具有浅而宽的开口缺陷的缺陷试件。

4）选择好的缺陷试件，其缺陷位置、大小要做草图记录，最好照相以备校验时对照使用。

复　习　题

说明：题号前带＊号的为Ⅱ级人员需要掌握的内容，对Ⅰ级人员不要求掌握；不带＊号的为Ⅰ、Ⅱ级人员都要掌握的内容。

一、是非题（在括号内，正确画○，错误画×）

＊1. A 型试块和 C 型试块都可用来确定渗透液的灵敏度等级。　　　　　　　　（　　）

＊2. 四粗糙度五点 B 型试块也称 PSM 试块或歇尔温五点试块。　　　　　　　（　　）

3. 非圆柱面悬臂模弯曲产生的裂纹开口宽度及疏密排布不同。　　　　　　　（　　）

＊4. A 型试块两半部分表面裂纹的形貌完全一样。　　　　　　　　　　　　　（　　）

5. A 型试块表面易氧化，清洗困难，每块试块的使用次数不能多于 3 次。　（　　）

6. A 型试块用于非标准温度下的鉴定时，一体式或分体式可同步操作。　　（　　）

＊7. 自然缺陷试块应该从缺陷零件中选择。　　　　　　　　　　　　　　　　（　　）

8. 陶器试块可以用于比较两种过滤型微粒渗透剂的性能。　　　　　　　　　（　　）

*9. 自然缺陷试块的缺陷形貌最好有照片存档，以备对照使用。　　　　　　　（　　）

10. 三点 B 型试块与四粗糙度五点 B 型试块的基体材料都是钢材。　　　　　（　　）

二、选择题（将正确答案填在括号内）

*1. 各国渗透检测常用的人工对比试块有哪几种？　　　　　　　　　　　　（　　）

  A. 铝合金淬火裂纹试块　　　　　　　　B. 陶器多孔试块

  C. 不锈钢镀铬裂纹试块　　　　　　　　D. 黄铜板镀镍铬层裂纹试块

*2. 比较两种渗透液的裂纹探测灵敏度的较好方法是什么？　　　　　　　　（　　）

  A. 用密度计测量渗透液的密度　　　　　B. 用 A 型试块做比较试验

  C. 利用毛细管作用测量上升高度　　　　D. 用新月试验测量黑点直径

3. 圆柱面模弯曲产生的裂纹有什么特征？　　　　　　　　　　　　　　　（　　）

  A. 间隔等距离分布　　　　　　　　　　B. 接近夹持端的裂纹较密集

  C. 开口宽度相等　　　　　　　　　　　D. 镀铬层厚度决定了裂纹深度

*4. 下列哪种试块最适合用于确定渗透检测工艺？　　　　　　　　　　　　（　　）

  A. 凸透镜试块　　　　　　　　　　　　B. 陶器多孔试块

  C. 不锈钢镀铬裂纹试块　　　　　　　　D. 铝合金淬火裂纹试块

*5. 下列哪些试块为 GB/T 18851.3—2008 指定试块？　　　　　　　　　　（　　）

  A. 四块型分体式 C 型试块　　　　　　　B. 单一粗糙度五点 B 型试块

  C. 四粗糙度五点 B 型试块　　　　　　　D. 吹砂钢试块

6. C 型试块有哪些特征？　　　　　　　　　　　　　　　　　　　　　　（　　）

  A. 裂纹较浅，易于清洗　　　　　　　　B. 不易被堵塞，可多次重复使用

  C. 镀层表面光洁如镜　　　　　　　　　D. 试块分为两半部分，裂纹尺寸完全相同

7. 下列哪种试块为 NB/T 47013.5—2015 指定试块？　　　　　　　　　　（　　）

  A. 四块型分体式 C 型试块　　　　　　　B. 单一粗糙度五点 B 型试块

  C. 四粗糙度五点 B 型试块　　　　　　　D. 三点 B 型试块

8. 评估渗透检测系统对粗糙表面的清洗能力时，下列哪种试块更好？　　　（　　）

  A. 四块型分体式 C 型试块　　　　　　　B. 单一粗糙度五点 B 型试块

  C. 四粗糙度五点 B 型试块　　　　　　　D. 三块型分体式 C 型试块

*9. 评估高灵敏度荧光渗透液时，应选用哪种试块？　　　　　　　　　　　（　　）

  A. 铝合金淬火裂纹试块　　　　　　　　B. 四粗糙度五点 B 型试块

  C. 不锈钢镀铬裂纹试块　　　　　　　　D. 黄铜板镀镍铬层裂纹试块

10. C 型试块的裂纹尺寸是如何控制的？　　　　　　　　　　　　　　　　（　　）

  A. 裂纹深度由镍层厚度确定

  B. 裂纹深度由镍层和铬层的总厚度确定

  C. 裂纹的宽度由弯曲变形程度确定

  D. 裂纹深度由铬层厚度确定

11. 下列哪种试块为 GJB 2367A—2005 指定试块？　　　　　　　　　　　（　　）

  A. 四块型分体式 C 型试块　　　　　　　B. 四粗糙度五点 B 型试块

  C. 单一粗糙度五点 B 型试块　　　　　　D. 三点 B 型试块

三、问答题

1. 简述铝合金淬火裂纹试块（A 型试块）的种类、特点及用途。

*2. 简述不锈钢镀铬裂纹试块（B 型试块）的种类、特点及用途。

*3. 简述黄铜板镀镍铬裂纹试块（C 型试块）的种类、特点及用途。

*4. 选择自然裂纹试块时应掌握哪些原则？

复习题参考答案

一、是非题

1. ×；2. ×；3. ○；4. ×；5. ○；6. ×；7. ○；8. ○；9. ○；10. ×。

二、选择题

1. A、C、D；2. B；3. A、C、D；4. C；5. A、C；6. A、B、C；7. D；8. C；9. D；10. B；11. C。

三、问答题

（略）

第9章 显示解释和缺陷评定

9.1 显示解释

1. 不连续与缺陷

渗透检测所得到的显示（又称为迹痕或迹痕显示）是说明存在不连续或缺陷的依据，但并非所有的迹痕显示都是由不连续或缺陷所引起的。产生渗透检测显示的原因包括不连续和缺陷。

不连续是指试件正常组织结构或外形的任何间断，这种间断可能会也可能不会影响试件的有效使用。

缺陷是其尺寸、形状、取向、位置或性质会使试件不满足验收标准要求或对试件有效使用造成损害的不连续。

2. 显示解释和缺陷评定的意义

迹痕显示的解释和缺陷的评定是两个完全不同的检验阶段。

迹痕显示的解释是对观察到的迹痕显示进行分析研究，确定这些迹痕显示产生的原因，即确定迹痕显示是由缺陷引起的，或是由于试件的结构等不相关原因引起的，或仅是因为试件表面未清洗干净而残留的渗透液引起的，或是由于某种污染而引起的虚假缺陷显示。也就是说，迹痕显示解释是判断迹痕显示是否属于缺陷显示的一个过程。

缺陷评定是迹痕显示解释后的一个检验阶段，它是在确定显示属于缺陷显示之后，再对缺陷的严重程度进行评定的过程，应根据指定的验收标准，做出合格与否的结论。

在形成迹痕显示的很多原因中，缺陷评定只与影响试件有效使用的不连续或缺陷相关联，对反映影响试件有效使用的不连续的迹痕显示或缺陷的迹痕显示，才有必要进行评定。因此，渗透检测人员应具有丰富的工程实际经验，并能够结合试件的材料、形状和加工工艺，熟练掌握各类迹痕显示的特征、产生原因及鉴别方法，必要时还应采用其他无损检测方法进行验证，尽可能使检测评定结果准确可靠。

渗透检测迹痕显示分析和解释的意义如下：

1）正确的迹痕显示分析和解释可以避免误判。如果把由缺陷或不连续引起的显示误判为由不是缺陷引起的显示，则会产生漏检，造成重大的质量隐患；相反，则会把合格试件拒收或报废，造成不必要的经济损失。

2）由于迹痕显示能反映出缺陷的位置、大小、形状和严重程度，并可大致确定缺陷的特性，所以迹痕显示分析可为产品设计和工艺改进提供较可靠的信息。

3）对在用设备进行渗透检测，重点发现和监测疲劳裂纹和应力腐蚀裂纹等危害性缺陷，能够及早预防、避免设备和人身事故的发生。

3. 显示的特殊性

显示是由不连续性或缺陷所表现出来的样式来表征的。显示的外观可用于评定不连续性或缺陷的类型及其产生的原因，而它的位置、尺寸大小和集聚程度（在一定面积上，不连续性的数目）可用于评定其严重程度。

特别要注意的是，有些裂纹如疲劳裂纹或腐蚀裂纹表现为蓝白色；而宽的裂纹，当用相同的渗透液去检测时，其表现往往为黄绿色。这是由于在紧密的裂纹中，渗透液进入缺陷并形成颜色的染料太少。这种显示有渗透液中染料的发光，还有沉积在疲劳裂纹或腐蚀裂纹中的油脂污物的发光。飞机发动机的渗透检测人员需要注意，这种情况在紧密的疲劳裂纹或腐蚀裂纹的显示中是相当多的。

4. 显像剂对显示的影响

显像剂的类型对显示的外观影响很大，下面举例说明。

1）干粉显像剂能提供一个较鲜明、扩展小的显示，特别是在渗出的渗透液较多的显示中，单个显示的分辨率较好。

2）水悬浮显像剂提供的均匀粉末覆盖层能使渗出到显像剂中的渗透液更容易向横向扩展，所以它形成的显示较宽。但是，密集气孔等所产生的显示群可能因为横向扩展，而形成一个单独的大面积显示。

3）溶剂悬浮显像剂能形成一层很薄的显像剂涂层，提供一种鲜明而分辨率很高的荧光显示。对于着色染料，当显像剂涂层较厚时，也能形成鲜明的显示，但这种显示会随着时间的延长，因渗透液连续地渗出，而使颜色的色彩逐渐减弱。

4）塑料薄膜显像剂能提供一个最鲜明的显示，其分辨率比其他任何显像剂都高，当它们与微粒显像剂一起使用时，其显示也没有大横向扩展的倾向。

5. 显示的持久性

显示的持久性是一个值得关注的方面。某些显示会随着时间的延长而褪色，以至于表现为无显示。在一些早期的染料含量低的着色渗透液中，这种情况是普遍存在的。当水悬浮和溶剂悬浮显像剂涂层太厚时，由于显像剂中渗出的渗透液不断产生横向扩展，显示将逐渐减弱。可以重复显像的显示一般是能够容纳相当多渗透液的不连续性显示；细微裂纹能容纳的渗透液太少，因此不能重复显像。

许多变量会影响显示的持久性，这些变量包括：

1）预清洗方法（如表面上微量的酸或碱会使染料褪色）。

2）渗透液的类型及其中的染料（如上文所述的着色渗透液）。

3）工艺方法（如过清洗）。

4）温度（高温，在干燥箱中干燥时间过长，渗透液损失太多）。

5）显像剂的类型。

6）乳化剂的浓度与停留时间（如过乳化）。

6. 显示的照明

着色渗透检测使用普通的白光，迹痕显示为红色，衬托背景为白色，是一种高对比度的颜色系统，这时，采用1000Lx强度的白光就可满足技术要求。但是，在少数情况下，需要把渗透液和显像剂擦掉，用放大镜检查迹痕显示的"源"，这种精密的检查需要使用2000Lx的高强度白光。

根据光的入射与反射原理，在许多情况下，当灯光、受检试件表面、检验人员的眼睛三者保持某种小角度时，可以在受检试件表面形成一个聚光光环，有助于对细微缺陷进行评估。

高强度的光或者带有聚焦环的闪光灯对于精密检测是很有用的，但要注意灯光的放置，不要使高强度的光直接入射到检测人员的眼睛中，这样会使检测人员感觉到"刺眼"。

荧光渗透检测使用黑光灯，对受检试件表面黑光辐射强度的技术要求正在提高。一般规定，受检试件表面的黑光辐照强度，对于普通检测来说，应为$1000\mu W/cm^2$；对于关键性的检测，通常为$3000\mu W/cm^2$。

荧光渗透检测光照系统的另一个要求，是受检试件表面的黑暗区域最好达到完全黑暗。航空航天等军事工业规范通常要求环境的白光强度为20Lx。

荧光渗透检测暗室内应保持清洁，一切发出荧光的物体都应从暗室内清除移出，以使背景荧光减到最少。

9.2 显示的分类

渗透检测显示一般可分为三种类型：
1）由真实缺陷引起的相关显示，也称真实显示。
2）由受检试件的结构等原因引起的不相关显示。
3）由于受检试件表面未清洗干净而残留的渗透液等所引起的虚假缺陷显示。

9.2.1 相关显示

相关显示是由缺陷或不连续引起的，是存在缺陷或不连续的标志。渗透检测中常见的缺陷有裂纹、气孔、夹杂、疏松、未熔合、未焊透、折叠、发纹和分层等；受检试件的不连续性，包括受检试件表面最后加工完成过程中发现的任何缺陷。缺陷是超过最低可验收水平的一种不连续性。无损检测技术的习惯做法是，凡是涉及不连续的缺欠或裂纹，一直要到确定其是否为缺陷时才停止试验。

显示是通过种种方法探测不连续所获得无损检测结果，其中包括人的眼睛可见或者使仪器仪表产生读数。

裂纹虽然处于受检试件表面，但如果不进行渗透检测，用眼睛是无法直接观察到的。缺陷迹痕的渗透显示，使人的眼睛能注意到缺陷的具体位置，从而大大加快了检测速度。应力腐蚀裂纹需要使用很高放大倍数的金相显微镜才能发现，而通过渗透检测，则能很迅速地检测发现。

渗透检测试验在宽的或浅的不连续中也会有所差别，而亮度、尺寸、形状、位置和显示的持久性等全部信息的提供，有助于对一个不连续进行正确的评定。

9.2.2 不相关显示

这类显示不是由缺陷或不连续所引起的，它主要是由下述三种原因造成的：

1）由受检试件的加工工艺造成的不相关显示，如装配压痕、铆接印和电阻焊时未焊接部位产生的显示。由于这是加工工艺中不可避免的，因此是允许存在的。

2）由受检试件结构的外形引起的不相关显示，如键槽、花键和装配结合处等引起的显示。

3）由焊斑或松散的氧化皮等引起的不相关显示。

常见的不相关显示见表9-1。

表9-1 常见的不相关显示

种　类	位　置	特　征
焊接飞溅	电弧焊的基体金属上	表面上的球状物
电阻焊不焊接的边缘部分	电阻焊焊缝的边缘	沿整个焊缝长度渗透液严重渗出
装配压痕	压痕配合处	压痕配合轮廓
铆接印	铆接处	锤击印
刻痕、凹坑、划伤	各种试件	目视可见
毛刺	机械加工试件	目视可见

表9-1所列显示，在目视检查中一般用肉眼即可观察到，故对其解释并不困难。通常也不将这类显示作为渗透检测拒收的依据，故也称为无关显示。

对在役试件进行渗透检测时，有一种情况有时也按不相关显示来处理，即迹痕显示是密集气孔或者是紧靠焊接熔合线的收缩线等。这些是真实显示，它们在制造过程中一般是允许存在的；对于在役试件，在渗透检测中，如果这些显示没有明显扩张的迹象，则可以认为是允许的。

9.2.3 虚假缺陷显示

1. 虚假缺陷显示的产生原因

这种显示不是由缺陷或不连续引起的，也不是由受检试件结构或外形所引起的，而是由不适当的工艺操作方法造成的，可能被错误地解释为不连续或缺陷，故也常将这类显示称为伪缺陷显示。归纳起来，产生虚假缺陷显示的主要原因如下：

1）操作者手上的渗透液污染。

2）检测工作台上的渗透液污染。

3）显像剂受到渗透液的污染。

4）布或棉花纤维上的渗透液污染。

5）清洗时，渗透液飞溅到干净的试件上。

6）试件筐、吊具上残存的渗透液与已清洗干净的受检试件相接触而造成的污染。

7）受检试件上缺陷处渗出的渗透液，使相邻的受检试件受到污染。

2. 虚假缺陷显示的判别和避免

这类显示从特征上来分析，是较容易判别的。若用沾有酒精的棉球擦拭，则虚假缺陷显示很容易擦去，且不会重新出现。

渗透检测时，应尽量避免产生虚假显示。为此，必须采取必要的措施：操作者的手应保持干净、无渗透液污染；试件筐、吊具和工作台应始终保持干净；使用无绒的布擦洗受检试件；在清洗部位安装黑光灯进行检查等。

9.3 缺陷迹痕显示的分类

缺陷迹痕显示的分类一般是根据迹痕显示的形状、尺寸和分布状态等进行的，各类标准对缺陷迹痕显示的分类方法不尽相同，如图9-1和图9-2所示。

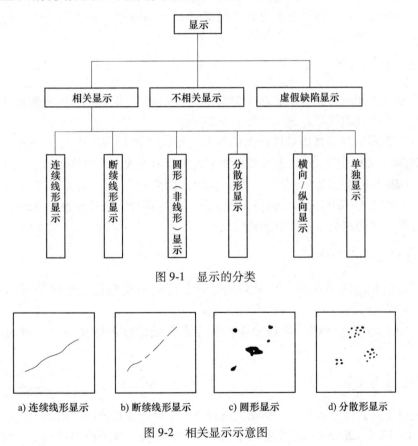

图9-1 显示的分类

图9-2 相关显示示意图

a) 连续线形显示　　b) 断续线形显示　　c) 圆形显示　　d) 分散形显示

1. 连续线形显示

连续线形显示是由裂纹、冷隔或锻造折叠等缺陷造成的。国内外一些标准大多将长宽比大于或等于3的显示称为连续线形显示，如图9-2a所示。

例如，GJB 2367A—2005《渗透检验》规定：连续线形显示是其长度为宽度的三倍或三倍以上的显示。"又如，NB/T 47013.5—2015《承压设备无损检测 第 5 部分：渗透检测》规定：长度与宽度之比大于 3 的相关显示，按线性缺陷处理。

2. 断续线形显示

断续线形显示是由一条直线或曲线上距离较近的缺陷所组成的显示痕迹，如图 9-2b 所示。

对试件表面上的线形缺陷进行磨削、喷丸、吹砂、锻造或机械加工时，原来表面上的连续线形缺陷可能会有一部分被堵塞。渗透检测时，呈现为断续的线形显示。处理这类缺陷时，应按连续的线形显示处理，即按一条线形缺陷进行评定。

例如，GJB 2367A—2005《渗透检验》规定：当两个或两个以上显示大致在一条连线上，且间距小于 2mm 时，应视为一个连续的线形显示（长度包括显示长度加间距）。

又如：NB/T 47013.5—2015《承压设备无损检测 第 5 部分：渗透检测》规定：当两条或两条以上相关显示在同一条直线上且间距不大于 2mm 时，按一条缺陷处理，其长度为两条相关显示之和加间距。

3. 圆形（非线形）显示

除线形显示之外的其他显示，均称为圆形（非线形）显示。一些标准将长宽比小于 3 的显示都称为圆形（非线形）显示，如图 9-2c 所示。

圆形（非线形）显示是由试件表面的气孔、针孔或疏松等产生的。深的表面裂纹，由于显像时会渗出较多的渗透液，也可能在缺陷处扩散而形成圆形痕迹显示。

例如，GJB 2367A—2005《渗透检验》规定：圆形显示是长度为宽度的三倍以下的显示。"NB/T 47013.5—2015《承压设备无损检测 第 5 部分：渗透检测》规定：长度与宽度之比小于或等于 3 的相关显示按圆形缺陷处理。"

4. 分散形显示

在一定的面积范围内存在几个缺陷的显示，可认为是分散状的缺陷显示，如图 9-2d 所示。

例如，GJB 2367A—2005《渗透检验》规定：分散形显示是在一定区域内存在的多个显示。

5. 横向/纵向显示

许多关键受力试件，如紧固件与轴类试件等，不允许存在横向缺陷显示。

NB/T 47013.5—2015《承压设备无损检测 第 5 部分：渗透检测》规定：相关显示在长轴方向与试件（轴类或管类）轴线或母线的夹角大于或等于 30°时，按横向缺陷处理，其他按纵向缺陷处理。

6. 单独显示

在一定区域内存在几个缺陷显示，如果其中最短的显示长度小于 2mm，而间距又大于 2mm 时，则可看作单独显示。例如，GJB 2367A—2005《渗透检验》规定：当两个或两个以上显示大致在一条连线上，且显示中最短的长度小于 2mm，而间距又大于 2mm 时，应视为单独显示。

9.4 缺陷分类及常见缺陷特征

9.4.1 缺陷分类

根据缺陷的起因，可将其分为三类，即原材料缺陷（内部固有的）、工艺缺陷（加工过程中产生的）和使用缺陷（使用或运行过程中产生的）。

1. 原材料缺陷

原材料缺陷也称原材料的固有缺陷，它是在冶炼浇注过程中，金属由熔化状态凝固成固体状态时产生的，如缩孔、夹杂、钢锭裂纹及气泡等。

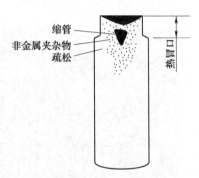

图 9-3 钢锭中的不连续示意图

钢锭开坯，加工变形后形成钢板、钢管、钢棒等产品，这些产品中的缺陷通常与其成形之前原始钢锭的熔化和凝固有关。铸造形成的不连续与金属的熔化、浇注及凝固条件有关，通常是由不同的固有因素，如加料不合理、浇注温度过高以及残留气体所引起的。炼钢过程中出现在钢锭中的不连续，在用钢材制造某一产品时，会增加不连续的类型。钢锭中存在的三种主要不连续如图 9-3 所示。

疏松是由熔化金属中残留气体引起的。缩管是在钢锭凝固时，由于中心部分收缩而形成的。非金属夹杂物是由在金属熔化过程中意外进入的杂质引起的。通常将热冒口切除掉，以去除大部分的不连续。当钢锭进一步加工轧制成钢板、钢坯、钢棒时，这些不连续的尺寸和形状将发生改变。

在钢坯压延展宽过程中，其中的非金属夹杂物被压延展宽而形成分层（夹层），如图9-4所示。同样，缩管和气孔在压延变形过程中会形成发纹，如图 9-5 所示。

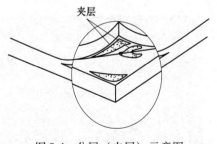

图 9-4 分层（夹层）示意图

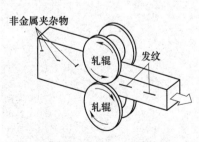

图 9-5 发纹示意图

如果与钢锭的原材料缺陷有关，尽管缺陷的形状已改变、缺陷名称也不同，但仍然列为原材料缺陷，如图 9-6 所示。例如，钢锭中的缩孔、气泡等经轧制后，在板材中形成分层；原钢锭中的夹杂或气泡在棒材中形成发纹等，这些都属于原材料缺陷。

2. 工艺缺陷

工艺缺陷是与试件的各种制造工艺，包括铸造、锻造、冲压、挤压、滚轧、机械加工、焊接、表面处理和热处理等有关的缺陷，故工艺缺陷又称加工缺陷。工艺缺陷主要有下列四种情况：

1) 钢锭经过变形加工后，在棒材、板材、管材或带材上，由于变形工艺原因形成的工艺缺陷，如折叠（图9-7）、缝隙、冲压裂纹、弯曲裂纹等。

2) 铸造时产生的缺陷，如气孔（图9-8）、疏松（图9-9）、夹杂、裂纹、冷隔等。应当指出：

图9-6　垫圈分层（荧光渗透检测）

铸造时，在试件中产生的铸造缺陷，尽管在性质上与钢锭中的铸造缺陷相同，但由于铸造是一种制造工艺，故铸件中的缺陷不列为原材料缺陷，而列为加工缺陷。

图9-7　接嘴折叠（荧光渗透检测）

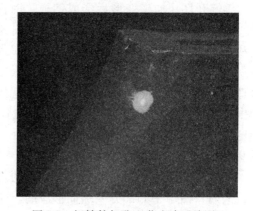

图9-8　铝铸件气孔（荧光渗透检测）

3) 焊接时产生的缺陷，如气孔、夹渣、裂纹（图9-10）、未熔合（图9-11）和未焊透等。

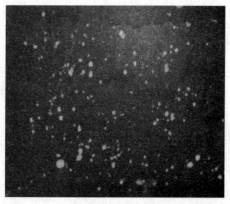

图9-9　铝铸件疏松（荧光渗透检测）

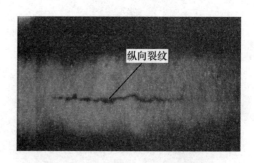

图9-10　纵向裂纹（X射线检测）

4) 试件在车、铣、磨等机械加工，电解腐蚀加工，热处理，表面处理等工艺过程中产生的缺陷，如磨削裂纹（图9-12）、镀铬层裂纹、淬火裂纹、金属喷涂层裂纹等。

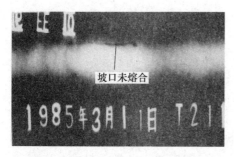

图 9-11 坡口未熔合（X 射线检测）

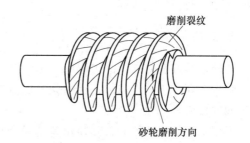

图 9-12 磨削裂纹示意图

3. 使用缺陷

使用缺陷是试件在使用过程中产生的缺陷，又称运行非连续性，如应力腐蚀裂纹、磨损裂纹和疲劳裂纹（图 9-13）等。它与产品运行过程中的使用情况有关，如应力、腐蚀、疲劳及水蚀等。

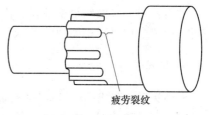

图 9-13 疲劳裂纹示意图

注意：非连续性并不都是缺陷，无损检测人员发现的任何迹痕显示都可称为非连续性，只有判定该非连续性对产品的使用有影响时才叫缺陷。

9.4.2 铸造缺陷及其显示特征

铸造缺陷产生于熔化金属进入铸型的浇注及凝固过程中。铸造缺陷主要有裂纹、气孔、夹渣、疏松、缩孔、冷隔等。

1. 铸造气孔、缩孔和显微缩孔

铸造气孔是铸件中一种常见的缺陷，它的存在会使有效截面积减小，从而降低承载能力，特别是对弯曲和冲击韧性影响较大，是导致结构破断的原因之一。

（1）铸造气孔 铸造气孔是在试件浇注过程中产生的。以砂型铸造为例，铸型所含的水分形成蒸汽，由于铸型的透气性不好，蒸汽被迫进入金属液中，使熔融金属吸入过多的气体；铸件在凝固时，气体未能及时排出，而在试件内部形成大致呈梨形或球形的缺陷，气孔的尖端与铸件表面相通。

气孔如果在铸件表面，或者经过机械加工后露出铸件表面，是很容易通过渗透检测发现的。铝、镁合金砂型铸件表面经常出现这种气孔。气孔一般目视可见，在放大镜下观察，可以看到气孔的内表面是光滑的。

渗透检测时，表面气孔的显示一般呈圆形、椭圆形或长圆条形的红色色点（或黄绿色荧光亮点），并由中心均匀地向边缘减淡。由于渗出的渗透液较多，缺陷的显示会随显像时间的延长而迅速扩展。

（2）缩孔 缩孔是由于铸件凝固收缩后的空间缺少熔融金属的补充而形成的，类似于钢锭中的缩管。

（3）显微缩孔　显微缩孔通常是指铸件浇口处皮下的众多小孔，也常出现在熔融金属小截面到大截面的过渡处。

2. 疏松

疏松是铸件在凝固结晶过程中，由于补缩不足而形成的不连续且形状不规则的孔洞。这些孔洞大多存在于试件内部，经抛光或机械加工后，有的会露出表面，渗透检测可以发现露出表面的疏松。

根据疏松的形状不同，其显示有的呈密集点状，有的呈密集短条状，有的呈聚集块状，且散乱分布。每个点、条、块的显示又是由很多个靠得很近的小点显示连成一片而形成的，如图9-14所示。

注意：对于弥散状显微疏松，由于可形成一个较大区域的微弱显示，故应对相关部位重新进行检测，以排除虚假缺陷显示，不可简单地做出评价。

3. 铸造夹杂

铸造夹杂（图9-15）和焊接夹杂一样，也是常见的缺陷，其形状多种多样，很不规则，夹杂露出试件表面时，渗透检测是可以发现的。

图9-14　疏松（ZL201铸铝件，荧光渗透检测）

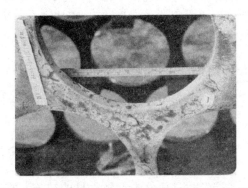

图9-15　疏松和夹杂（高温耐热钢，着色渗透检测）

4. 铸造裂纹

在铸造金属液凝固收缩过程中，由于相邻区域冷却速度不同而产生了内应力，在内应力作用下，产生的线状缺陷称为铸造裂纹。铸造裂纹分为热裂纹和冷裂纹两大类。

热裂纹是在高温下产生的，易出现在应力集中区，如大、小截面交界的收缩部分，热裂纹一般比较浅。

冷裂纹是在低温时产生的，易出现在截面突变处。它的显示特征与焊接裂纹相同，但对于较深的铸

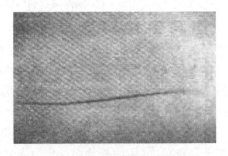

图9-16　铸件冷裂纹（X射线检测）

造裂纹，由于渗出的渗透液较多，往往会失去裂纹的外形，有时甚至会扩展成圆形显示，如图9-16所示。

5. 冷隔

当熔融金属浇注在已凝固的金属上时，会产生所谓冷隔缺陷；在浇注过程中，两股金属液流到一起时没能真正地融合在一起，呈现出的断续或连续的线状表面缺陷也是冷隔。冷隔常出现在远离浇口的薄截面处，一般目视可见。

渗透检测时，冷隔的显示有时呈粗大且两端圆滑的光滑线状；有时呈紧密、连续或断续的光滑线条，如图9-17所示。

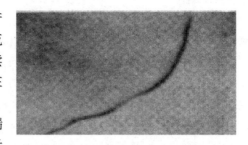

图9-17　铸件冷隔（X射线检测）

9.4.3　焊接缺陷及其显示特征

1. 焊接气孔

焊接气孔是一种常见的缺陷，可分为外气孔和内气孔；根据分布情况不同，又可分为分散气孔、密集气孔和连续气孔等。

焊接气孔的显示与铸造气孔相似，图9-18所示为密集气孔，图9-19所示为气孔+未焊透。

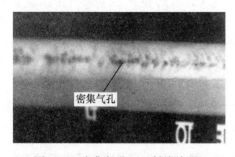

图9-18　密集气孔（X射线检测）

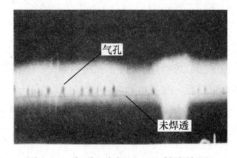

图9-19　气孔+未焊透（X射线检测）

焊接气孔的形成机理与铸造气孔相似。形成焊接气孔的主要气体是氢气和一氧化碳，其来源是原来溶解于母材或焊条药芯中的气体，但更主要的是焊接工艺方面的原因，例如：焊件未清理干净，焊缝中有水、油、锈、油漆或气割残渣等；焊条药皮偏芯或磁偏吹，造成电弧不稳，保护不够；焊剂受潮后未按规定烘焙；酸性焊条烘干温度过高（超过150℃）；焊条药皮变质剥落，焊芯锈蚀；采用的电流过大，使后半截焊条烧红等。

2. 焊接裂纹

焊接裂纹是指在焊接过程中或焊接以后，在焊接接头区域出现的裂纹，如图9-20所示。

裂纹除了会降低试件的机械强度外，还会由于有尖锐的缺口而引起较高的应力集中，从而使裂纹扩展，由

图9-20　焊接裂纹（磁粉检测）

155

此导致整个结构的破坏，特别是承受动载荷时，这种缺陷是很危险的。因此，裂纹是危害性极大的缺陷。

焊接裂纹的种类很多，按部位不同，可分为纵向裂纹、横向裂纹、熔合区裂纹、根部裂纹、火口裂纹和热影响区裂纹等；按产生的温度和时间不同，可分为热裂纹和冷裂纹。

（1）热裂纹　金属从结晶开始，一直到相变以前所产生的裂纹都称为热裂纹。它沿晶界裂开，具有晶间破坏性质，当其与外界空气接触时，表面呈氧化色彩（蓝色、蓝黑色）。热裂纹常产生在焊缝中心（纵向），但火口裂纹产生在断弧的火口处，呈星状。

热裂纹产生的原因：通常认为是由于钢材在固相线附近有一个高温脆性区，即焊接金属在凝固过程中，低熔点杂质呈液态被排挤并富集在晶界上，形成液态间层；在随后的结晶过程中，由于收缩使其受到拉应力，这时液态间层便成为薄弱的拉伸变形集中地带；当拉伸变形超过晶体间层的变形能力，又得不到新的液相补充时，便可能沿此薄弱带形成晶间裂纹。这种现象犹如在两层纸之间涂上糨糊，当糨糊未干时，很容易将两层纸撕开。

渗透检测时，热裂纹一般呈现曲折的波浪状或锯齿状红色（或明亮的黄绿色）细线条；火口裂纹呈星状，较深的火口裂纹有时会因渗透液渗出较多使显示扩展而呈圆形。用沾有酒精的棉球擦去显示后，裂纹的特征可清楚地显示出来。

（2）冷裂纹　冷裂纹是指在相变温度以下，冷却过程中和冷却以后出现的裂纹。这类裂纹多出现在有淬火倾向的高强度钢中；一般的低碳钢试件，在刚性不太大时，是不易产生这类裂纹的。冷裂纹通常出现在焊缝热影响区，有时也在焊缝金属中出现，其特征是穿晶开裂。当淬硬组织、氢的富集和存在应力三要素同时存在时，就很容易产生冷裂纹。故冷裂纹不一定在焊接时产生，它可以延迟几小时甚至更长的时间后才产生，所以冷裂纹又称延迟裂纹，具有很大的危险性。它常产生于焊层下紧靠熔合线处，并与熔合线相平行。

渗透检测时，冷裂纹的显示一般呈直线状红色（或明亮的黄绿色）细线条，中部稍宽，两端尖细，颜色（亮度）逐渐减淡，直到最后消失。

3. 未焊透

在焊接过程中，焊件的母材与母材之间未被电弧熔化而留下的空隙称未焊透，如图9-21所示。产生未焊透的部位往往也有夹渣存在。未焊透会降低焊接接头的力学性能，其缺口与尖角易产生应力集中，在承载之后易引起破裂。

图9-21　未焊透（X射线检测）

渗透检测中，仅能发现单面焊的根部未焊透缺陷，其显示为一条连续或断续的线条，宽度一般较均匀，且取决于焊件的预留间隙。

4. 未熔合

在焊接过程中，填充金属和母材之间或填充金属与填充金属之间没有熔合在一起，称为未熔合。填充金属与母材之间未熔合称为坡口未熔合（图 9-11）；填充金属与填充金属之间未熔合称为层间未熔合。

未熔合是虚焊，实际并未焊上，受外力作用时极易开裂，因而也是危险性缺陷。

渗透检测无法发现层间未熔合，只能发现延伸至表面的坡口未熔合，其显示为直线状或椭圆形的条状。

5. 焊接夹渣（夹钨）

焊接夹渣（夹钨）（图 9-22）和铸造夹渣一样，也是常见的缺陷。其形状多种多样，很不规则，当夹渣露出表面时，渗透检测是可以发现的。

因为金属钨的 X 射线衰减系数比钢大，所以在 X 射线底片上成亮点。

图 9-22　焊接夹渣（钨极氩弧焊，X 射线检测）

9.4.4　挤压轧制缺陷及其显示特征

挤压轧制缺陷通常是金属在过热状态下，进行锻造或挤压成形时形成的。

1. 锻造裂纹

锻造裂纹是由锻造温度不当引起的，它可能发生在锻件内部，也可能暴露于表面上，如图 9-23 所示。

将钢坯轧制成圆棒的过程中，表面不规则夹渣物可能形成表面裂纹；另外，不合理的金属挤压成形中的金属折叠或原钢坯中的裂纹也会造成表面裂纹。将钢坯轧制成方钢的过程中，也会形成表面裂纹。

图 9-23　锻造裂纹（磁粉检测）

2. 折叠（重皮）

在锻造或轧制试件的过程中，由于模具太大、材料在模具中的位置不正确、坯料太大等原因，会使一些金属重叠在试件表面上，这种缺陷称为折叠。当某些锻件在上下两个模具中串位时，将挤出一些金属，也会形成锻造折叠。

折叠通常与试件表面成一定夹角，多发生在锻件的转接部位，且结合紧密，如图 9-24 所示。

渗透检测时，渗透液在折叠处的渗入较为困难，但只要露出表面，采用高灵敏度的渗透液和较长的渗透时间，还是可以发现折叠缺陷的。折叠的显示为连续或断续的细线条。

3. 缝隙

缝隙是将金属滚轧、拉制成棒材时，在棒材表面形成的一种沿长度方向的很直的缺陷。渗透检测时，其显示是一条又直又长的线条，如图 9-25 所示。

图 9-24　摇臂折叠（荧光渗透检测）

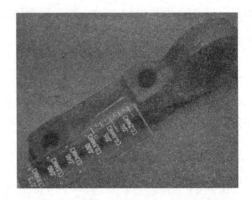

图 9-25　摇臂缝隙（荧光渗透检测）

9.4.5　机械加工缺陷及其显示特征

1. 磨削裂纹

磨削裂纹是一种在磨削加工过程中产生的非连续性，它是由于砂轮与金属试件表面摩擦产生局部过热或试件上碳化物偏析等原因，在局部热应力及局部机械加工压应力的共同作用下产生的裂纹。

磨削裂纹一般较浅，它经常出现在与砂轮旋转方向相垂直的部位，即基本上垂直于磨削方向，并且沿晶界分布或呈网状，如图 9-12 所示。

渗透检测时，磨削裂纹的显示一般呈断续条纹、辐射状或网状条纹。

2. 其他机械加工缺陷

一些表层非连续性在机械加工（如车削加工、磨削加工等）过程中会露出表面。图9-26所示为表面裂纹；图 9-27 所示为内部裂纹，其经过机械加工后将露出表面。渗透检测只能发现露出表面的非连续性。

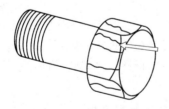

图 9-26　表面裂纹示意图

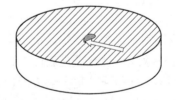

图 9-27　内部裂纹露出表面示意图

9.4.6　热处理缺陷及其显示特征

热处理缺陷是由于试件在加热或冷却过程中产生应力而形成的。截面大小不均匀的试件，其冷却过程也不均匀，就有可能产生热处理缺陷。热处理缺陷一般没有方向性，通常起源于应力集中的尖角处。

淬火裂纹是一种常见的热处理裂纹，它一般起源于刻槽、尖角等应力集中区，如图 9-28 和图 9-29 所示。

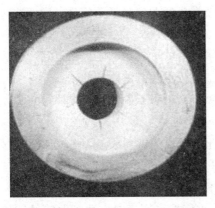 

图 9-28　淬火裂纹（一）（磁粉检测）　　　图 9-29　淬火裂纹（二）（磁粉检测）

渗透检测时，淬火裂纹的显示一般为红色（或明亮的黄绿色）细线条，呈线状、树枝状或网状，裂纹起源处宽度较大，随延伸方向逐渐变细。

9.4.7　使用缺陷及其显示特征

疲劳裂纹是试件在使用过程中，长期受到交变应力或脉动应力的作用，在应力集中区产生的裂纹。疲劳裂纹往往是从试件上的划伤、刻槽、陡的内凹拐角及表面缺陷处开始，开口于试件表面。

图 9-13 所示的典型疲劳裂纹产生于试件运行中，开口于试件表面，起源于应力集中区。疲劳裂纹只在试件运行后才会产生，可能起源于高应力区的小气孔、夹渣及其他非连续性。

渗透检测时，疲劳裂纹的显示一般呈线状或曲线状，随延伸方向逐渐变得尖细。

9.5　缺陷显示的等级评定

9.5.1　等级评定总则及方法

1. 等级评定总则

被确认为缺陷的显示，均应进行定位、定量及定性等评定，然后再根据质量验收标准或有关技术文件评定质量级别，做出合格与否的判定。

评定缺陷时，应严格按照质量验收标准或技术文件的要求进行。在定量评定时，要特别注意缺陷的显示尺寸和实际尺寸的区别，因为前者往往比后者大得多。

显像时间与缺陷评定的准确性有密切的关系。显像时间太短，缺陷的显示甚至不会出现。在湿式显像中，随着显像时间的延长，缺陷显示会扩散，互相接近的缺陷迹痕显示甚至会像一个缺陷一样。因此，应按渗透检测标准和技术文件中规定的显像时间，及时观察缺陷显示；随着显像时间的延长，应不断地观察缺陷显示的形貌变化，这样才能比较准确地评价缺陷大小和种类。

应当指出：渗透检测所给出的缺陷显示图像，只提供呈现在试件表面的缺陷的二维形状和尺寸（长度×宽度），既没有深度方向的尺寸，也没有缺陷内部形状或抗分离的信息，更不会提供对机械强度影响最大的缺陷性质、深度及端头的曲率半径等信息，因而按对机械强度影响的大小来进行缺陷的等级划分是困难的。

现行标准忽略了缺陷对强度的影响，仅就缺陷显示的形貌对缺陷进行评定。但这种做法也有一定的科学性，因为现行的质量验收标准通常是按下述方法制定的：

1）引用类似试件的现有质量验收标准，这些现有的标准都是经过长时间的实际使用考核后，被证明是可靠的。

2）按一定的制造工艺试生产一批试件并进行渗透检测，对发现缺陷的试件进行分类，然后进行破坏性试验，如强度试验、疲劳试验等；再根据试验结果，与发现缺陷的试件进行对照，找出对应关系，制定出合适的质量验收标准。

3）根据理论或经验的应力分析，制定质量验收标准；还可对有典型缺陷的试件进行模拟实际工作状态的试验，然后制定质量验收标准。

对试件的评定原则如下：

1）对明显超出质量验收标准的缺陷，可立即做出不合格的结论。

2）对于那些缺陷尺寸接近质量验收标准的试件，需在白光下用放大镜测出缺陷的尺寸和定出缺陷的性质后，才能做出结论。

3）对于超出质量验收标准但允许打磨或补焊的试件，应在打磨后再次进行渗透检测；确认缺陷被打磨干净后，方可再次进行评定，确定是否验收合格或补焊。补焊后还需再次进行渗透检测及评定或使用其他方法进行检验。

4）按验收标准评定为合格的试件，应做合格标记。

5）评定为不合格的试件应做不合格标记。特别是报废的试件，应做好破坏性标记，以防止将废品混入合格品中而造成质量事故。

6）现场检测时，一定要将合格试件与拒收报废试件严格分开。

2. 等级评定方法

1）观察受检试件表面，对显示进行解释：对每个观察到的显示，应根据其特征进行分析研究，确定这些显示产生的原因，即确定其是由缺陷引起的相关显示，或是由于试件的结构等不相关原因引起的不相关显示，或仅是因为表面未清洗干净而残留的渗透液，或是由某种污染引起的虚假缺陷显示。虚假缺陷显示和一些不相关显示可不必记录，但有些不相关显示是需要记录的，如太深的刻痕、凹坑、划伤、锤击印等。

2）划定评定框。评定框应放置在缺陷最严重的部位，尽可能将缺陷围入评定框内。若只有部分缺陷在评定框内，则只计算评定框内的部分。

3）测量每个不连续显示的长度和宽度。

4）根据不连续显示的长宽比，确定不连续显示是线状显示还是非线状显示；根据两个不连续显示的间距和数量，确定不连续显示是否为点线状显示。

5）根据不连续显示的长度及数量等，按显示类型分别进行评定。

6）对评定级别进行复查。

7）根据质量验收标准进行质量评定，得出评定结果。

9.5.2　NB/T 47013.5—2015 等级评定实例

现以 NB/T 47013.5—2015《承压设备无损检测 第 5 部分：渗透检测》为例，简述等级评定过程：

1）将显示分为相关显示、不相关显示和虚假缺陷显示。不相关显示和虚假缺陷显示不必记录和评定。

2）根据缺陷显示形状，把缺陷分为线形缺陷和圆形缺陷：长度与宽度之比大于 3 的缺陷显示，按线形缺陷处理；长度与宽度之比小于或等于 3 的缺陷显示，按圆形缺陷处理。

3）根据缺陷的方向，将其分为横向缺陷与纵向缺陷：缺陷长轴方向与试件（轴类或管类）轴线或母线的夹角≥30°时，按横向缺陷处理，其他按纵向缺陷处理。

4）对断续缺陷的规定：当两条或两条以上的线形显示在同一条直线上且间距不大于 2mm 时，按一条显示处理，其长度为各显示长度之和加间距。

5）对不允许缺陷的规定：任何裂纹和白点，任何紧固件和轴类试件上的横向缺陷。

6）对不计显示的规定：长度小于 0.5mm 的显示不计；除确认显示是由外界因素或操作不当造成的之外，其他任何显示均应做缺陷处理。

7）焊接接头和坡口的等级评定按表 9-2 进行。

8）其他部件的等级评定按表 9-3 进行。

表 9-2　焊接接头和坡口的等级评定　　　　　　　　　　（单位：mm）

等级	线形缺陷	圆形缺陷（评定框尺寸 35×100）
I	不允许	$d \leqslant 2.0$，且在评定框内不多于 1 个
II	大于 I 级	

注：d 为圆形缺陷在任意方向上的最大尺寸。

表 9-3　其他部件的等级评定

等级	线形缺陷	圆形缺陷（评定框面积为 2500mm², 其中一条矩形边的最大长度为 150mm）
I	不允许	$d \leqslant \phi 2.0mm$，且在评定框内不多于 1 个
II	$L \leqslant 4.0mm$	$d \leqslant \phi 4.0mm$，且在评定框内不多于 2 个
III	$L \leqslant 6.0mm$	$d \leqslant \phi 6.0mm$，且在评定框内不多于 4 个
IV	大于 III 级	

注：L 为线形缺陷长度；d 为圆形缺陷在任意方向上的最大尺寸。

例 9-1　某焊缝，发现在一条直线上有三个缺陷，显示长度均为 2mm，宽度均为 0.6mm，间距均为 1.5mm，试根据 NB/T 47013.5—2015 评定该焊缝的质量级别。

解：根据已知条件作缺陷图，如图 9-30 所示。

因为这三个缺陷的长度与宽度之比大于 3，所以按线形缺陷处理；又因为三个缺陷在同一条直线上且间距均小于 2mm，故应按

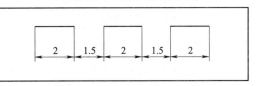

图 9-30　例 9-1 的缺陷图

一个缺陷处理。因此，缺陷长度 $L=(2+2+2+1.5+1.5)\text{mm}=9\text{mm}$。

因此，这三个缺陷按一个线形缺陷计，评为Ⅱ级。

答：该焊缝质量级别为Ⅱ级。

例 9-2 某焊缝在 35mm×100mm 范围内存在三个缺陷，显示长度均为 2mm，宽度均为 1mm，间距均为 2.5mm，试根据 NB/T 47013.5—2015 评定该焊缝的质量级别。

解：根据已知条件作缺陷图，如图 9-31 所示。

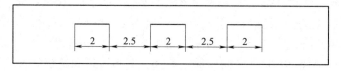

图 9-31　例 9-2 的缺陷图

因为这三个缺陷的长度与宽度之比小于 3，所以按圆形缺陷处理。根据表 9-3，$d=\phi2\text{mm}$，在 35mm×100mm 的评定框内有 3 个缺陷，故评为Ⅱ级。

答：该焊缝质量级别为Ⅱ级。

9.5.3　GJB 2367A—2005 等级评定实例

对相关显示进行分类和评级时，如果未协定评级标准，可参照 GJB 2367A—2005 中附录 A 的规定。

1. 渗透显示的分类

渗透显示按其形状和集中程度可分为以下三种：

1）线形显示：其长度为宽度的 3 倍或 3 倍以上的显示。

2）圆形显示：其长度为宽度的 3 倍以下的显示。

3）分散形显示：在 2500mm² 矩形面积内（矩形最大边长为 150mm），长度超过 1mm 的多个显示。

2. 渗透显示的等级

1）线形和圆形显示的等级，根据显示的总长度，按表 9-4 进行评定。

2）分散形显示的等级，根据显示的总长度，按按表 9-5 进行评定。

表 9-4　线形和圆形显示的等级　　　　　　　　　　　　　　（单位：mm）

等级	显示的长度	等级	显示的长度
1 级	1~2	5 级	≥16~32
2 级	≥2~4	6 级	≥32~64
3 级	≥4~8	7 级	≥64
4 级	≥8~16		

表9-5　分散形显示的等级　　　　　　　　　　　　　　　（单位：mm）

等级	显示的长度	等级	显示的长度
1 级	2~4	5 级	≥32~64
2 级	≥4~8	6 级	≥64~128
3 级	≥8~16	7 级	≥128
4 级	≥16~32	—	—

3）当两个或两个以上显示大致在一条连线上，且间距小于2mm时，应为一个连续的线形显示（长度包括显示长度和间距）。当显示中最短的长度小于2mm，而间距又大于显示长度时，则应视为单独显示。

例9-3 某试件经渗透检测发现有三个缺陷显示，如图9-32所示，其尺寸（长×宽）为：① 2.8mm×2.1mm；② 4.4mm×2.8mm；③ 7.9mm×1.5mm。该试件按GJB 2367A—2005评定为几级？

解：1）①2.8/2.1<3，为圆形显示；②4.4/2.8<3，为圆形显示；③7.9/1.5>3，为线形显示。

2）按表9-4，③7.9mm>4~8mm，评为3级。

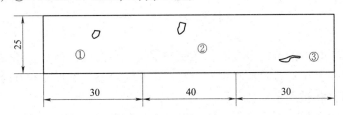

图9-32　例9-3缺陷示意图

3）按表9-5，$25mm \times (30+40+30)mm = 2500mm^2$，$(2.8+4.4+7.9)mm = 15.1mm > 8 \sim 16mm$，评为3级。

答：该试件经渗透检测，质量级别评为3级。

例9-4 某试件经荧光渗透检测发现有相关显示，如图9-33所示，尺寸（长度×宽度）分别为：①7.5mm × 1.2mm；②4.5mm × 1.5mm；③9.0mm × 2.3mm；④9.0mm × 1.5mm；⑤6.3mm × 1.5mm。①、②缺陷间距为2mm，②、③缺陷间距为1.8mm，④、⑤缺陷间距为1.5mm。该试件按GJB 2367A—2005判定为几级？

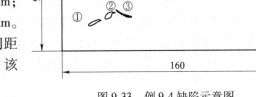

图9-33　例9-4缺陷示意图

解：左侧评定框矩形面积为90mm×80mm=$7200mm^2 > 2500mm^2$。①7.5/1.2=6.25>3，为线形显示；② 4.5/1.5 = 3，为线形显示；③ 9.0/2.3=3.9>3，为线形显示。

按表9-4，$(7.5+9.0+4.5+2+1.8)mm = 24.8mm > 16 \sim 32mm$，评为5级。

按表9-5，$(7.5+4.5+9.0)mm = 21mm > 16 \sim 32mm$，评为4级。

右侧评定框矩形面积为 90mm×80mm＝7200mm^2＞2500mm^2。①9.0/1.5＝6＞3，为线形显示；②6.3/1.5＝4.2＞3，为线形显示。

按表9-4，（9.0+6.3+1.5）mm＝16.8mm＞16~32mm，评为5级。

按表9-5，（9.0+6.3）mm＝15.3mm＞8~16mm，评为3级。

按最低级别评级，综合评定为5级。

答： 该试件经渗透检测，质量级别评为5级。

9.6 缺陷的记录

为了向相关部门呈报渗透检测的情况，跟踪受检试件的使用及运行状态，必须做缺陷记录。另外，在工艺评定和研究期间也常常需要使用缺陷记录。

检测在役试件上的缺陷时，如果它们未超过规定的长度且没有扩展，则某些缺陷是允许存在的。在保养记录中，必须记录这些缺陷的长度，以便在以后的检测中确定其是否延长或扩展。

所有渗透检测的结果均应按有关规定存档，供追溯查源。

常用的缺陷记录方法有三种：试件草图、粘贴-复制技术和照相机拍照。

1. 试件草图

试件草图是记录显示的最简单方法。在受检部位，草图应包括一个其他人员能识别出来的定位标识，以便对显示进行定位和定向。对试件来说，显示的尺寸和方向应做相当准确的记录，因为这些数据将被用于应力计算。

绘制草图时，也需要对显示进行描述，以表明它们是大而亮的显示还是细线状的显示、是亮的显示还是暗的显示、是排成一行的小显示还是外观相似的显示等。这些显示描述，是整个显示记录中的很重要的一部分。

2. 粘贴-复制技术

粘贴-复制技术主要有三种：胶粘带转印、塑料薄膜显像剂和硅橡胶复制。

（1）胶粘带转印　胶粘带转印是最简单的粘贴-复制技术。复制前，应先清洁显示部位四周并进行干燥，去除显示周围多余的显像剂；然后将宽度约为20mm（或者更宽，视现场情况而定）的透明胶粘带的一端粘在试件表面，再轻轻地将胶粘带覆盖在显示上，并在显示的两边，用手平稳地挤压胶粘带。注意不要用力太大，否则显示的宽度和形状将会发生变化。粘好后，从试件表面小心地提起胶粘带，再将其放在纸上或夹在记录本中。

如果胶粘带边沿粘的显像剂太多，将无法粘到纸上，此时可在胶粘带的两边再粘贴两条较窄的胶带。

（2）塑料薄膜显像剂　如前文所述，塑料薄膜显像剂是将显示从试件上转印下来的方法，剥离下来的显像剂薄膜中包含缺陷显示，可在白光（或黑光灯）下进行观察。这种方法不如使用胶粘带转印方便。

（3）硅橡胶复制

1）螺旋孔的渗透检测十分困难，记录其显示则更加困难。硅橡胶用于复制螺纹孔表面的显像剂层是一种很好的材料。在硅橡胶固化后，可以将其从螺纹孔中取出，固化的硅橡胶表面存在显像剂迹痕显示形貌。

2）记录不通孔的显示时，可以采用固化速度更快的硅橡胶。

3）由于橡胶组分和渗透液之间的反应，显示不会很亮。因此，检测平坦表面的裂纹时，某些试验可以得到令人满意的结果。

4）如果试件的材料是铁磁性的，可以采用在硅橡胶中悬浮磁粉的方法进行试验，成功率很高。此时，直接将未固化的橡胶施加在螺旋孔或不通孔中，然后立即进行磁化，磁粉就会慢慢地通过橡胶悬浮液而移向漏磁场。在橡胶固化期间连续地进行磁化，然后取出固化的硅橡胶，缺陷显示形貌效果极好。

3. 照相机拍照

图9-34、图9-35所示为直接用数码相机拍摄的两幅荧光渗透检测照片。图9-36、图9-37所示为直接用数码相机拍摄的两幅着色渗透检测照片。

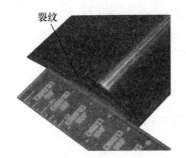

图9-34　叶片裂纹（高温合金钢，精铸件）

图9-35　接嘴裂纹（锻铝，模锻件）

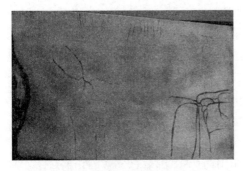

图9-36　吸风机叶片收缩裂纹
（喷涂，母材温度过低）

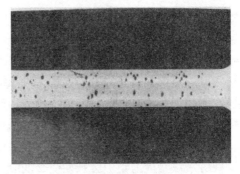

图9-37　某试棒应力腐蚀裂纹
（机械加工面）

照相法是记录看得见的渗透液显示的最好方法，照片中可显示试件上不连续性的位置和方向，同时还能给出不连续性的尺寸。

黑白照片常能以良好的对比度将显示表现出来；由于数字化摄像技术的运用，拍摄彩色照片已不是困难的事情。

着色渗透检测在白光下拍摄，使用数码相机时可直接拍摄；如果不使用数码相机，则需在镜头上加黄色滤光片，并采用较长的曝光时间。

荧光渗透检测在黑光下拍摄，使用数码相机时也可直接拍摄；否则，需要具有熟练的拍摄技术，先在白光下以极短的曝光时间得到试件的外形，然后在不变的条件下，继续在黑光下进行曝光，得到试件背景上的缺陷荧光迹痕显示。

9.7 渗透检测报告

渗透检测完成后，应完成渗透检测报告。各渗透检测工艺方法标准对检测报告（原始记录）的要求不尽相同。渗透检测报告（原始记录）应包括以下内容：

1）申请（或委托）单位（或部门）名称、申请日期。

2）受检试件状态，包括试件名称、图样号、材料、状态、炉批号和数量等。

3）检测工艺卡编号或主要工艺参数，如渗透液、乳化剂、显像剂及去除剂型号；渗透液、乳化剂、显像剂施加方法；渗透、显像及乳化时间；环境温度、水温及水压等。

4）检测方法标准编号（或检测工艺规程编号）、质量验收标准（编号）。

5）检测结论，包括缺陷名称、位置、数量、合格与否的结论等。

6）示意图，包括检测部位、缺陷显示部位等的示意图，必要时可照相或复制。

7）其他内容，包括检测日期、报告日期、操作人员签名（或盖章）、审核人员签名（或盖章）等（注明人员资格）。

复 习 题

说明：题号前带＊号的为Ⅱ级人员需要掌握的内容，对Ⅰ级人员不要求掌握；不带＊号的为Ⅰ、Ⅱ级人员都要掌握的内容。

一、是非题（在括号内，正确画○，错误画×）

＊1. 渗透探伤是要求很高的操作，是对不连续迹痕显示的解释和质量评定。　　（　　）

2. 磨削裂纹一般平行于磨削方向，是由于磨削加工中局部过热而形成的。　　（　　）

3. 焊缝收弧的弧坑位置容易出现火口裂纹，有时呈圆形。　　（　　）

＊4. 冷隔是锻造缺陷，可以通过渗透探伤检出。　　（　　）

＊5. 折叠是铸造缺陷，可以通过渗透探伤检出。　　（　　）

6. 焊缝冷裂纹一般出现在焊缝热影响区位置。　　（　　）

7. 疲劳裂纹是应力集中区长期受交变应力作用而产生的裂纹。　　（　　）

8. 陶瓷上的密集气孔与金属上密集气孔的迹痕显示相同。　　（　　）

9. 连续线形迹痕显示的缺陷与圆形迹痕显示的缺陷同样危险。　　（　　）

＊10. 淬火裂纹起源于刻槽、尖角等位置，是在加热和冷却过程中产生的。　　（　　）

＊11. 焊接裂纹一般显示为连续的直线状或锯齿状。　　（　　）

＊12. 表面或近表面的原材料缺陷，即使能够通过机械加工去除，也是不允许的。（　　）

＊13. 钢棒中的发纹缺陷在机械加工后显示出来，是工艺缺陷。　　（　　）

＊14. 铸件上的弥散状显微疏松可形成一个较大区域的微弱显示。　　（　　）

＊15. 应力腐蚀裂纹是在特定介质和拉应力共同作用下产生的延迟裂纹。　　（　　）

二、选择题（将正确答案填在括号内）

1. 下列哪种记录方式得到缺陷迹痕显示的信息最多？　　　　　　　　（　　　）

    A. 拍照　　　　　　B. 草图　　　　　　C. 复印　　　　　　D. 硅橡胶复制

2. 渗透检测能指示受检试件表面缺陷的什么参数？　　　　　　　　　（　　　）

    A. 缺陷深度与宽度　　　　　　　B. 缺陷长度和深度

    C. 长度和形貌　　　　　　　　　D. 长度和位置

3. 下列哪种细微显示最容易被肉眼观察到？　　　　　　　　　　　　（　　　）

    A. 细而短的显示　　　　　　　　B. 宽而短的显示

    C. 细而长的显示　　　　　　　　D. 窄而短的显示

*4. 渗透检测时，缺陷能否检出主要取决于哪个因素？　　　　　　　　（　　　）

    A. 缺陷是如何形成的　　　　　　B. 试件是如何制造的

    C. 缺陷的尺寸和类型　　　　　　D. 缺陷的位置

*5. 磨削裂纹有何特点？　　　　　　　　　　　　　　　　　　　　　（　　　）

    A. 垂直于砂轮旋转方向　　　　　B. 沿晶界分布或呈网状

    C. 有延迟倾向　　　　　　　　　D. 常出现在应力集中区

*6. 下列哪种缺陷可能产生线状迹痕显示？　　　　　　　　　　　　　（　　　）

    A. 焊接气孔　　　　　　　　　　B. 铸造夹杂

    C. 腐蚀麻点　　　　　　　　　　D. 锻造裂纹

*7. 没有书面验收标准时，依据什么来确定试件的验收或拒收？　　　　（　　　）

    A. 无损检测人员的文化水平　　　B. 试件的设计和用途

    C. 合适的渗透检测标准件　　　　D. 渗透检测剂的选择

*8. 从冷隔中渗出的渗透液，会形成下列哪种显示？　　　　　　　　　（　　　）

    A. 虚假显示　　　　　　　　　　B. 相关显示

    C. 真实显示　　　　　　　　　　D. 不相关显示

9. 下列哪种情况可能引起伪缺陷显示？　　　　　　　　　　　　　　（　　　）

    A. 过清洗　　　　　　　　　　　B. 试件筐上残存渗透液的污染

    C. 显像剂施加得太少　　　　　　D. 渗透剂施加得太多

*10. 着色渗透检测能检出下列哪种缺陷？　　　　　　　　　　　　　（　　　）

    A. 铸件偏析　　　　　　　　　　B. 淬火裂纹

    C. 焊接裂纹　　　　　　　　　　D. 轴心裂纹

*11. 下列哪种缺陷可通过渗透检测法发现？　　　　　　　　　　　　（　　　）

    A. 磨削裂纹　　　　　　　　　　B. 层间未熔合

    C. 碳化物偏析　　　　　　　　　D. 坡口未熔合

*12. 在铸件表面发现一群小的黄绿色亮点显示，可能是什么缺陷？　　（　　　）

    A. 淬火裂纹　　　　　　　　　　B. 缩裂

    C. 热裂纹　　　　　　　　　　　D. 密集性气孔

*13. 下列哪种缺陷可以归类为使用中产生的缺陷？　　　　　　　　　（　　　）

    A. 疲劳裂纹　　　　　　　　　　B. 气孔

    C. 机械加工裂纹　　　　　　　　D. 折叠

*14. 下列哪种缺陷可以归类为工艺缺陷？　　　　　　　　　　　　（　　）

    A. 疲劳裂纹　　　　　　　　　　B. 应力腐蚀裂纹

    C. 板材分层　　　　　　　　　　D. 热处理淬火裂纹

*15. 下列哪种缺陷是原材料缺陷？　　　　　　　　　　　　　　　（　　）

    A. 疲劳裂纹　　　　　　　　　　B. 气孔

    C. 发纹　　　　　　　　　　　　D. 夹渣

16. 下列哪种缺陷是制造过程中产生的缺陷？　　　　　　　　　　（　　）

    A. 焊接裂纹　　　　　　　　　　B. 晶间腐蚀裂纹

    C. 疲劳裂纹　　　　　　　　　　D. 应力腐蚀裂纹

17. 砂型铸件中可能出现下列哪种缺陷迹痕显示？　　　　　　　　（　　）

    A. 气孔　　　　　　　　　　　　B. 咬边

    C. 缩管　　　　　　　　　　　　D. 疏松

18. 铝锻件边缘清晰的新月形迹痕显示是什么缺陷？　　　　　　　（　　）

    A. 锻造折叠　　　　　　　　　　B. 中心丝状气孔

    C. 热处理裂纹　　　　　　　　　D. 虚假显示

19. 铸件缩裂通常在什么部位产生？　　　　　　　　　　　　　　（　　）

    A. 铸件上不存在这种缺陷　　　　B. 只在厚截面上

    C. 常在截面厚度急剧变化的部位　D. 只在薄截面上

*20. 下列哪种显示是典型的不相关显示？　　　　　　　　　　　　（　　）

    A. 试件形状或结构引起的迹痕显示　B. 近表面缺陷引起的迹痕显示

    C. 棉纤维污染造成的迹痕显示　　　D. 松散的氧化皮引起的迹痕显示

*21. 由于渗透液污染造成虚假缺陷显示的主要原因是什么？　　　　（　　）

    A. 工作台上的渗透液污染　　　　B. 电阻焊焊缝边缘渗出的渗透液

    C. 干的或湿的显像剂被渗透液污染　D. 操作人员手上的渗透液污染

*22. 部分闭合的锻造折叠可能产生什么样的迹痕显示？　　　　　　（　　）

    A. 不产生任何迹痕显示　　　　　B. 细的连续线形显示

    C. 宽的连续线形显示　　　　　　D. 断续的线形显示

三、问答题

*1. 渗透检测时，迹痕显示分为哪几类？它们是怎样形成的？试举例说明。

*2. 渗透检测时，缺陷迹痕显示分成哪几类？有何主要特征？试举例说明。

*3. 渗透检测时，常见缺陷分为哪几类？它们是怎样形成的？试举例说明。

4. 简述以下铸造缺陷是如何形成的？渗透检测时，其迹痕显示有何特征。

    裂纹、气孔、缩孔、显微缩孔、冷隔、疏松、夹渣。

5. 简述以下焊接缺陷是如何形成的？渗透检测时，其迹痕显示有何特征？

    裂纹（热、冷裂纹）、气孔、未焊透、未熔合、夹渣。

6. 简述以下挤压轧制缺陷是如何形成的？渗透检测时，其迹痕显示有何特征？

    裂纹、折叠（重皮）、缝隙。

*7. 简述以下缺陷是如何形成的？渗透检测时，其迹痕显示有何特征？

    磨削裂纹、淬火裂纹、疲劳裂纹。

*8. 渗透检测中，如何判别真假缺陷迹痕显示及虚假显示？

9. 渗透检测时，缺陷迹痕显示有哪些记录方式？

*10. 渗透检测原始记录及检测报告应包括哪些内容？

*11. 制定试件质量验收标准时有哪几种方法？

复习题参考答案

一、是非题

1. ○；2. ×；3. ○；4. ×；5. ×；6. ○；7. ○；8. ○；9. ×；10. ○；11. ×；12. ×；13. ×；14. ○；15. ○。

二、选择题

1. A；2. C、D；3. B；4. C；5. A、B、C；6. D；7. B；8. B、C；9. B；10. B、C；11. A、D；12. D；13. A；14. D；15. C；16. A；17. A、D；18. A；19. C；20. A、D；21. A、C、D；22. D。

三、问答题

（略）

第10章　渗透检测工艺规程和工艺卡

10.1　渗透检测工艺规程

渗透检测工艺规程（以下简称工艺规程）是决定渗透检测工艺具体实施步骤的技术文件。必须对渗透检测工艺进行严格控制，才能得到符合要求的渗透检测结论，才能保证渗透检测的工作质量及其结果的可靠性。

对渗透检测工艺的控制，主要是通过渗透检测规程、渗透检测工艺卡、工艺稳定性控制、新技术及新工艺控制等完成。通过对这些方面的控制，使采用的渗透检测技术符合有关技术标准的要求，使渗透检测质量处于严格受控的状态。

编写受检试件的渗透检测工艺规程之前，需要对其使用条件和环境加以了解。受检试件的制造部门应当将渗透检测安排在适当的生产工序之中。编写渗透检测工艺规程和选择渗透检测材料之前，应考虑以下事项：

1）试件的种类和尺寸，包括试件的材料、尺寸、形状和表面状态等。

2）试件的制造形式和阶段，如锻造的、铸造的、未经机械加工的、经过机械加工的等。

3）依据试件的基体材料及生产制造方法，估计存在的缺陷类型及尺寸。

4）允许的不连续性的种类和尺寸（不是所有的不连续性都是缺陷）。

5）试件的用途。

6）与该试件种类相似的试件的历史情况，包括制造及使用的历史情况。

7）生产批量及生产速度。

8）制造过程与接受其他检验的情况。

9）可供使用的渗透检测设备。

10）经济方面，如成本费用、顾客的定金等。

11）安全方面的考虑等。

经过上述评估考虑，就可以很好地了解试件结构的原始状态及使用情况，据此选择一种能够提供所需检测灵敏度的较好的渗透检测工艺规程，以及适合所需检测灵敏度的渗透检测材料。

10.1.1　工艺规程的分类和内容

渗透检测工艺规程一般分为通用工艺规程（也称工艺说明书）和工艺卡两种。

通用工艺规程用于管理一个单位或一类产品的渗透检测工作，保证渗透检测的工作质量，使渗透检测技术处于稳定的受控状态。

工艺卡是简要规定具体受检试件的渗透检测技术和要求的专用图表及具体说明，用于控制具体受检试件的渗透检测操作工艺和检测结果处理。

10.1.2 工艺规程的编写

许多受检试件的渗透检测程序均类似，可以为某类产品（包括较多试件）编写通用工艺规程，也可为某一试件编写单独的工艺卡。工艺卡可以是通用工艺规程针对某一试件的具体化，也可以是工艺方法标准针对某一试件的具体化。

10.2 渗透检测通用工艺规程

渗透检测通用工艺规程是渗透检测技术主管部门对某类产品关于渗透检测工作所规定的程序、人员、设备与器材、技术、操作方法、条件和质量控制等要求的文件。

渗透检测通用工艺规程对渗透检测工艺过程做出了通用性规定，用于指导检测技术人员及实际操作人员进行渗透检测工作、处理检测结果、进行质量评定并做出合格与否的结论，从而完成渗透检测任务。它是保证渗透检测结果一致性和可靠性的重要文件。

渗透检测通用工艺规程应按照委托单位的要求、法规、标准或技术要求，针对某一工程（或某一类产品），根据本单位现有设备、器材及检测现场等条件来制定。注意：如果本单位现有条件无法满足委托单位的技术要求，则应改造现有条件。

通用工艺规程一般以文字说明为主，应具有一定的覆盖性、通用性和选择性。通用工艺规程编制完成以后，应经委托单位认可。

当一个单位开展不同类型产品的渗透检测工作时，例如，既开展飞机锻件、铸件的渗透检测工作，又开展压力容器焊缝的渗透检测工作，则应编制针对不同类型产品的不同渗透检测工艺规程。

飞机锻件、铸件的渗透检测工作，应依据 GJB 2367A—2005《渗透检验》编制渗透检测通用工艺规程；而压力容器焊缝的渗透检测工作，则应依据《压力容器安全技术监察规程》及 NB/T 47013.5—2015《承压设备无损检测 第 5 部分：渗透检测》等编制渗透检测通用工艺规程。

当要求不同时，虽然编制出的渗透检测通用工艺规程在基本结构上相同，但具体内容（如渗透检测方法、材料、设备、环境等）则存在多方面的不同。

渗透检测通用工艺规程一般应包括以下基本内容。

1）适用范围：指明规程适用于哪类部件或构件。

2）所引用的规范、标准或技术文件。

3）渗透检测人员资格要求。

4）受检试件状态：包括受检试件（构件或部件）名称、形状、尺寸、材质表面粗糙度、热处理状态及表面处理状态，还应指明渗透检测工序的安排位置。

5）渗透检测用材料：渗透液、乳化剂、去除剂和显像剂的种类与型号。

6）渗透检测用设备仪器。

7）渗透检测前受检试件的表面准备与预清洗。

8）渗透液、乳化剂、显像剂等的施加方法及停留时间。

9）后清洗要求。

10）质量验收标准：指明质量等级评定所依据的标准，验收级别及其依据。

渗透检测通用工艺规程应该存档保管。

10.3　渗透检测工艺卡

　　渗透检测工艺卡是简要规定具体受检试件的专用渗透检测技术和要求的图表。它是用于控制具体受检试件的渗透检测技术和指导渗透检测的实施，指导渗透检测人员进行检测操作、处理检测结果、做出合格与否的结论，从而完成渗透检测工作的技术文件。

　　检测人员必须严格执行工艺卡所规定的各项条款，不得违反工艺卡的规定。因而要求渗透检测工艺卡的内容准确、简单，具有可操作性。

　　对渗透检测工艺卡，各相关人员负有其相应的责任。编制人员应保证规定的技术、方法、工艺参数的正确性和可行性，操作人员应依据渗透检测工艺卡进行渗透检测操作，从而保证渗透检测工作符合有关技术文件的要求。

　　编制工艺卡时，要运用所掌握的理论、技术、材料工艺知识和积累的经验，依据委托单位提出的有关试件（产品）的法规、规程、质量验收标准或技术文件及渗透检测标准（及规程）的有关规定。

　　编制渗透检测工艺卡的主要工作：分析受检试件的特点和其技术文件的要求；按照渗透检测技术标准的规定，利用已有的技术数据、资料，根据现有的设备、器材及产品结构特点、检测工作量等，确定应采用的渗透检测方法。保证所得到的渗透检测缺陷显示清晰、准确、可靠、重复性好，由此得到的检测结果满足受检试件（产品）的法规、规程、质量验收标准或技术文件的要求。

　　特殊受检试件的渗透检测工艺卡常常是在实验室条件下编制的。在这种情况下，渗透检测工艺卡应当先由渗透检测操作人员在生产条件下试用，然后才能正式实行。

10.3.1　工艺卡的编制原则

　　编制渗透检测工艺卡的关键是正确规定应采用的渗透检测方法。渗透检测方法的正确与否，将直接影响工艺卡的正确与否或优劣程度。

　　一般来说，选择渗透检测方法时，应分析受检试件的结构、材料、加工工艺、检测部位、表面粗糙度及检测数量等因素，结合具备的检测条件即设备、器材、环境等，确定所采用的渗透检测方法。编制渗透检测工艺卡时，应该遵循以下原则。

1. 检测灵敏度

　　就方法而言，影响渗透检测灵敏度的因素有渗透液的种类、渗透液的灵敏度等级、显像剂的类型和多余渗透液的去除方法。

　　1）常用渗透液分为荧光渗透液和着色渗透液，在相同条件下，荧光渗透液的灵敏度优于着色渗透液。

　　2）灵敏度等级分类方法很多，一般按渗透液进行灵敏度等级分类。

　　GJB 2367A—2005 将荧光渗透液分为1/2级（最低灵敏度）、1级（低灵敏度）、2级（中灵敏度）、3级（高灵敏度）和4级（超高灵敏度）五个等级；着色渗透液不分等级。

　　GB/T 18851.2—2008 将荧光产品族的灵敏度分为三级：1/2级灵敏度（超低）、1级灵敏度（低）、2级灵敏度（中）、3级灵敏度（高）和4级灵敏度（超高）；着色产品族的灵敏度分为两级：1级灵敏度（普通）和2级灵敏度（高）；两用产品（即荧光着色）族的灵敏度未规定等级，可按着色产品族进行分级。

NB/T 47013.5—2015将渗透液分为低灵敏度（A级）、中灵敏度（B级）和高灵敏度（C级）三个等级。

灵敏度等级越高，发现小缺陷的能力越强。

3）对给定试件，采用合适的显像剂和正确的显像方法，对于保证检测灵敏度非常重要。一般来说，干粉显像剂的显像分辨率较高；溶剂悬浮显像剂对细微裂纹的显像灵敏度较高，但对浅而宽的缺陷显像效果较差。

4）在相同条件下，后乳化型渗透液的灵敏度高，溶剂去除型渗透液次之，水洗型渗透液稍低，水基渗透液最低。

5）浅而宽的缺陷、深度小于$10\mu m$的缺陷，可选用后乳化型荧光渗透液+溶剂悬浮型显像剂；深度等于或大于$30\mu m$的缺陷，可选用水洗型或溶剂去除型荧光渗透液+干粉或溶剂悬浮显像剂；靠近或聚集的缺陷以及需要观察表面形状的缺陷，可选用水洗型或后乳化型荧光渗透液+干粉显像剂。

2. 检测效率

不同渗透检测方法的工序不同，渗透液的施加、多余渗透液的去除、干燥、显像剂的施加方式都可能不同，因此选择渗透检测方法时必须考虑检测时间的长短。

3. 检测费用

除非只有高灵敏度才能满足检测要求，否则不选用高灵敏度渗透材料。这是因为高灵敏度渗透材料价格贵，而且相应设备及检测工艺的要求均较严、需要的质量控制手段较多，从而提高了检测费用，所以选择合适的检测方法是必要的。

4. 环境保护

在满足灵敏度要求的前提下，应优先选择对人员、受检试件和环境无损害或损害较小的渗透检测方法与渗透检测材料；优先选择易于生物降解的渗透检测材料和水基渗透检测材料；优先选择水洗法和亲水后乳化法。

5. 检测设备

建立新的渗透检测线时，应根据试件的大小、形状、数量、表面粗糙度以及预期检出的缺陷类型和尺寸，选择合适的检测装置。

1）少量试件不定期检测及大型试件、结构件局部检测，宜选用便携式渗透检测装置。

2）小试件批量连续检测或多品种试件交替检测，宜选用固定式渗透检测装置。

3）批量大、品种不多且检测周期短的试件，宜选用成套设备。

4）在已具备渗透检测设备的基础上，对试件检测编制渗透检测工艺卡，应考虑利用现有设备完成检测。

5）小试件批量连续检测，选用水洗型或后乳化型荧光渗透液+干粉显像剂。

6）少量试件不定期检测、大型结构件局部检测，选用溶剂去除型着色渗透液+溶剂悬浮显像剂。

7）有水、电、气、暗室等时，选用水洗型或后乳化型荧光渗透液+干粉显像剂。

8）无水、无电现场检测及高空检测时，选用溶剂去除型着色渗透液+溶剂悬浮显像剂。

6. 试件表面粗糙度

光洁的受检试件表面，能较好地去除表面多余渗透液；干粉显像剂不能有效地黏附在试件表面，因而不利于迹痕显示的形成，故采用湿式显像比干粉显像效果好。

粗糙的受检试件表面，则适合采用干粉显像。因为采用湿式显像时，显像剂可能会在拐角、孔洞、空腔、螺纹根部等部位积聚而掩盖显示。

1）表面粗糙的锻件、铸件，宜选用水洗型荧光渗透液（或着色渗透液）+干粉显像剂。

2）中等粗糙的精铸件，宜选用水洗型或后乳化型荧光渗透液+干粉显像剂。

3）车削加工表面的试件，宜选用后乳化型荧光渗透液或水洗型荧光渗透液+干粉显像剂，或溶剂去除型着色渗透液+溶剂悬浮显像剂。

4）磨削加工表面的试件，宜选用后乳化型荧光渗透液或溶剂去除型着色渗透液+溶剂悬浮显像剂。

5）焊缝及其他缓慢起伏的凸凹面试件，宜选用水洗型或溶剂去除型荧光渗透液+干粉显像剂，或溶剂去除型着色渗透液+溶剂悬浮显像剂。

7. 其他

要求多次（5~6次）重复检测时，选用溶剂去除型荧光渗透液+溶剂悬浮显像剂。

10.3.2 工艺卡的基本内容

渗透检测工艺卡应包括以下基本内容：
1）工艺卡编号，一般为流水顺序号加年份号。
2）受检产品类别、名称、编号等，安装或检测编号等；受检试件规格尺寸、材料牌号、热处理状态及表面状态等。
3）渗透检测用仪器设备名称、型号等；试块类别及检测附件等；渗透液、清洗去除剂、显像剂等渗透检测材料。
4）检测工艺详细参数，包括检测方法、检测部位和检测比例。
5）检测技术标准，包括工艺方法标准和质量验收标准。
6）示意图，包括受检试件示意图及检测部位示意图。
7）编制人（级别）、审核人（级别）及批准人签名。
8）编制、审核及批准日期。

10.3.3 工艺卡举例

每类（个）受检试件，一般只编写一份渗透检测工艺卡。编写好的渗透检测工艺卡不一定是最好的，其形式与内容也不是唯一的，需要经常结合检测现场的实际情况进行修改。下面列举几种渗透检测工艺卡供参考。

1. 涡轮导向叶片渗透检测工艺卡

（1）受检试件　试件名称为涡轮导向叶片，如图10-1所示，属于重要试件，批量生产。试件材料为M951镍基铸造高温合金；规格为90mm×50mm×25mm；加工方法为精密铸造，表面状态为精密铸造表面；检测部位为全部表面（机械加工前）。

图10-1　涡轮导向叶片

（2）工艺方法标准　GJB 2367A—2005《渗透检验》。

（3）质量验收标准　GJB 2367A—2005《渗透检验》附录A。

涡轮导向叶片渗透检测工艺卡见表10-1。

表10-1　涡轮导向叶片渗透检测工艺卡

试件名称	涡轮导向叶片	规格	90mm×50mm×25mm	材料牌号	M951镍基铸造高温合金	灵敏度等级/试块	3级/单一粗糙度五点试块
检测方法	I类D法a型	检测部位	全部表面（机械加工前）	表面状态	精密铸造表面	预清洗	超声清洗、工业酒精
渗透液型号	ZL-27A S<1%	乳化剂型号	ZR-10B（浓度20%）	显像剂型号	ZP-4A	工艺方法标准	GJB 2367A—2005
渗透剂施加	浸涂/滴落	渗透温度/℃	10~30	乳化剂施加	浸涂	乳化时间/min	<2
渗透浸涂/滴落时间/min	10/15	显像剂施加	喷粉	显像时间/min	>10	干燥方法	热空气循环
观察方式	黑光灯目视	黑光辐射照度/（μW/cm²）	>1000	验收标准	GJB 2367A—2005 附录A		

受检试件示意图	

序号	工序名称	主要工艺参数及操作要求
1	预清洗	超声清洗/工业酒精；温度<25℃；时间10 min，重点去除油污等
2	干燥	自然干燥，温度15~50℃
3	渗透	浸涂法施加，渗透液覆盖试件表面，整个渗透时间内保持润湿；渗透温度10~30℃，渗透时间10min
4	滴落	滴落时间15min
5	预水洗	手工水喷洗，温度10~30℃，压力<0.27MPa，喷嘴与试件间距>300mm，尽量多地去除表面多余渗透液
6	乳化	浸涂法施加，温度10~30℃，时间<2min；防止过乳化
7	终水洗	手工水喷洗，温度10~30℃，压力<0.27MPa，喷嘴与试件间距>300mm，防止过清洗

（续）

序号	工序名称	主要工艺参数及操作要求
8	干燥	热空气循环烘箱，温度<70℃，时间<5min，以刚刚干燥为宜；进入烘箱前先滴落、吹干
9	显像	喷粉柜喷粉，温度15~40℃，时间>10min，即时观察迹痕显示
10	检验/解释	暗室内，黑光灯下目视；黑光辐射照度>1000μW/cm²，环境白光照度<20Lx。分清相关、不相关、虚假显示 必要时可用5~10倍放大镜进行观察，白光照度≥1000Lx
11	评定	按GJB 2367A附录A进行评定。暗室内，黑光灯下目视；黑光辐射照度>1000μW/cm²，环境白光照度<20Lx
12	检验报告	按GJB 2367A—2005附录A，给出检测结论，发出检测报告
13	后处理	水清洗：用水将受检表面的渗透检测剂冲洗干净
14	备注	检测时注意通风，注意用电安全和防火、防尘

批准	×××	审核人及资格	×××（PT-Ⅲ）	编制人及资格	×××（PT-Ⅲ）
日期	××××	日期	××××	日期	××××

注：适用于渗透检测Ⅰ级人员。

2. 液氨储罐渗透检测工艺卡

（1）受检试件　试件名称为液氨储罐，如图10-2所示。试件材料为Q355R锅炉压力容器用钢，规格为φ1800mm×3900mm×18mm；设计压力为2.4MPa，工作压力为2.0MPa；工作介质为液氨，工作温度≤50℃；加工

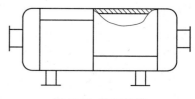

图10-2　液氨储罐

方法为封头（热压）与筒体（卷圆+焊接）焊缝，单件生产；检测部位为两条纵焊缝表面+三条环焊缝表面；表面状态为焊缝表面。

（2）工艺方法标准　NB/T 47013.5—2015《承压设备无损检测 第5部分：渗透检测》。

（3）质量验收标准　NB/T 47013.5—2015的8.2节：①不允许任何裂纹；②焊接接头的质量分级/Ⅰ级。

液氨储罐渗透检测工艺卡见表10-2。

表10-2　液氨储罐渗透检测工艺卡

设备名称	液氨储罐	规格	φ1800mm×3900mm×18mm	材料牌号	Q355R	检测部位	环缝及纵缝
检测方法	Ⅱ+C+d	灵敏度等级/试块	3级/三点试块	表面准备	不锈钢丝轮打磨	预清洗	清洗剂DPT-5
渗透液型号	DPT-5	去除剂型号	DPT-5	显像剂型号	DPT-5	方法标准	NB/T 47013.5—2015
渗透剂施加	喷涂	去除方法	擦拭	显像剂施加	喷涂	干燥方法	自然干燥
渗透温度/℃	10~50	渗透时间/min	≥10	显像时间/min	≥10	—	—
观察方式	白光灯目视	可见光照度Lx	≥1000	验收标准	NB/T 47013.5—2015：不允许任何裂纹；焊接接头的质量分级/Ⅰ级		

（续）

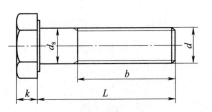

受检试件示意图		

序号	工序名称	主要工艺参数及操作要求
1	表面准备	用不锈钢丝轮打磨、磨光焊缝及其两侧各25mm表面，去除污物
2	预清洗	用DPT-5清洗剂冲洗焊缝及其两侧各25mm表面，重点去除油污等
3	干燥	自然干燥
4	渗透	喷涂施加渗透剂，覆盖焊缝及其两侧各25mm表面，在整个渗透时间内始终保持润湿
5	去除	先用不脱毛的布或纸巾尽量多地擦拭去除试件表面多余渗透液，然后用蘸有去除剂DPT-5的布擦拭
6	干燥	自然干燥
7	显像	喷涂法施加，喷嘴与受检表面的距离为300~400mm，喷涂方向与受检表面之间的夹角约为30°~40°。使用前应充分摇动喷罐使显像剂悬浮均匀。不可在同一位置反复喷涂多次
8	观察	显像剂施加后10~60min内进行观察，白光照度应大于或等于1000Lx，必要时可用5倍~10倍放大镜进行观察
9	复验	检测灵敏度不符合要求、操作方法有误或技术条件改变、合同各方有争议或认为有必要时，应进行复验。复验时，应将受检表面彻底清洗干净，并重新进行渗透等操作
10	后清洗	用水将受检表面的渗透检测剂冲洗干净
11	评定与验收	根据缺陷显示尺寸及性质，按NB/T 47013.5—2015评定：不允许任何裂纹；焊接接头的质量分级/Ⅰ级
12	报告	记录相关显示，做出检测结论，出具检测报告
13	备注	检测时注意通风，注意用电安全和防火、防尘
编制人及资格		审核人及资格
日　期		日　期

注：适用于渗透检测Ⅰ级人员。

3. 高压螺栓渗透检测工艺卡

（1）受检试件　试件名称为高压螺栓，如图10-3所示。该试件由工厂批量生产，加工方法为棒材→墩粗→机械加工；试件材料为12Cr13，规格尺寸为M20×90mm；检测部位为全部表面。

（2）工艺方法标准　GB/T 18851.1—2012《无损检测　渗透检测　第1部分：总则》。

图 10-3　高压螺栓示意图

（3）质量验收标准　NB/T 47013.5—2015《承压设备无损检测 第5部分：渗透检测》：

①不允许任何裂纹；②不允许任何横向缺陷显示；③其他部件的质量分级表/Ⅰ级。

（4）渗透检测材料标准 GB/T 18851.2—2008《无损检测 渗透检测 第2部分：渗透材料的检验》。

高压螺栓渗透检测工艺卡见表10-3。

表10-3 高压螺栓渗透检测工艺卡

零件名称	高压螺栓	规格	M20×90（mm）	材料牌号	12Cr13	检测部位	所有表面
零件示意草图							

渗透检测工艺：

1. 工艺方法标准：GB/T 18851.1—2012《无损检测 渗透检测 第1部分：总则》。

   工艺方法：类型Ⅰ-方法A-方式d。

2. 质量验收标准：NB/T 47013.5—2015《承压设备无损检测 第5部分：渗透检测》。

1）不允许任何裂纹。

2）不允许任何横向缺陷显示。

3）其他部件的质量分级/Ⅰ级。

3. 渗透检测材料标准：GB/T 18851.2—2008《无损检测 渗透检测 第2部分：渗透材料的检验》。

   渗透检测材料：ZY31+ DG-1；灵敏度等级：3级。

4. 渗透检测试块：单一粗糙度五点B型试块。

编制人及资格		审核人及资格	
日　期		日　期	

注：适用于渗透检测Ⅱ级人员。

复 习 题

说明：题号前带 * 号的为Ⅱ级人员需要掌握的内容，对Ⅰ级人员不要求掌握；不带 * 号的为Ⅰ、Ⅱ级人员都要掌握的内容。

一、问答题

1. 简述渗透检测工艺规程及工艺卡的作用和两者的区别？

2. 简述渗透检测通用工艺规程的基本内容。

* 3. 简述编写渗透检测通用工艺规程的基本要求。

* 4. 简述渗透检测通用工艺规程的常用渗透检测系统。

* 5. 简述编制渗透检测工艺卡时应考虑的问题。

6. 简述渗透检测工艺卡的基本内容。

二、工艺卡编制题

已知条件如下：

1）试件名称：储罐，如图10-4所示。

2）材料：06Cr18Ni11Ti 奥氏体型不锈钢。

3）制造工艺：焊接。

4）规格尺寸：ϕ2000mm×10000mm。

5）表面状态：表面涂漆。

6）受检状态：在役检测；检测部位：焊缝及热影响区。

7）工艺方法标准：NB/T 47013.5—2015。

8）质量验收技术标准：NB/T 47013.5—2015，不允许任何裂纹、焊接接头Ⅰ级。

图 10-4　储罐示意图

复习题参考答案

一、问答题

（略）

二、工艺卡编制题（要点）

1）在役制品渗透检测。检测前，必须将储罐内介质排净；使用化学去漆剂去除受检焊缝及热影响区表面的油漆，然后用有溶剂清洗干净。渗透检测完成后，对去除油漆的焊缝及热影响区补涂油漆。

2）依据验收标准，将灵敏度等级定为3级。

3）渗透检测方法：Ⅱ类（着色渗透液）-C法（溶剂去除）-d类（溶剂悬浮显像）。

4）渗透检测工步：参见图 5-3。

5）渗透检测工艺参数：参见 NB/T 47013.5—2015。

6）渗透检测剂：控制卤族元素氯、氟的含量。

7）渗透检测试块：三点 B 型试块。

第11章 渗透检测应用

金属在熔炼过程中，其晶体结构将发生改变，并可能在应力作用下形成缺陷。金属中存在的许多缺陷都是由于制造过程中的不正确操作引起的，这些缺陷常常和金属的类型、熔炼过程、制造方法等有直接关系。

金属零件在制造过程中，会产生与制造工艺，包括铸造、锻造、焊接、热处理和压轧等有关的使用不连续性。这些不连续性都与金属材料、零件形状、使用环境和载荷类型等的不同有关。

讨论金属熔炼、金属加工对产生不连续性的影响，进而讨论金属熔炼、金属加工在产生不连续性上的相互关系，以便对不连续性、缺陷进行预想，是十分有益的。

渗透检测在国防科技工业、锅炉压力容器等承压设备、机电产品、石油化工中的应用是多种多样的，其检测的试件不但种类繁多，而且材质也各不相同。但从渗透检测的工艺方法考虑，可以把各种零件分为铸件、锻件、焊接件、机械加工零件等。对于不同的试件，选择适当的渗透检测方法，可获得较高的渗透检测灵敏度，保证受检试件的质量。

本章简单介绍了铸件、锻件、焊接件、机械加工零件、非金属零件及在役设备/零件的渗透检测。

11.1 铸件的特点及其渗透检测

11.1.1 铸件的特点

铸件是将金属液浇注到模型中经冷却而形成的零件。铸件可以有最简单的几何形状，也可以有很复杂的结构形式。图 11-1 所示为铸造缸体。

铸件中常发现的主要缺陷是气孔、夹杂（砂或熔渣）、缩孔（密集型气孔和空洞）、疏松、冷隔、裂纹（由收缩、淬火、应力或冷却产生）和白点等。前几种缺陷易产生于浇冒口及其下部截面最大部位和最后凝固的部位；冷却速度过快、几何形状复杂、截面变化大的铸件易产生收缩裂纹；白点易产生于某些合金铸件中。图 11-2 所示为压铸铝件裂纹。

图 11-1 铸造缸体

图 11-2 压铸铝件裂纹

11.1.2 铸件的渗透检测

1. 铸件的表面准备与预清洗

铸件表面粗糙且形状复杂，给渗透检测的表面准备、预清洗、表面多余渗透液的去除操作带来了困难。

如果铸件的受检表面是铸态表面（未经过机械加工），可用钢丝轮打磨、锉刀修锉等方法进行表面准备；对于小型铸件，也可直接使用喷砂的方法进行表面准备。如果使用砂轮打磨，要注意不得损伤铸件基体。然后用工业酒精、丙酮等有机溶剂擦拭，进行预清洗，以去除表面油污、灰尘和金属污物等。

如果铸件受检表面已经经过机械加工，则可用工业酒精、丙酮等有机溶剂擦拭，进行预清洗。小型铸件的预清洗，可以采用超声清洗（工业酒精）法进行。

如果使用水进行预清洗，可通过手工水喷洗去除受检表面多余的渗透液。用水清洗干净的铸件应进行干燥处理，以去除受检试件表面及残留在缺陷中的水分。

干燥处理可按施加湿式显像剂后进行干燥的方法进行。

2. 砂型铸件的渗透检测

砂型铸件一般可用低灵敏度水洗型荧光渗透液进行检测，这种渗透液容易从粗糙的表面上清洗去除。大部分工业铸件都可以使用水洗型渗透液进行检测，它能检测大部分铸件表面的缺陷。

3. 高质量铸件的渗透检测

高质量铸件常在陶瓷型、金属型和其他所提供的表面粗糙度值比砂型铸造更小的模型中铸造。这类铸件（如涡轮叶片铸件）可以采用高灵敏度后乳化型荧光渗透液进行检测。

4. 干粉显像剂的使用

铸件的渗透检测常使用干粉显像剂来显像。干粉显像剂具有足够的灵敏度；另外，相对于其他显像剂，当铸件孔洞中渗出的渗透液较多时，它具有较高的分辨力。

铸件渗透检测时，应当测量超过质量验收标准的各个孔的尺寸，并计算各个孔（密集孔）所包围的面积。

5. 粗略估计不连续性的相对深度

渗透检测仅能检出铸件的几种暴露在表面上的不连续性，其迹痕显示的尺寸及渗透液渗出的容量说明了所检测不连续性的相应容积（长度×宽度×深度），可通过容积粗略地估计不连续性的相对深度。

11.2 锻件的特点及其渗透检测

11.2.1 锻件的特点

锻件产自于铸锭，它是通过用锻锤或压力机改变铸锭的晶体结构，使其金属晶体更细、晶粒更有取向而得到的。图 11-3 所示为未经机械加工的锻件毛坯；图 11-4 所示为大型锻件经机械加工而成形的轮毂；图 11-5 所示为连杆，其锻件毛坯经机械加工后发现存在裂纹。

图 11-3 锻件毛坯

图 11-4 大型轮毂

经锻造加工后，原钢锭的内部和外部缺陷，其形态及性质均会发生变化。例如，夹杂、气孔等体积型缺陷会变得平展细长，可能形成发纹；铸钢钢坯的中心小孔可能会形成夹层，表面折皱可能形成折叠或裂纹等。锻件中常见的缺陷主要有夹杂、分层、折叠、裂纹等，这些缺陷具有方向性，其方向一般与压力方向垂直而与金属流线平行。

加工可锻金属材料的方法除锻造（锻锤加工或压力加工）外，还有挤压、轧制（热轧或冷轧）、拉伸、爆炸成形、延展成形和其他变形加工方法。

图 11-5 连杆（机械加工后发现存在裂纹）

锻造也会产生某些带有自身特点的不连续性，如缩管、夹杂、锻裂、白点、折叠等。

锻件的晶粒结构通常随锻件尺寸的增加而拉长，这样会使不同方向存在不同的性能。拉长的晶粒在长的纵向和短的横向上，可能像一束纤维一样起作用，它们的横向强度一般较低。

11.2.2 锻件的渗透检测

1. 锻件的表面准备与预清洗

在锻件的不连续性内，常包含着在锻造加工过程中紧贴在一起的氧化皮。锻件的折叠和裂纹中所夹杂的氧化皮会妨碍渗透液进入这些不连续性中，从而会降低渗透检测在未加工锻件表面上的检测可靠性。大多数锻件在渗透检测之前必须进行清理，以去除表面氧化皮和所夹带的某些氧化杂质。

如果受检表面是锻件毛坯表面（未经过机械加工），可用钢丝轮打磨、锉刀修锉等方法进行表面准备；如果使用砂轮打磨，要注意不得损伤锻件基体。

对于小型锻件，可直接使用喷砂方法进行表面准备，然后用工业酒精、丙酮等有机溶剂擦拭，进行预清洗，以去除表面油污、灰尘和金属污物等。

如果锻件受检表面已经经过机械加工，则可用工业酒精、丙酮等有机溶剂进行擦拭，进行预清洗。对于经过机械加工的小型铸件，可以使用超声清洗（工业酒精）法进行预清洗。

如果采用水进行预清洗，可通过手工水喷洗去除受检表面多余的渗透液。经水清洗干净的锻件应进行干燥处理，以去除受检试件表面及残留在缺陷中的水分。

干燥处理可按施加湿式显像剂后进行干燥的方法进行。

2. 后乳化型荧光渗透液的使用

在超过铸件所能承受载荷的应用中，通常都采用可锻金属。

由于可锻金属中的不连续性一般都比较紧密（这是由它们的加工性质所决定的），而且含有阻碍渗透的各种氧化皮，因此采用渗透检测法检测可锻金属的不连续性时，一般要求至少采用中灵敏度后乳化型荧光渗透液；对于耐热合金，特别是发动机转动零件，则要求采用高灵敏度后乳化型荧光渗透液+干粉显像剂。另外，渗透停留时间要求达到30min或更长的时间。

11.3 焊缝的特点及其渗透检测

11.3.1 焊缝的特点

焊接加工技术不仅在航空航天、原子能、兵器、军舰等军事装备工业得到广泛应用，在机械、石油、化工、冶金、铁道、造船等领域也已被普遍采用，同时还是承压设备结构主要采用的加工技术之一。

焊接接头包括焊缝、熔合区和热影响区三部分，如图11-6所示。

焊接与铸造的冶金过程相类似。某些焊接缺陷与在铸件上发现的相应缺陷是相近的。此外，还有一些缺陷的产生与熔化焊接、热影响区有关。许多熔化焊接虽然焊接材料不同，但它们产生的不连续性是相似的。

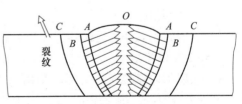

图11-6 焊接接头示意图

AO—焊缝 AB—熔合区 BC—热影响区

某些新型焊接方法，如真空电子束焊、等离子弧焊等，其焊接接头质量很好，产生的缺陷很少。

11.3.2 焊缝的渗透检测

工业焊接主要是熔化焊接。渗透检测可以用来检测熔化焊接产生的开口缺陷，如密集气孔、根部未焊透（单边焊接接头）、裂纹、夹杂、焊口裂纹、未熔合（坡口）、热影响区裂纹等，如图11-7~图11-10所示。

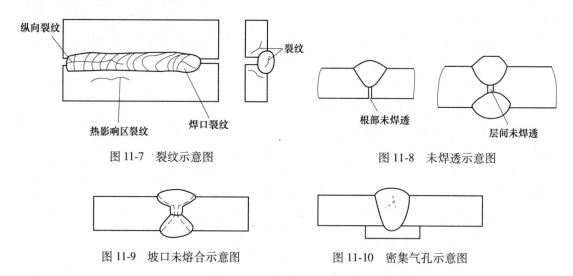

图 11-7　裂纹示意图　　　　　　　　　图 11-8　未焊透示意图

图 11-9　坡口未熔合示意图　　　　　　图 11-10　密集气孔示意图

在渗透检测之前，使用钢丝轮打磨、锉刀修锉等机械方法对焊缝表面进行清理，以除去焊渣、焊药、飞溅、氧化皮等污物。打磨焊缝时操作要仔细，避免损伤焊接接头基体，防止金属屑堵塞表面开口缺陷。

在役焊缝的渗透检测，必须在清除锈蚀和污物后进行。

1. 现场加工焊接件的渗透检测

1）对于现场加工的焊接件，通常采用溶剂去除型着色渗透检测法进行检测。去除表面多余渗透液时，不允许使用溶剂冲洗，应先用干净的无绒布擦去焊缝表面多余的渗透液，然后用蘸有去除剂的无绒布擦拭。应注意沿着一个方向擦拭，不能往复擦拭。

2）对于粗糙的焊缝表面，如支承压力容器的加强筋焊缝表面等，可以考虑使用喷水法进行擦拭。因为焊接裂纹一般比较深，即使溶剂直接进入粗糙的焊缝表面，缺陷也能截留足量的渗透液而形成迹痕显示；否则，在焊缝粗糙鱼鳞中截留的渗透液引起的过度背景，会使渗透检测工作失败。

3）焊缝的起弧处和熄弧处容易产生细微的焊口（火口）裂纹，对这些容易出现缺陷的部位应特别加以注意。

4）大型压力容器或其他大的结构件，可采用水洗型荧光渗透检测法进行检测，然后用软管喷水进行清洗，用压缩空气进行干燥，并用溶剂悬浮显像剂进行显像，以获得较高的检测灵敏度。对于大多数焊缝，水洗型荧光渗透液清洗起来相当容易。

2. 坡口的渗透检测

坡口的缺陷可导致焊缝形成新的缺陷，使整个受检结构质量降低，所以坡口的渗透检测尤其重要。

坡口常见的缺陷是分层和裂纹。分层是轧制缺陷，它平行于钢板表面，一般分布在板厚中心附近。

裂纹有两种：一种是沿分层端部开裂的裂纹，方向大多平行于板面；另一种是火焰切割裂纹，无确定方向。

坡口的表面比较光滑，可采用溶剂去除型着色渗透检测法对其进行检测，可得到较高的检测灵敏度。坡口呈凹形且比较窄，渗透检测剂容易沉积，去除也比较困难。可采用刷涂法施加渗透检测剂，以减少渗透检测剂的浪费和环境污染。

　　3. 焊接过程中的渗透检测

　　多层焊缝焊接过程中的渗透检测，主要内容是清根渗透检测和层间渗透检测。

　　（1）清根渗透检测　焊缝清根可采用电弧气刨法和砂轮打磨法等。这两种方法都有局部过热的情况，电弧气刨法又有增碳产生裂纹的可能，所以进行渗透检测时应加以注意。由于清根面比较光滑，可采用溶剂去除型着色渗透检测法进行检测。

　　（2）层间渗透检测　层间渗透检测也可采用溶剂去除型着色渗透检测法进行检测。某些焊接性能差的钢和厚钢板要求每焊一层进行一次渗透检测，发现缺陷及时处理，以保证焊缝的质量。如果灵敏度满足要求，也可采用水洗型着色渗透检测法。

　　焊缝清根或层间渗透检测后，应进行后清洗，必须将渗透检测剂清理干净。否则，残留在焊缝上的渗透检测剂会影响随后的焊接质量，甚至会产生严重缺陷。

　　4. 其他焊缝的渗透检测

　　1）对于重要焊缝，常采用气体保护钨极弧焊或气体保护金属极弧焊等高端焊接方法，所焊接的焊缝表面通常都相当平整光滑。此时，建议采用灵敏度较高的水洗型荧光渗透检测法。

　　2）铜及铜合金的焊接主要采用惰性气体保护焊、气焊、钎焊等方法。其焊接特点是难熔合及易变形，容易产生热裂纹，容易产生气孔。热裂纹、气孔等缺陷可用渗透检测法进行检测；钎焊的钎缝也可用渗透检测法进行检测。

　　3）许多电路是用锡焊连接的，渗透检测能够检出锡焊焊缝和搭接的不良处。锡焊连接的渗透检测常使用指定的专用渗透液。

11.4　机械加工零件的渗透检测

　　铸件、锻件、焊件等经车、铣、刨、磨等机械加工后所形成的零件，称为机械加工零件，简称机加零件。图11-11所示为锻件经车、铣、磨等机械加工后所形成的齿轮。

11.4.1　检测对象

　　1）对于机械加工过程中出现的某些不连续性，可以用渗透检测法进行检测。

　　2）在铸件、锻件和焊件中，凡是通过机械加工方法，使密集型气孔、缩孔或夹杂等内部缺陷变成表面缺陷的，都可以用渗透检测法进行检测。

图11-11　齿轮

185

3）铸件、锻件、焊件等表面存在的某些不连续性，如裂纹、锻造折叠等，常常可以通过机械加工完全去掉。

4）机械加工中会产生一些不连续性，如磨削裂纹、校正裂纹等。图 11-12 所示为磨削加工齿轮的齿面时产生的磨削裂纹。

5）对机械加工零件热处理不当时，会产生淬火裂纹等热处理缺陷。

6）机械加工产生的尖锐凹形转角、螺纹根部或者很细的沟槽等是以后产生疲劳裂纹的潜在应力集中区。对于后续应用来说，它们可能引发使用类型的不连续性。

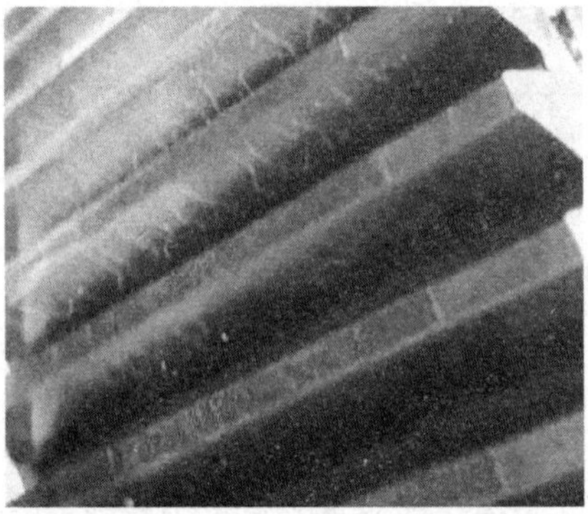

图 11-12　齿轮齿面上的磨削裂纹

11.4.2　检测方法

1）对机械加工零件的不连续性采用何种渗透检测方法，取决于其是铸件还是锻件等，可采用原铸件、锻件等毛坯件的检测方法。

2）利用渗透检测法检测淬火裂纹比较容易。

3）检测在役机械加工零件的疲劳裂纹时，除了按常规方法进行检测外，还需要注意由磨削加工烧伤引起磨削延迟裂纹的问题。

4）如果受检金属表面存在氧化皮夹杂等污物，应采用腐蚀方法将其去除。如果在加工余量范围内，可以使用锋利的刀具，最后切削 0.01～0.02mm 后，即可去除金属表面的大多数污物。

11.5　非金属零件的渗透检测

1. 检测对象

非金属零件（包括塑料、陶瓷、玻璃及建筑材料中的装饰宝石等）的渗透检测，主要检测对象为裂纹。

1）许多塑料制品零件需要采用渗透检测法进行检验。例如：高压配电盘的插座如果存在裂纹，可能会引起短路，尤其是当它们含有潮气时更是如此；火花塞绝缘体的裂纹也要用渗透检测法进行检验。

2）渗透检测法适用于大多数模压塑料和热固性塑料的检测。例如，图 11-13 所示氟塑料制旋转叶片就需要采用渗透检测法进行检验。

3）非多孔陶瓷或玻璃化陶瓷、尼龙或氟塑料用嵌入物也要用渗透检测法进行检验。建筑应用中的装饰宝石（图 11-14）和某些实验室桌面以及洗涤器件等，也需要对其裂纹进行渗透检测。

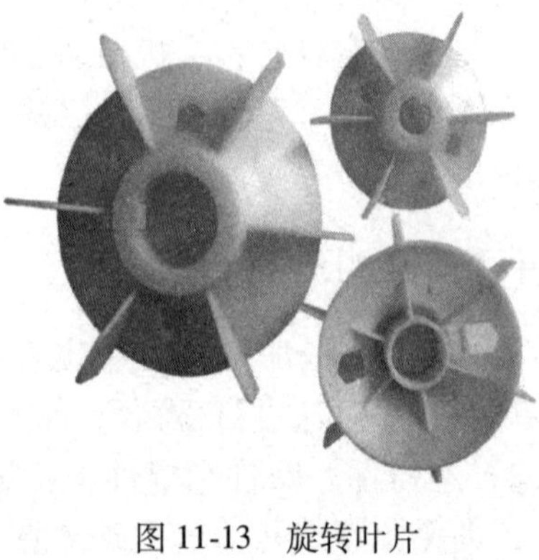

图 11-13　旋转叶片

2. 检测方法

1）非金属制品的渗透检测，由于所要求的检测灵敏度较低，故采用水洗型着色渗透检测法即可。非金属制品的裂纹一般很容易被检测出来。

2）非金属制品在渗透检测过程中，确定渗透检测材料是否会侵蚀塑料或装饰宝石等受检试件是十分重要的。即使是无色的装饰宝石，在渗透检测之前，也应当通过试验确定渗透检测材料是否会与受检试件发生化学反应。

图11-14　红宝石的"十红九裂"

3）在大多数情况下，对非金属材料来说，水基渗透液的灵敏度能够满足检测要求。如果油基渗透液与受检非金属材料相容，则也可以使用。

4）对玻璃制品进行渗透检测时，如果使用荧光渗透液，则可以采用自显像法。

5）某些塑料制承压设备具有一定的压力及温度，体积也较大，常采用外包玻璃钢的办法进行加强，玻璃钢是一层一层紧包在塑料外面的。施工过程中，常用渗透检测法检测针孔、气泡和微裂纹等缺陷。

6）对非金属制品进行渗透检测时，渗透时间一般较短，通常使用干粉显像剂显像。使用着色渗透液时，通常采用溶剂悬浮显像剂。就与非金属制品的相容性而论，溶剂悬浮显像剂中的溶剂使用乙醇溶剂比使用含氯化物溶剂的效果更好。

11.6　在役设备/零件的渗透检测

11.6.1　概述

渗透检测经常被用于在役设备/零件的外场现场检验，如核电厂在整个运行寿命期间的检验、飞机保养中的检验以及发动机的维修检验、在役承压设备的周期检查等。

在役设备/零件的受检表面大多被污染，且受检状态也不尽相同。进行渗透检测前，必须使用分解、拆除、打磨、清洗等方法，去除受检表面的污物，使在役设备/零件的渗透检测成为可能。

1. 在役设备/零件表面污染物的种类

1）在役设备/零件的基体常常被油漆所掩盖，必须把油漆清除掉。

2）大多数情况下，螺纹和其他连接件需要分解、拆除，或者把装配系统的部件拆除掉，从而使螺纹的检测变得可行。

3）即使允许检测部位可以接近，而且表面油漆已被除掉，但所存在的疲劳裂纹也常常被油污或其他污物所污染。

4）如果裂纹是由应力腐蚀或晶间腐蚀引起的，则这种裂纹是很细微的，而且会被腐蚀产物填充污染。

5）在飞机机翼下侧整体油箱的渗透检测中，坚韧的橡胶密封剂是在里边涂敷密封的，其清除十分困难；机身和机翼的接头处也存在密封剂，它们的清除也很困难。渗透检测后，必须重新涂敷密封剂。

6）发动机的在役零件会被发动机油、烤干的油漆、炭黑颗粒等所覆盖，如喷气发动机的涡轮叶片表面受到高温氧化作用而产生的炭黑氧化物。因为渗透检测的需要，必须将这些污物去除掉。

2. 在役设备/零件渗透检测前的准备工作

1）采用打磨、蒸汽喷射或液体喷砂等方法，把污染物、氧化物的薄层去掉；也可采用化学剥离剂去除炭黑和油漆的沉积物。

2）在打磨清洗后，必须用腐蚀法去除被污染的金属薄层。而在腐蚀和使用其他化学药品之后，应当用水清洗零件全部表面，以去除化学药品残留，最后还要烘干去除残留的水分。

3）如果在清洗过程中使用了酸，应首先用水冲洗整个零件，然后加热烘干，以去除零件表面多余的氢，防止产生氢脆。

4）零件用水冲洗后，即使没有别的目的需要烤干，也应该通过加热的方法去除不连续性中的水分，以便进行渗透检测。

11.6.2 飞机保养中的渗透检测

由于飞机保养中可靠性要求高，因此必须精心设计渗透检测方法。要求分析检测的具体细节，并对检测的作用和要求做出说明。

军用飞机、民用航空公司飞机以及专用（如救灾）飞机的渗透检测操作人员，在保养机体结构时，需要使用各种类型的渗透液。军用飞机或民用航空公司飞机使用大型渗透检测流水线进行检验，因为飞机机体上的很多零部件是由非磁性金属材料制成的，如铝合金、镁合金、钛合金等。图11-15所示为等待保养的飞机。

美国空军指定，使用荧光渗透液对在役飞机零部件进行渗透检测。这是因为在一定周期内，需要在相同的部位进行渗透检测重

图 11-15　等待保养的飞机

复试验，而荧光渗透液可以用于重复试验。着色渗透液不可用于重复试验，因为其检测灵敏度不符合要求。

曾有如下案例：在一次失效分析中，使用着色渗透液对一个失效的机翼附属装配件进行渗透检测，其裂纹一直未被检验出来。试验结果表明，着色渗透液的检测灵敏度较低。同时，它还会留下一些妨碍下一次渗透检测的渗透液残渣（干燥的、不易去除）。

美国军用标准已经规定了供外场使用的喷罐装荧光渗透检测剂材料，这套材料包括高灵敏度荧光渗透液、溶剂清洗去除剂、溶剂悬浮显像剂和黑光灯等，可用于飞机的在役检验。这套材料也可供各运输部门以及工厂和建筑部门使用。

在飞机外场渗透检测中,对于疲劳裂纹的渗透检测,渗透液的停留时间至少需要30min;在检测应力腐蚀裂纹和晶间腐蚀裂纹时,渗透液的停留时间则长达4h。

11.6.3 发动机维修中的渗透检测

发动机维修中需要进行大量的渗透检测,因为喷气发动机上的很多零件是由非磁性金属和耐高温金属制成的。图11-16所示为等待维修的发动机。

发动机维修厂采用专门规定的渗透检测方法对发动机进行检验。在某些情况下需要给零件加载,以便打开较紧密的裂纹,使渗透液渗进去,当把零件上施加的载荷释放后,渗透液就会从裂纹中被挤出来,形成裂纹显示。

发动机部件大修时的渗透检测工艺主要使用后乳化型荧光渗透液。

图 11-16 等待维修的发动机

某些发动机制造厂建议:对非转动的发动机零件,采用中等灵敏度荧光渗透液;对所有发动机叶片零件,则要求采用高灵敏度荧光渗透液:显像时大多采用干粉显像剂。

11.6.4 核电设备运行寿命期间的渗透检测

核电厂在整个运行寿命期间,从最小的阀门到最关键的承压设备(压力容器)系统,都要进行着色渗透检测。

着色渗透检测所发现的不连续性,就是那些在常规非核电厂的承压设备系统和整个工业体系中常见的缺陷,如裂纹、气孔、分层、焊接缺陷,以及其他暴露在表面上的开口缺陷。

对于着色渗透检测,无论是直接目视检验还是远距离目视检验,其可达性和观察角度都是重要因素。检测可达性的要求:检测者肉眼与受检表面间的距离在600mm以内,两者之间的夹角不小于30°。

通常采用直接目视检验,也可以用反光镜调整观察角度,或者借助放大镜进行检验。

在核电厂系统和部件的检验中,有时必须用远距离目视检验代替直接检验。远距离目视检验可借助辅助器械,如反光镜、望远镜、内窥镜、纤维光学仪器、照相机等实用仪器。它们应具有至少相当于直接目视检验的分辨力,应能分辨出0.8mm的细线。

核动力现场的渗透检测,几乎都使用装在喷罐中的溶剂去除型着色渗透材料。它便于携带和使用,不需要特殊的处理设备,不需要用水冲洗,也不需要用热风干燥或者使用暗室等检验设备,并且可以防止渗透检测材料在使用期间相互污染。

应该在着色渗透液、清洗去除剂和溶剂悬浮显像剂的喷罐上标明编号及装罐前测定的渗透检测剂的材料,以便进行质量跟踪,保证质量。

11.6.5 在役承压设备的渗透检测

图11-17所示为正在进行全面检查的大型球罐。

在役承压设备/压力容器按检定周期执行全面检查时,需要在停机状态下进行。在役承压设备全面检查时,采用渗透检测,主要是检测表面裂纹等缺陷。检测部位为内、外表面焊缝（包括热影响区）。重点部位是存在晶间腐蚀倾向的部位、应力集中部位、变形部位、异种钢焊接部位、补焊区、工具焊迹、电弧损伤处和容易产生裂纹的部位。

在役承压设备渗透检测的质量验收标准：内、外表面不允许有裂纹。如果发现裂纹，当其深度在壁厚余量范围内时，打磨后无须补焊；当其深度在壁厚范围外时，打磨后需要补焊，补焊后再次进行渗透检测，若无裂纹则说明合格。

对在役承压设备进行渗透检测前，必须清理去除承压设备内的介质，并使用自来水

图 11-17　正在进行全面检查的大型球罐

冲洗干净。受检表面的污物，可采用钢丝轮打磨、锉刀修锉等方法去除；受检表面的油漆等涂层，可采用化学剥离剂去除；受检表面的油脂、油泥粉尘等混合物，可采用工业酒精、丙酮等有机溶剂进行擦拭。

在役承压设备的渗透检测，主要使用由溶剂去除型着色渗透液+溶剂悬浮显像剂（非水基湿显像剂）组成的溶剂去除型着色渗透检测体系，它具有较高的检测灵敏度。

在役承压设备上的高压螺栓等关键重要受力零件的渗透检测，如果使用后乳化型着色渗透液，应进行良好的工艺控制；乳化清洗后，先经过有热空气循环的干燥箱进行干燥，然后使用溶剂悬浮显像剂进行显像。其灵敏度接近中等灵敏度的后乳化型荧光渗透液。

复 习 题

说明：题号前带＊号的为Ⅱ级人员需要掌握的内容，对Ⅰ级人员不要求掌握；不带＊号的为Ⅰ、Ⅱ级人员都要掌握的内容。

一、是非题（在括号内，正确画○，错误画×）

＊1. 铸件的渗透检测常用干粉显像剂显像。　（　）

＊2. 白点是氢气孔，易产生于某些合金铸件中。　（　）

＊3. 锻件产自于铸锭，其金属晶体比铸件更粗大。　（　）

＊4. 粗糙鱼鳞焊缝可以考虑谨慎使用喷法去除表面多余渗透液。　（　）

5. 机械加工产生的尖锐凹形转角、螺纹根部等不可能成为应力集中区。　（　）

6. 磨削裂纹、校正裂纹等缺陷属于机械加工时产生的缺陷。　（　）

7. 非金属制品的渗透检测，应采用水洗型荧光渗透液。　（　）

＊8. 在役零件渗透检测前的表面准备与预清洗特别重要。　（　）

＊9. 焊缝坡口渗透检测时，有时也会发现分层缺陷。　（　）

10. 锻件的折叠和裂纹中所夹杂的氧化皮会妨碍渗透液的进入。　（　）

二、选择题（将正确答案填在括号内）

＊1. 下列哪些缺陷在铸件中经常出现？　（　）

　A. 夹杂（砂或熔渣）　　　　　　　B. 缩孔（密集型气孔和空洞）

    C. 裂纹（由收缩、淬火、应力或冷却产生）

    D. 折叠、缝隙

*2. 锻制发动机转动零件渗透检测时，应使用下列哪种检测系统？　　　　（　　）

    A. 亲水后乳化型荧光渗透液+干粉显像剂

    B. 亲水后乳化型着色渗透液+溶剂悬浮显像剂

    C. 溶剂去除型着色渗透液+溶剂悬浮显像剂

    D. 水洗型荧光渗透液+干粉显像剂

*3. 锻件与铸件相比有哪些特点？　　　　（　　）

    A. 锻件的承载能力强　　　　B. 都应选用亲水后乳化型荧光渗透液

    C. 锻件中存在的缺陷细小而紧密　　　　D. 都应选用溶剂去除型着色渗透液

*4. 下列哪些零件中可能存在白点缺陷？　　　　（　　）

    A. 铸件　　　　B. 锻件

    C. 陶瓷件　　　　D. 焊接件

*5. 下列哪些情况下容易出现延迟裂纹倾向？　　　　（　　）

    A. 铬钼高强度钢焊后　　　　B. 筒状零件车削加工后

    C. 齿轮磨削加工后　　　　D. 低碳钢焊后

6. 渗透检测能够检测下列哪些熔化焊接产生的缺陷？　　　　（　　）

    A. 坡口未熔合　　　　B. 冷裂纹

    C. 层间未熔合　　　　D. 单边焊接接头根部未焊透

7. 溶剂去除型着色渗透检测可用于下列哪些场合？　　　　（　　）

    A. 在役承压设备的定期检测　　　　B. 发动机部件大修时的检测

    C. 核电厂运行寿命期间的检测　　　　D. 精密铸造涡轮叶片的检测

三、问答题

1. 简述铸件渗透检测的特点。

*2. 简述锻件渗透检测的特点。

3. 简述焊接件渗透检测的特点。

*4. 简述在役零件渗透检测的特点。

复习题参考答案

一、是非题

1. ○；2. ○；3. ×；4. ○；5. ×；6. ○；7. ×；8. ○；9. ○；10. ○。

二、选择题

1. A、B、C；2. A；3. A、C；4. A、B、D；5. A、C；6. A、B、D；7. A、C。

三、问答题

（略）

第 12 章　渗透检测质量保证

渗透检测质量保证决定了受检试件的使用安全。受检试件的使用安全取决于各种综合因素，主要有设计正确、原材料质量保证、制造工艺正确以及进行包括渗透检测在内的、高可靠性的检测检验。

对受检试件进行可靠的渗透检测，必须做到以下几点：

1）采用符合质量要求的渗透检测材料，并正确使用渗透检测材料。

2）有书面的工艺规程和工艺卡，并严格控制操作工艺。

3）对渗透检测操作人员进行培训、指导与考核。

4）按日程表评定检测材料的质量；定期校验检测设备上的仪表、调节器和控制器。

5）质量保证人员应定期对渗透检测体系进行检查。

12.1　渗透检测灵敏度试验

新购进的渗透检测材料，在使用前必须按标准规定进行检验和控制，以确保其检测灵敏度符合相关质量验收要求。

使用中的渗透检测材料，由于受到污染、材料本身的氧化等原因，其检测灵敏度也可能发生变化。为了保证每次渗透检测的可靠性，必须对使用中的渗透检测材料进行定期校验。

12.1.1　试验用标准试样的制备

将公认的合格渗透检测材料保留下来，作为标准试样。需要准备容积较大的、有盖的金属容器，然后从每种合格渗透检测材料中取少量试样，组成渗透检测剂标准试样；将标准试样存放在这个金属容器内，在室温下保存。一般情况下，这些标准试样的性能大约在两年内可保持不变。使用金属加盖容器的目的，主要是隔绝外部光线与标准试样的作用。

在整个渗透检测期间，将现场所用的渗透检测材料与标准试样进行比较，就可以达到控制渗透检测材料的目的。

新购进的渗透检测材料也可以与前面保存的标准试样进行比较，以检查渗透检测材料的质量是否发生了改变。做质量比较试验的目的，是确保新购进渗透检测材料的质量与标准试样相同。

使用很简单的装置，即可完成渗透检测材料的大部分功能试验。

如果有可供使用的化学实验室，并且试验方法符合美国宇航材料规范 AMS 2644—2019《检验材料-渗透检测剂》的要求，自行制备标准试样也是可行的。

12.1.2　试验用试块的选用

渗透检测材料及体系的检测灵敏度试验，实际上就是其功能试验。在质量控制试验中，最有意义的做法是，按产品质量和可靠性要求，检测出不连续性的尺寸大小。

检测灵敏度试验所使用的试块，最好是一种具有最小允许尺寸自然缺陷的试件；用作试块的试件，应具有和试件相同的表面粗糙度。这样，在一个试验中就可以同时完成检测灵敏度和水洗去除性的评定。

必须采用在试件检验中所用的渗透检测方法，来进行质量控制试验。被水和油污染过的渗透液也可以取更长的停留时间或者乳化时间，但应评定它们当时的状态。对于每一个状态所实际使用的停留时间，都必须仔细地记录。

用作控制试验的试块，在两次试验之间应存放在有机溶剂中；并且要通过蒸气除油，或者通过能确保完全去除以前渗透检测材料的任何方法，进行清洗去除后才能使用。

如果无法得到控制试验的试块，可以使用某些可测量灵敏度和水洗性的多用途试块，如铝合金淬火裂纹试块（A型试块）。虽然A型试块不能完全评定渗透检测的灵敏度等级（因为A型试块表面裂纹较大），但其使用起来比较简便，对于检测灵敏度试验和水洗性试验还是有效的。

大量试验证明，在最初至570℃裂化以后，除最低级灵敏度渗透液以外，一般的低级或中级灵敏度渗透液都能够将A型试块的表面裂纹检测出来。由于A型试块表面裂纹尺寸较大，因此无法鉴别出中级或者高级灵敏度渗透液之间的微小差异。

注意：经过430℃重新裂化后，试块的灵敏度等级会降低。但是，对于低灵敏度水洗型荧光渗透液和着色渗透液，裂纹图形一般能够显示出来。

A型试块表面的大量裂纹，包括某些相当大的裂纹，在显像后很难清洗。试验后应用刷子把其中的显像剂刷洗干净，然后放在丙酮或三氯乙烯溶剂中浸泡，直到重新使用时再取出。在溶剂中浸泡一两天后，建议再用超声清洗或蒸气除油进行清理。

检查试块是否已经清理干净的唯一方法，是用溶剂悬浮显像剂进行显像。将溶剂悬浮显像剂喷涂在A型试块上，并查看有无迹痕显示。

如果试块一直浸没存放在溶剂中，且未让其干燥，则在使用若干次后，才需要重新裂化。此时，若溶剂悬浮显像剂显像后未出现迹痕显示，则必须将从溶剂中取出的试块放在干燥箱中加热，以除掉溶剂，然后冷却使用。在这种情况下，一般不需要重新裂化试块。直到试块降级，并用于着色渗透液或低灵敏度荧光渗透液时，才需要重新裂化处理。

注意：实际上，不可能从试块的大裂纹中完全去除着色渗透液。

黄铜板镀镍铬裂纹试块（C型试块）可以用于评定检测灵敏度等级，也可用于水洗性试验。C型试块能够使用多次，但其价格比A型试块更昂贵。

不锈钢镀铬裂纹试块（B型试块）主要用于校验操作方法与工艺系统的灵敏度。

12.1.3　渗透检测材料及体系灵敏度试验

渗透检测材料及体系的灵敏度试验，都是使用试块进行的，在第8章已做具体介绍。现介绍使用C型试块（30μm/50μm试块）对着色产品族渗透检测系统进行鉴定的方法。

着色产品族渗透检测系统灵敏度的鉴定，一般采用30μm或50μm的试块。鉴定步骤如下：

1）首先采用高灵敏度荧光渗透检测系统校准试块，对延伸范围不小于试块宽度80%的明显可见的显示的数目应予记录。然后彻底清除所有荧光渗透检测材料的痕迹，以便用于着色渗透检测系统的鉴定。

2）待检着色渗透液与 C 型试块（30μm 或 50μm），应按相关标准的规定进行处理。

3）结果解释：灵敏度百分率，根据两个图像之比①/②求得。

① 用肉眼记录明显可见的，分布于不小于试块宽度 80% 的不间断迹痕显示的数目。

② 按步骤 1）进行首次校准所看到的显示的数目。

4）按表 12-1 确定灵敏度等级。

表 12-1 着色渗透液灵敏度等级的确定

灵敏度等级	检出的不连续的百分率（%）	
	30μm	50μm
1	<75	90~99
2	≥75	100

12.2 渗透检测剂物理性能测试

相对于检测灵敏度试验，表面张力、黏度、裂纹检出效率等试验，主要是辅助测试手段。其结果可用于评定检测灵敏度正在下降的渗透检测系统，以确定灵敏度降低的原因。这些试验属于比较试验，一般来说，只有黏度试验才有标准要求。

12.2.1 润湿性

润湿性是液体的一种物理性能，它综合了液体的表面张力和接触角两种性能。用简单的试验难以测定液体的表面张力，但接触角和润湿性之间却密切相关。用来比较渗透液润湿性的试验有两种：平直表面上的滴液试验和采用毛细管进行的毛细管试验。

作为试验表面，所采用的材料类型很重要。研究表明，当其他因素相同时，在铝、不锈钢、铬和玻璃等材料中，接触角的差别是相当大的。

1. 滴液试验

滴液试验是将一滴待检材料液体滴在试件表面上，同时将一滴标准试样液体也滴在同一试件表面上。两种液滴并排地、相隔一定距离地排列，通过直接观察，比较两种液滴各自的润湿面积。影响滴液试验的变量如下：

1）液滴的大小（应采用一个微量滴定管或标定过的皮下注射器来滴加）。

2）液滴与试件表面之间的距离。

3）试件的材料类型、表面粗糙度和表面清洁程度。

4）试验液体（包括待检材料和标准试样）和试件表面的温度。

5）每个液滴到达预定测定尺寸时所需要的时间（应采用测径规和秒表来测量）。

用陶瓷笔或油用铝笔画一个圆圈，即可使液滴停止流动。如果采用不同的试件（试件材料相同）进行试验，试件的表面粗糙度值应相等。例如，渗透液在无划伤表面上的润湿扩散速度比在有轻微划伤表面上的润湿扩散速度慢。

2. 毛细管试验

比较润湿性的另一种方法是使用玻璃毛细管，对渗透液与玻璃、渗透液与金属之间的润湿性进行试验研究。

如果渗透液对玻璃毛细管的润湿性好，渗透液将在玻璃毛细管内上升，弯月面呈凹形（称正弯月面）；如果渗透液对玻璃毛细管的润湿性不好（不润湿），渗透液将在玻璃毛细管内下降，弯月面呈凸形（称负弯月面）。

毛细管内壁的清洁程度也很重要。有时即使严重污染的渗透液，也能产生正弯月面，并且毛细管内的液面有某种程度的升高。但是，在标准试样渗透液和使用一段时间的待检材料渗透液之间，总能看到实际的相对差别。

12.2.2　黏度

黏度是流体内部阻碍其相对流动的一种特性。使用毛细管黏度计、不外加压力时测得的数值是动力黏度与密度的比值，即运动黏度。渗透液的性能用运动黏度来表示。渗透液黏度的测定按 GB/T 22235—2008《液体黏度的测定》执行。

注意：水能从根本上改变水洗型渗透液的黏度；溶剂或油可以提高或降低渗透液的黏度，某些亲油型乳化剂被水污染后将明显变稠，其活性将降低。

12.2.3　腐蚀性

要求渗透液对受检试件无腐蚀。渗透液腐蚀试验的步骤如下：

1）把镁合金、铝合金和结构钢（如 30CrMoSiA）按 100mm×10mm×4mm（长×宽×厚）的规格分别加工成试样。

2）取三个玻璃容器（高度大于 100 mm），分别盛装受检渗透液。先将三个试样分别置于三个玻璃容器中（试样的一半浸入渗透液中，另一半留在液面以上），再将它们置于（50±1）℃的恒温水槽中，保温 3h 后，将试样从渗透液中取出。水洗型渗透液直接用水冲洗，后乳化型渗透液乳化后再用水冲洗干净，然后将试样烘干。

3）目视检查，比较试样浸入渗透液部分和未浸入渗透液部分之间的差别，是否出现失光、变色和腐蚀等现象。若试样两个半平面无明显区别，则说明渗透液对受检试件基本无腐蚀。

12.3　荧光亮度与着色强度

12.3.1　荧光亮度

1. 肉眼观察评定法

测试荧光亮度的损失时，可以在化学滤纸上通过肉眼观察进行评定。

（1）试验步骤

1）在化学滤纸上，各滴一滴待测试的荧光渗透液与保留的标准试样荧光渗透液（两滴液滴并排排列，相距约 50mm，各自形成一个色点），让两个色点各自充分铺展开，用肉眼直接观察，对两个色点铺展过程中荧光亮度的变化进行评定。

注意：由于在黑光下，某些化学滤纸也会发出荧光，所以该试验所用的化学滤纸应该先在黑光下进行检验。

2）将载有两个色点的化学滤纸放在黑暗的地方，通风干燥 2~3h。

3）比较两个色点的荧光亮度时，首先将化学滤纸靠近黑光灯，然后一边注视色点，一边逐渐使化学滤纸离开黑光灯。

4）当化学滤纸表面变暗时，待检测试样的荧光亮度将比标准试样的荧光亮度衰减得更快。

（2）试验过程中的注意事项

1）该试验应在绝对黑暗之处进行。另外，目视观察色点周边的面积不能太大，以便化学滤纸上的色点可从灯光下移开得快些。

2）当采用专门的观察器时，可以通过调节装置来降低由色点所发射的荧光亮度。也可以采用将化学滤纸夹在两片玻璃片或透明胶片之间的方法来降低荧光亮度。

降低色点荧光亮度的原因是，如果两个色点的荧光亮度太强，可能使观察者的肉眼对荧光亮度微小差别的辨别能力降低，甚至无法鉴别出两者的差别。

3）必须使用滤光器件或方法，将两个色点的荧光亮度同时降低一定水平，使两个色点荧光亮度之间的差别能用肉眼鉴别出来。

4）实际上，荧光渗透液中的所有荧光染料都被串激成了染料系统。如果荧光色点的颜色变为蓝白色，则表明荧光渗透液已经褪色。如果两个荧光色点能保持相同的亮度，而其中一个色点在颜色上有明显的改变，则需要进行校正测定。

2. 凸透镜黑点试验法

凸透镜黑点试验是测定荧光渗透液发光强度的试验，也是评价荧光渗透液检测灵敏度的一种方法。凸透镜黑点试验法简称黑点试验法，也称新月试验法，如图 12-1 所示。

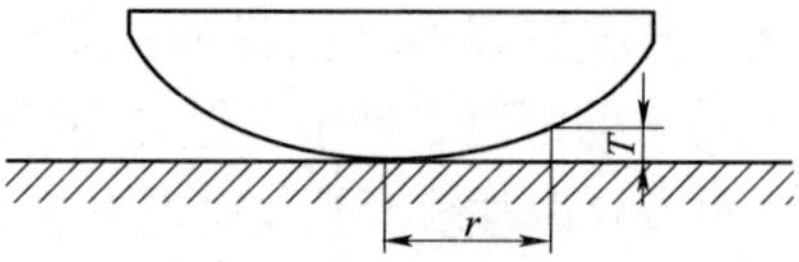

图 12-1　黑点试验法示意图
r—黑点半径　T—临界厚度

黑点试验法用于比较两种荧光渗透液的发光强度时是很有效的。褪色的荧光渗透液的黑点比保留的标准试样的荧光渗透液的黑点更大；当黑光强度逐渐降低时，褪色的荧光渗透液的黑点比保留的标准试样的荧光渗透液的黑点，以更快的速度增大。

由于渗透液会使凸透镜浮动，所以要在凸透镜平面侧施加足够大的压力，以保持接触点稳定。该方法是测量荧光渗透液被扩展成多厚的薄层时，在一定强度的黑光照射下，具有最大发光亮度的一种方法。

刚好具有最大发光亮度时的荧光渗透液薄层的厚度，称为临界厚度 T。由于临界厚度以上的荧光亮度与临界厚度处相同，故常用临界厚度 T 来表示荧光渗透液在黑光辐射下的发光强度。黑点半径 r 越小，临界厚度 T 越小，发光强度越大，灵敏度越高。

黑点试验法的步骤：在一块平板玻璃上滴几滴荧光渗透液，再将一块曲率半径 $R = 1.06m$ 的平凸透镜的凸面压在荧光渗透液上。这时，透镜与平板之间的荧光渗透液呈薄膜状，在透镜与平板的接触点上，荧光渗透液的厚度为零，接触点附近的荧光渗透液形成薄膜，离中心越近，液层越薄。

在黑光的照射下，临界厚度以上的薄层能发出最大的荧光亮度。而在接触点及临界厚度以下的极薄层的荧光渗透液不能发出荧光，将形成黑点。临界厚度的计算公式为

$$T = \frac{r^2}{2R} = \frac{d^2}{8R} \tag{12-1}$$

黑点越小，临界厚度越小，扩展成薄膜时，在黑光灯下被观察到的可能性就越大，即荧光渗透液的灵敏度越高。因而，也常用临界厚度或黑点直径来衡量荧光渗透液的灵敏度。荧光亮度较高的荧光渗透液的黑点直径在 1mm 以下。

例 12-1　对某荧光渗透液做黑点试验。已知：黑点试验时，测得荧光渗透液的黑点直径为 1.1mm，求临界厚度。

解：$T = \dfrac{d^2}{8R} = 1.1^2 \text{mm} / (8 \times 1.06 \times 10^3) = 1.4 \times 10^{-4} \text{mm}$

答：该荧光渗透液的临界厚度为 1.4×10^{-4}mm。

12.3.2　着色强度

着色强度可以采用肉眼观察评定法进行比较，现简要介绍如下：

1）着色渗透液的染料浓度，可以通过光的透射情况，与保留的标准试样的着色渗透液进行比较。

2）光源可使用高强度工业射线观片灯或其他超强白光灯。

3）这些光源应当用黑色硬纸板遮住，硬纸板上刻有宽 3~5mm 的两条垂直槽口。可以比较装在小玻璃瓶中的两种试样（待测试的着色渗透液试样和保留的标准试样的着色渗透液试样）的浓度，也可对渗透液试样进行比较。

4）着色渗透液槽中的着色渗透液需要做着色强度试验。因为污染会使着色渗透液槽中的着色渗透液变稀，导致其浓度降低。

12.4　受检试件状况对渗透检测的影响

受检试件的许多变量会影响渗透检测系统的灵敏度和可靠性。

1. 试件外形的影响

在渗透检测工艺选择方面，试件的外形是一个重要的因素，有均匀几何外形的试件最容易检测；但渗透检测需要在许多复杂的试件上进行，其外形、尺寸和表面粗糙度等都可能使试件的清洗变得困难，特别是大型的复杂试件，清洗很难操作。

某些大型试件，如船用螺旋桨，必须分段检测；有些大型铜铸件上可能有很多气孔，在显像时会有大量的渗透液渗出来。

大型的空心试件，如锻造的铝制起落架和气缸等，都要求进行严格的检测。气缸筒内因为复杂的构型和通道的限制，很难进行检测，需要使用内窥镜进行观察。另外，气缸筒内容易产生腐蚀坑，而应力腐蚀裂纹则从坑底开始产生，因此需要采用最灵敏的检测工艺。而且

由于难以接近气缸内壁，所以施加显像剂就极其困难。

2. 试件表面状态的影响

试件的表面状态主要影响检测工艺和结果。试件表面粗糙度对灵敏度有较大的影响，表面粗糙的试件清洗困难，缺陷显示的对比度差，灵敏度低。只存在试件表面较为光洁时，才能发现较小的缺陷。

铸件在铸造条件下一般比较粗糙，试件上的不连续性可能会被机械加工后污染的金属所掩盖。焊件也可能具有很难进行渗透检测的粗糙表面，某些焊件表面被熔渣和氧化物所掩盖，在进行渗透检测之前，必须将其清理干净。

在一些情况下，必须将涂层和腐蚀产物从试件表面除掉，然后才能进行渗透检测。此时，建议用化学试剂作为剥离剂。但以上做法可能又会弄脏不连续性内的金属，不连续性还是可能被填充。

液体研磨和蒸汽喷射都会在不连续性内留下大量的磨屑等产物。

在某些试件上，如涡轮叶片，必须采用研磨清洗法进行表面清洗；清洗后，还应对其进行腐蚀，以去除金属脏物和清洗产物。

3. 机械加工的影响

机械加工可能会暴露出金属内部的海绵状疏松，铸件上暴露的孔洞也许是在验收界限内的。这些海绵状疏松及孔洞也会吸收大量的渗透液，当海绵状疏松及孔洞中的渗透液渗出到显像剂里时，就可能掩盖其他的显示。

12.5 渗透检测剂工艺性能测试

对于检测灵敏度试验来说，本节介绍的渗透检测剂工艺性能测试方法，也是辅助测试试验方法。当渗透检测系统的检测灵敏度下降时，应有针对性地进行辅助测试试验，其测试试验结果可用于查找、评定检测灵敏度下降的原因。

12.5.1 水洗型渗透液工艺性能测试

1. 容水率测定

容水率是指向渗透液中添加水而使其刚出现分层、混浊、凝胶等现象时，添加水的量占渗透液和所添加水的总量的百分比。容水率泛指在水洗型渗透液或乳化剂的性能尚未减弱前，其所能吸收的水量。

容水率测定主要是针对水洗型渗透液，一般要求其容水率大于5%（体积分数）。容水率测定也适用于亲油型乳化剂，不适用于亲水型乳化剂。

在开口槽中使用的渗透液，应测量其容水率，具体方法如下：取50mL渗透液置于100mL的量筒中，逐次以0.5mL的增量向渗透液中加水；每次加水后，用塞子塞住量筒，翻转几次，使其混合均匀；然后观察渗透液的变化，直至出现混浊、凝胶、分层等现象时，记录加水总量，并计算容水率

$$容水率 = \frac{B}{50+B} \times 100\% \tag{12-2}$$

式中　B——加入水的总量（mL）。

例 12-2　对某水洗型渗透液做容水率测定试验。已知：渗透液样品为 50mL，渗透液出现混浊时，水的加入量为 2.5mL，求该水洗型渗透液的容水率。

解：容水率 $= \dfrac{B}{50+B} \times 100\% = \dfrac{2.5}{50+2.5} \times 100\% = 4.8\%$

答：该水洗型渗透液的容水率为 4.8%。

2. 含水量测定

含水量是指非水基渗透液中所含水的量占渗透液总量的百分比。含水量主要是针对水洗型渗透液而言的，渗透液的含水量太大，会使其性能变差、灵敏度降低，故渗透液的含水量应小些。非水基渗透液的含水量应小于 5%（体积分数）。

含水量测定也适用于亲油型乳化剂，不适用于亲水型乳化剂。

水洗型渗透液的含水量用水分测定器测量，水分测定器的结构如图 12-2 所示。

测定方法是取 100mL 渗透液和 100mL 无水溶剂（如二甲苯），置于容量为 500mL 的圆底玻璃烧瓶中，摇动 5min 使其混合均匀；然后用电炉、酒精灯或小火焰的煤气灯加热烧瓶，使水分蒸发，水蒸气在冷凝管处受冷凝结成水而回落到集水管中，直到水分完全蒸发为止。操作过程中，应控制回流速度，使冷凝管的斜口每秒钟滴下 2~4 滴液体。含水量（%）的计算公式为

$$含水量 = \frac{B}{100} \times 100\% \qquad (12\text{-}3)$$

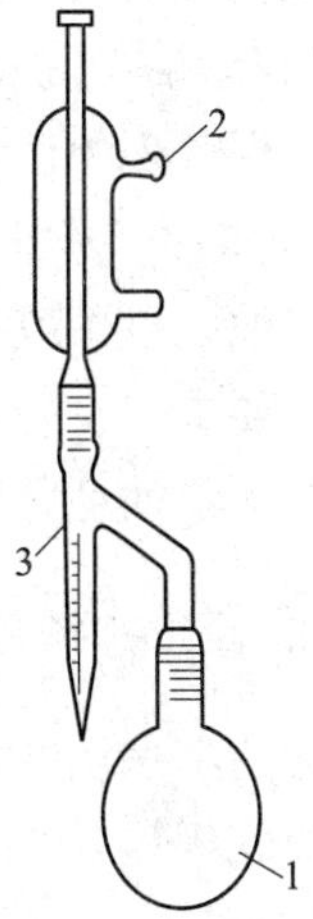

图 12-2　水分测定器
1—烧瓶　2—冷凝器　3—集水管

式中　B——集水管中水的体积（mL）。

例 12-3　对某水洗型渗透液做含水量测定试验。已知：渗透液样品的容积为 100mL，无水溶剂二甲苯的容积为 100mL，水分测定器圆底玻璃烧瓶的容积为 500mL，集水管中水的容积为 4mL。试求该水洗型渗透液的含水量。

解：含水量 $= \dfrac{B}{100} \times 100\% = \dfrac{4}{100} \times 100\% = 4\%$

答：该水洗型渗透液的含水量为 4%。

3. 水基水洗型渗透液含水量检查

水基水洗型渗透液的含水量，即水基水洗型渗透液的浓度（与含水量相关）用折射计进行检查，浓度值应符合制造商的推荐值。

12.5.2　后乳化型渗透液工艺性能测试

1. 乳化性能校验

乳化性能校验的步骤如下：

1）取两块吹砂钢试块浸入适当的后乳化型渗透液中，垂直悬挂滴落3min后，以相同的清洗条件进行预水洗。

2）将一个试块浸入待测乳化剂中，另一个试块浸入保留的标准试样乳化剂中，停留时间均为30s。

3）取出试块后垂直滴落3min，以相同的清洗条件分别去除表面渗透液，再用压缩空气吹干。

4）在白光或黑光下观察比较其背景，如果两者相差悬殊，则说明待测乳化剂的乳化性能不合格。

2. 亲油型乳化剂含水量检验

亲油型乳化剂含水量的检验方法如下：

1）在亲油型乳化剂中加入5%（体积比）的水，搅拌均匀后观察，不应有凝胶、离析、浑浊或分层等现象产生。

2）将加入5%（体积比）的水的乳化剂与相应的渗透液配用，渗透液不能产生凝胶、离析、混浊、凝聚或在渗透液液面上形成分层。同时，与该乳化剂相配用的渗透液的去除性能应符合要求。

注意：亲油型乳化剂的含水量应小于5%（体积分数）。

3. 亲水型乳化剂容水率/浓度测定

浓缩的亲水型乳化剂的容水率测定方法与渗透液容水率的测定方法相同，允许的容水率按制造商的规定。亲水型乳化剂溶液的浓度用折射计测试检查，浓度应符合制造厂家推荐值。

12.5.3 干粉显像剂工艺性能测试

干粉显像剂是一种颗粒极细且附着性强的干燥、松散、轻质的白色粉末，不应有聚结颗粒和块状物。干粉显像剂常与荧光渗透液配合使用，故在黑光灯下不应发出荧光。对于重复使用的干粉显像剂，应定期在黑光灯下检查其受污染的程度。

测试方法是在平板上撒一薄层干粉显像剂，在直径10cm范围内，用肉眼直接观察，若观察到10个以上的荧光斑点，则为不合格。

12.5.4 湿式显像剂工艺性能测试

1. 再悬浮性能检验

按制造厂家的说明书配制湿式显像剂（水基或非水基悬浮显像剂），静置24h后轻轻摇动，已形成的沉淀应能很容易再悬浮起来。

2. 灵敏度检验

采用湿式显像剂与相应的渗透液和检测工艺，在黄铜板镀镍铬裂纹试块（C型试块）

上进行渗透检测全过程操作（注意：不用 A 型试块）。待检测湿式显像剂的涂层应均匀一致，与保留的标准试样湿式显像剂相比，缺陷显示要符合要求。

3. 湿式显像剂悬浮性校验

将湿式显像剂充分搅拌后，取 25mL 置于 25mL 的量筒中，静置 15min，观察沉淀后的分界线。对于溶剂悬浮显像剂，其分界线距上表面应不大于 2mL 的刻线；对于水基湿显像剂，要求其分界线距上表面不超过 12.6mL。

4. 溶剂悬浮显像剂的喷罐和喷涂系统

溶剂悬浮显像剂中含有有机溶剂，一般装在喷罐内使用。喷罐阀门和喷涂系统在存放和使用中经常会遇到各种问题。

1）如果喷罐阀门损坏，喷罐内的气体就会泄漏出来，这时喷罐就不能存放很长时间。在大量存放喷罐时，最好的办法是定期对喷罐称重，以便了解是哪个喷罐漏气。

2）如果喷罐已存放很长时间，则必须用力振荡，直到喷罐内部沉淀的显像剂通过小球的碰撞振荡而分散开。

3）每次使用后，应当倒转喷罐并喷雾，直到只喷出气体为止，这样可将喷嘴清洗干净。

5. 湿式（水溶型/水悬浮）显像剂浓度测定

水溶型/水悬浮显像剂的浓度，采用比重计进行测定。浓度与比重值（比重计读数）的换算图表可从制造厂家处获得。水溶型/水悬浮显像剂的使用浓度应符合制造厂家的推荐值。

12.5.5 表面多余渗透液去除性校验

表面多余的渗透液应易于清洗去除，即具有良好的清洗去除性。表面多余渗透液去除性校验常采用吹砂试块进行，水洗型、后乳化型（亲水）、溶剂去除型渗透检测法的去除性校验所用方法不尽相同，分别简述如下。

水洗型、后乳化型（亲水）渗透检测法去除性校验的步骤如下：

1）将渗透液施加于吹砂试块的表面上，并停留 10~15min。

2）水洗型渗透液直接用压力为 0.4MPa 的水冲洗，冲洗时间为 30s；后乳化型（亲水）渗透液先用水预清洗 5s，然后乳化 5s，再用 0.4MPa 的水冲洗 30s；冲洗角均为 45°。

3）将干燥后的试块放在白光或黑光下，观察其表面是否有余色或余光。

另外，也可以采用比较法：分别对两块吹砂试块施加待检测渗透液与保留的标准试样渗透液，然后采用标准的清洗去除法去除表面多余渗透液，再对两块试块进行比较。若两者差别不大，说明待检测渗透液仍可使用；如果两者相差悬殊，则说明待检测渗透液的去除性较差，需要更换。

溶剂去除型渗透检测法去除性校验可参照上述方法进行，但需要用有机溶剂擦除表面多余渗透液。

12.6　渗透检测设备和试块的质量控制

1. 黑光灯的质量控制

黑光辐射照度计应每周校验一次，测量方法为：开启黑光灯 20min 后，将黑光辐射照度计置于黑光下，调节黑光辐射照度计的过滤片，使其与光源之间的距离为 380mm，读出黑光辐射照度计上的读数，其数值应大于 $1000\mu W/cm^2$。也可以使用黑光照度计进行测量，照度计到光源的距离为 460mm，其读数应不低于 70Lx。

实际使用黑光灯时，需要测量黑光辐射有效区，测量方法如下：

1）首先将黑光灯置于平时检验时的高度位置，开启预热 20min，然后将黑光辐射照度计置于黑光灯下，水平移动检测仪，直到其读数达到最大值的位置为止。

2）在工作台上，以读数最大点的位置为中心，画两条相互垂直的直线，如图 12-3 所示。

3）将黑光辐射照度计置于交点处，沿每条直线按 150mm 的间隔点依次进行检测，并记下读数，直到测得读数为 $1000\mu W/cm^2$ 的读数点为止。将这些点连接成圆形，这个圆内的区域就是黑光辐射有效区，试件检测应在黑光辐射有效区范围内进行。

黑光灯使用较长时间后，其输出功率将降低，当输出功率降低 25% 以上（达不到 $1000\mu W/cm^2$）时，应更换黑光灯。

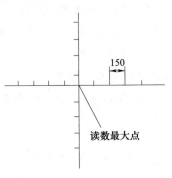

图 12-3　黑光灯辐射有效区

2. 黑光辐射照度计和黑光照度计的质量控制

这两种仪器均用于测量黑光辐射照度。使用前，必须由计量部门对其进行检验，并出具合格证书，之后应每年校验一次。

3. 白光照度计的质量控制

照度计用于测定白光强度，照度测量范围为 0～1600Lx 或 0～6450Lx。照度计每年应由计量部门校验一次。

4. 试块的质量控制

铝合金淬火裂纹试块（A 型试块）用于比较两种渗透检测材料的优劣，不锈钢镀铬裂纹试块（B 型试块）用于校验操作方法和工艺系统的灵敏度，黄铜板镀镍铬裂纹试块（C 型试块）用于鉴别渗透检测材料的性能和灵敏度等级。上述三种试块的制造厂家应经认可，并出具试块鉴定合格证书。

应当指出：荧光渗透检测使用的试块和着色渗透检测使用的试块应分开，不允许两者混用。

试块经使用后，应进行彻底清洗，不应残留任何渗透检测剂的痕迹。清洗后，将试块存放在5%乙醇溶剂的密封容器内保存。发现试块有堵塞或灵敏度与原来相比有所下降时，必须及时更换。

12.7 渗透检测质量保证体系

为了保证渗透检测系统的质量，需要进行渗透检测质量控制。假定一个渗透检测试验系统，包括所用的材料、设备和工艺方法，被设计用于检测一定形状和尺寸的试件的不连续性。设计前提是渗透检测试验连续操作，且工艺操作在标准条件所允许的狭窄范围内。

为了实现对渗透检测系统的控制，每个变量都必须在日常工作的基础上进行评定。为提供可靠的检测灵敏度等级，对所用的材料、设备、工艺等都有严格的控制要求：

1）检测设备、仪器仪表和检测场所都非常重要。渗透检测操作常常需要重复进行，对于任何一个变量的变动，都需要明确其变动的原因。

操作人员通常需要注意以下问题：使用的水压和水温要适当；喷枪的空气压力要调节适当；采用的仪表应精确，压力表和温度计必须定期校正，以保证读数准确无误；黑光强度必须在日常工作的基础上进行检查。

2）必须检查传送装置的速度，因为它控制着停留时间。

3）应检查用于施加干粉显像剂的雾化喷粉室的空气压力；搅拌系统常常出现问题，需要对其操作和流动情况进行检查。

4）渗透检测部位的清洁度很重要。干燥箱中的格栅应当清洁，以免在干燥箱中，前面试件滴落的乳化剂或者渗透检测剂污染后面的试件；放试件的箱子必须清洁；检验室应保持清洁，以免工作台上旧的显像粉或渗透液产生无关显示；手和手套要保持清洁，以免在试件上留下渗透液的手印和污点；检测人员佩戴的眼镜也要保持清洁。

在日常工作的基础上，应对上述变量和每个专用系统的其他变量进行检查；对每种渗透检测设备、每个检测点都应当有记录，并且要记录每次渗透检测的时间间隔。必须对这些记录和规程进行定期核查。

关键重要试件需要专门的操作工艺规程。应在渗透检测设备上配备一个便于使用的文件袋，文件袋内附有以试件编码来区分的各种试件的操作工艺规程。

控制渗透检测系统质量的关键，是定期考查检测人员对渗透检测工艺知识的掌握情况，而不是仅仅考查渗透检测生产线的各个功能。

复 习 题

说明：题号前带＊号的为Ⅱ级人员需要掌握的内容，对Ⅰ级人员不要求掌握；不带＊号的为Ⅰ、Ⅱ级人员都要掌握的内容。

一、是非题（在括号内，正确画○，错误画×）

＊1. 低灵敏度渗透检测系统可以使用A型试块进行鉴定。　　　　　　　　　（　　）

＊2. 凸透镜黑点试验是测定着色渗透液着色强度的试验。　　　　　　　　　（　　）

3. 承压设备行业常使用三点B型试块对渗透检测系统进行鉴定。　　　　　（　　）

4. 质量控制的意义是鉴定所采用工艺检出的缺陷大小是否符合质量要求。　（　　）

5. 试件的外形，包括尺寸大小、复杂程度等，都不影响渗透检测质量。 （ ）

6. 气缸等大型空心试件的内壁，需要使用内窥镜来观察。 （ ）

*7. 渗透检测任何一个环节失控，都将降低渗透检测的可靠性。 （ ）

8. 渗透检测材料及体系的检测灵敏度试验都是使用"试块"进行的。 （ ）

9. 表面张力、黏度、裂纹检出效率等测试试验都是主要测试手段。 （ ）

10. 渗透检测剂工艺性能（如容水率测定、乳化性能校验）测试是辅助测试试验。

（ ）

二、选择题（将正确答案填在括号内）

*1. 如何制备试验用的标准试样？ （ ）

    A. 将公认的合格渗透检测材料保留下来

    B. 新购进渗透检测材料

    C. QPL-AMS 2644—2019《检验材料-渗透检测剂》中的材料

    D. 从渗透检测材料制造商处索取

2. 对检测灵敏度试验的最好试块的要求是什么？ （ ）

    A. 具有最小允许尺寸的自然缺陷的试件

    B. 铝合金淬火裂纹试块

    C. 黄铜板镀镍铬层裂纹试块

    D. 具有和试件相同的表面粗糙度

*3. 评定荧光和着色渗透系统的检测灵敏度等级时，用哪种试块最好？ （ ）

    A. 铝合金淬火裂纹试块   B. 具有自然缺陷的试块

    C. 黄铜板镀镍铬层裂纹试块   D. 不锈钢镀铬裂纹试块

4. 下列哪种试验方法常用于测定渗透检测材料的润湿性能？ （ ）

    A. 测定渗透检测材料的接触角

    B. 渗透检测材料在平直表面上的滴液试验

    C. 渗透检测材料的凸透镜新月试验

    D. 测定渗透检测材料的表面张力

*5. 渗透液的腐蚀性试验一般选用下列哪些材料？ （ ）

    A. 镁合金   B. 结构钢（如 30CrMoSiA）

    C. 铝合金   D. 镍基铸造高温合金（如 M951）

*6. 下列哪种试块用于校验操作方法和工艺系统的灵敏度？ （ ）

    A. 铝合金淬火裂纹试块   B. 不锈钢镀铬裂纹试块

    C. 黄铜板镀镍铬层裂纹试块   D. 吹砂钢试块

三、问答题

*1. 如何制备试验用标准试样？

*2. 如何选用试验用试块？

3. 简述荧光亮度肉眼观察评定法的步骤。

4. 简述着色强度肉眼观察评定法的步骤。

*5. 简述润湿性能滴液试验的步骤。

*6. 简述乳化性能校验的步骤。

﹡7. 简述干粉显像剂工艺性能测试的步骤。

﹡8. 简述湿式显像剂悬浮性能校验的步骤。

﹡9. 简述黑光灯的质量控制方法。

10. 简述溶剂悬浮显像剂的喷罐和喷涂系统的使用方法。

四、计算题

﹡1. 对某水洗型渗透液做容水率测定试验。已知：渗透液样品 50mL，渗透液出现混浊时，水的加入量为 3.0mL，求该水洗型渗透液的容水率。

﹡2. 有渗透液样品 100mL、无水溶剂二甲苯 100mL，水分测定器圆底玻璃烧瓶的容量为 500mL，集水管中水的容积为 4.8mL，试求该水洗型渗透液的含水量。

﹡3. 对某荧光渗透液做黑点试验时，测得荧光渗透液的黑点直径为 1.2mm，求临界厚度值。

复习题参考答案

一、是非题

1. ○；2. ×；3. ○；4. ○；5. ×；6. ○；7. ○；8. ○；9. ×；10. ○。

二、选择题

1. A、C；2. A、D；3. C；4. B；5. A、B、C；6. B。

三、问答题

（略）

四、计算题

1. 解：容水率 $= \dfrac{B}{50+B} \times 100\% = \dfrac{3}{50+3} \times 100\% = 5.7\%$

答：该水洗型渗透液的容水率为 5.7%。

2. 解：含水量 $= \dfrac{B}{100} \times 100\% = \dfrac{4.8}{100} \times 100\% = 4.8\%$

答：该水洗型渗透液的含水量为 4.8%。

3. 解：$T = \dfrac{d^2}{8R} = 1.7 \times 10^{-4} \text{mm}$

答：该荧光渗透液的临界厚度为 1.7×10^{-4}mm。

第 13 章　渗透检测安全知识

13.1　渗透检测人员安全

13.1.1　化学试剂、有机溶剂和固体粉尘的安全防护

1. 化学试剂、有机溶剂和固体粉尘等对人体健康的损伤

（1）毒性损伤的类别　渗透检测中使用的有机溶剂，有些对人体是有毒的。例如：苯和苯的衍生物大多有一定的毒性，其中以苯和硝基苯的毒性最大；四氯化碳、三氯乙烯、二氯乙烷、甲醇等都有一定的毒性。丙酮、松节油、乙醚等对人体有刺激和麻醉作用，属于低毒性溶剂。火棉胶本身基本无毒，但其遇明火燃烧时，则会生成剧毒的氢氰酸和过氧化氮气体。

除化学试剂外，当染料和显像剂的粉尘在空气中超过一定的浓度时，人吸入后会引起呼吸道黏膜的炎症，如鼻炎、咽炎、支气管炎等，长期吸入会造成硅肺。

当渗透检测材料沾染到人的皮肤时，由于皮肤上的油脂会被渗透检测材料溶解而去除，时间久了会引起皮肤发炎、斑疹和疼痛等。

渗透检测中，由渗透检测材料的毒性造成的人体中毒，以慢性中毒最多，且多属积累效应中毒，因此积极采取安全防护措施是十分必要的。

（2）积累效应　对机体有影响的环境条件或有关因素多次作用，所造成的生物效应的积累或叠加现象称为积累效应。

积累效应有三种情况：第一种情况是多次作用产生的效应，形成简单的相加；第二种情况是多次作用产生的效应，形成比简单相加更严重的后果，这是由于多次作用使机体抵抗力发生崩溃、效果膨胀的结果；第三种情况是形成比简单相加更轻的效应，这是由于机体产生耐力或几次产生的效应之间相互抵销的结果。

（3）毒性评价指标　化学试剂等物质的毒性评价指标有许多种，通常用最高允许浓度来表示。最高允许浓度是指操作者在该浓度下长期进行生产劳动，不会引起急性或慢性职业性危害的一个限值。它是衡量生产环境污染程度的卫生标准，也是评价卫生技术措施的依据。

（4）有毒物质浓度的表示方法　我国关于有毒物质浓度的表示方法是标准状况下，每立方米空气中所含有毒物质的质量，单位为 mg/m^3。

ppm 为英国和美国等国家关于浓度的表示方法。对于空气中有毒物质的浓度，ppm 的含义为在 $25℃$、760mmHg（1mmHg = 133.322Pa）大气压下，一百万份容积的空气中有毒物质所占的份数。

两种单位的换算公式为

$$ppm = \frac{mg}{m^3} \times \frac{24.25}{某有毒物质的相对分子质量}$$

2. 有毒化学物质对人体造成损伤的途径

有毒化学物质对人体造成损伤大致有以下三种途径：

1) 经呼吸道进入人体，在肺泡中进行交换，渗入血液而进入全身，引起人体机能失调和障碍。该类有毒物质一般以气态、烟雾、粉尘状态污染操作场所的空气而危害人体。

2) 经消化道进入人体，由肠胃吸收而运至全身。这类中毒一般是由误食有毒物质或因有毒物质污染饮食器具而造成的。

3) 经皮肤渗透进入人体。这种中毒是在接触某些渗透力极强的有毒物质后引起的。

3. 检测人员的安全防护

1) 在不影响渗透检测灵敏度、满足受检试件技术要求的前提下，尽可能采用低毒的配方来代替有毒和高毒的配方。

2) 采用先进技术，改进渗透检测工艺和完善渗透检测设备，特别是增设必要的通风装置，降低有毒物质或臭氧在操作场所空气中的浓度。

3) 严格遵守操作规程，正确使用个人防护用品，如口罩、防毒面具、橡胶手套、防护服和涂敷皮肤的防护膏等。

4) 操作现场严禁吸烟，防止吸入有毒气体，防止发生火灾事故。

5) 显像粉会使皮肤干燥，并且会刺激人的气管，所以操作者应戴橡胶手套，工作现场应有通风装置。

6) 工作前，操作者最好戴上防护手套和围裙，以避免皮肤与渗透检测材料直接接触而被污染。工作结束后，应在手上涂防护油，防止皮肤干燥或开裂，甚至引发皮炎。

7) 对新参加渗透检测工作的人员进行体检，以便及早发现不宜从事渗透检测工作的某些疾病患者。这些疾病有哮喘、血液病、肝和肾的实质性疾病等。

8) 对检测人员进行定期体检，可以尽早发现有毒物质对人体危害致病情况，早期治疗，并采取必要的预防措施。

13.1.2 强紫外线辐射的安全防护

荧光渗透检测中所使用的黑光，是从光辐射中滤出的长波紫外线。用于荧光渗透检测的长波紫外线（波长为330~450nm）一般不会引起皮肤晒黑或其他严重后果。但是紫外线会产生物理、化学及生理效应。

1. 眼球受黑光照射

眼球受到黑光的照射后会发出荧光，导致眼球荧光效应，使视力变得模糊，还会产生其他不舒适的感觉。

若长期暴露在黑光下，因受到刺激会引起头痛，极端情况下甚至会引起恶心。但一般情况下是无害的，而且这种现象不是长期效应。

2. 滤光片或屏蔽罩破裂

如果滤光片或屏蔽罩破裂，波长小于 330nm 的短波紫外线将泄漏出来，眼睛受到短波紫外线辐射的操作人员可能患角膜炎及光结膜炎。因此黑光滤光片或屏蔽罩一旦破裂失效，就不得再投入使用。

3. 安全防护措施

1）荧光渗透检测中，操作人员应尽量避免暴露在黑光下，以免眼球产生荧光效应。必要时，可戴黄色玻璃眼镜，阻挡紫外线。

2）波长在 330nm 以下的短波紫外线对人眼有害，所以严禁使用不带滤光片或滤光片破裂的黑光灯。应随时注意观察滤光片或屏蔽罩是否破裂，一旦发现破裂就不能使用。

13.1.3　三氯乙烯蒸气除油的使用安全

三氯乙烯是一种无色、透明的中性有机化学溶剂，其沸点为 86.7℃，比汽油的溶油能力强，蒸气密度可达 4.54g/L，容易形成蒸气区。三氯乙烯蒸气常常用于除油。

1. 三氯乙烯蒸气除油中的安全问题

1）三氯乙烯在使用过程中易受热、光、氧的作用而分解出酸性物质。

2）三氯乙烯除油槽中的三氯乙烯液体与污染物发生化学反应会呈酸性。铝合金、镁合金的铝屑、镁屑进入槽中与三氯乙烯发生化学反应，会使槽液呈酸性。

3）人体吸入三氯乙烯是有害的。

4）三氯乙烯过热时会产生剧毒气体。

5）三氯乙烯受到紫外线照射时会产生有害光气。

2. 三氯乙烯蒸气除油中的安全防护

1）三氯乙烯蒸气除油过程中要经常测量其酸度值（三氯乙烯呈酸性时，会对受检试件与蒸气除油槽造成腐蚀）。

2）经常保持三氯乙烯除油槽的清洁干净。当零件上的油污较多时，在进行三氯乙烯除油前，应先用煤油或汽油清洗零件。

3）铝合金、镁合金等工件在除油前，要彻底清除铝屑、镁屑。

4）操作现场禁止吸烟，防止吸入有毒气体。

5）进行除油操作时，工件进出除油槽口要缓慢，防止将过多的三氯乙烯蒸气带出槽外。

6）要经常添加三氯乙烯，防止加热器露出液面引起过热，从而产生剧毒气体。

7）在除油过程中，避免滞留在零件不通孔里或其他凹陷处的三氯乙烯受到紫外线的照射而产生有害光气。

13.1.4　静电喷涂的使用安全

1）操作者必须经过安全培训方可上岗。

2）正确穿戴防静电工作服，防止产生静电引起火灾或爆炸。

3）正确佩戴防尘头盔，防止因吸入渗透检测溶液微粒及显像剂粉末等而损害身体健康。

4）随时检查静电喷涂设备电路的接地和绝缘情况，防止操作中引发触电事故。

5）定期检查高压静电发生器的各组件是否有损坏，发现故障后及时修理。

13.2 工业生产安全

1. 不腐蚀盛装容器

要求渗透检测剂不腐蚀其盛装容器及容器表面的金属镀层或有机涂层。

1）大多数情况下，油基渗透液符合这一要求。

2）水洗型渗透液中的乳化剂可能是微碱性的，当水洗型渗透液被水污染后，水与乳化剂结合而形成微碱性溶液并保留在渗透液中，这种微碱性溶液可能与盛装容器上的涂料或其他保护层起反应而产生腐蚀作用。

2. 不与受检试件发生化学反应

要求渗透检测剂不与受检试件发生化学反应，即呈化学惰性。

1）大多数情况下，油基渗透液符合这一要求。

2）水洗型渗透液被水污染后，水与乳化剂作用而形成微碱性溶液并保留在渗透液中，这种微碱性溶液会对铝合金、镁合金等受检试件产生腐蚀作用。

3）渗透液中硫、钠等元素的存在，在高温下会对镍基合金等受检试件产生热腐蚀（也称热脆），使受检试件遭到严重破坏。

4）渗透液中的卤族元素，如氟、氯等很容易对钛合金及奥氏体型不锈钢等受检试件产生化学作用，在应力存在的情况下易产生应力腐蚀裂纹。

5）对于盛装液氧的装置，渗透液应不与液氧起反应，油基或类似的渗透液不能满足这一要求，需要使用特殊的渗透液。

6）对于与液态氧（LOX）或高压气态氧（GOX）相容的渗透液，在检测完成后，必须清除会与氧起反应的污染物或残留物。

7）用来检测橡胶、塑料等试件的渗透液，不应与试件发生反应，应采用特殊配制的渗透液。

13.3 防火安全

渗透检测所使用的检测材料，除干粉显像剂、乳化剂以及喷罐内使用的氟利昂气体是不燃物质外，其余大部分是可燃性有机溶剂，如煤油、酒精、丙酮等。这些具有可燃性的渗透检测材料时，在储存和使用过程中，都应采取必要的防火措施。

1. 储存渗透检测材料的防火安全

1）盛装渗透检测剂的容器应加盖密封。

2）储存地点应远离热源、烟火，避免阳光直接照射，应储存在冷暗处。

3）严禁将压力喷罐存放于高温处。因为罐内气雾剂的压力会随温度的升高而增大，有发生爆炸的危险。

2. 工作场所的防火安全

使用可燃性渗透检测材料时，要特别注意防火。操作现场应做到干净整洁，应严格执行以下防火措施：

1）工作场所应备有专人管理的灭火器，以供必要时使用。

2）工作场所应避免储存大量渗透检测材料，工作场所与渗透检测材料储存室应分开。

3）盛装渗透检测材料的容器应加盖并尽量密封。对于挥发性强的物质，如清洗去除剂、溶剂悬浮显像剂等，使用后应密封保管。

4）避免阳光直射到盛装渗透检测材料的容器，特别是压力喷罐更应注意。

5）避免在火焰附近及高温环境下进行操作，特别是压力喷罐，如果温度超过50℃，要特别注意操作现场禁止明火存在。

6）当环境温度较低时，压力喷罐内的压力会降低，喷雾将减弱且不均匀。此时，可将其放于30℃以下的温水中加温，然后再使用。绝不允许将压力喷罐直接放在火焰附近进行加温，以免发生爆炸。

13.4 渗透检测材料废液处理

渗透液使用中存在的实际问题，就是水洗型渗透液及后乳化型渗透液的污染问题。渗透液供应商、设备制造商以及渗透液的用户等，都应采取有效措施对渗透液进行处理。

乳化剂是废物处理中很难处理的另一种污染物质。应当采用非泡沫型乳化剂，因为乳化剂的泡沫在废液处理中会造成视觉困难。另外，乳化剂、硬水和油相互作用，有可能形成严重的污泥，造成内部排水系统堵塞，这些情况都应引起注意。

1. 荧光渗透液废液的特性

乳化剂的主要成分为非离子型/离子型表面活性剂。荧光渗透液主要由油基渗透溶剂、荧光染料、增溶剂、互溶剂、荧光光亮剂及其他多种化学添加剂组成。这种荧光渗透液废液呈乳状，显浅黄绿色，废液中有大量微小悬浮物及胶体粒子，它们在水中长期保持分散的悬浮状态，而不自然沉降，具有一定的稳定性。这是一种有机物浓度高、色度高、污染大的废液。

经实测，这种废液的参数为：COD（化学需氧量）2000～7000mg/L，BOD（生化需氧量）2000～5500mg/L，SS（悬浮物）100～200 mg/L，pH值5.5～9.0，色度300～400。

COD（化学需氧量）：在一定条件下，用强氧化剂氧化水中有机物和其他一些还原性物质时所消耗氧化剂的量。

BOD（生化需氧量）：有机污染物经微生物分解所消耗溶解氧的量。

2. 处理荧光渗透液废液的关键步骤

处理荧光渗透液废液的关键步骤为破乳，即通过絮凝聚结等方法，使乳状废液的油水两相完全分离，达到处理目的。这是因为乳状废液的稳定性直接受表面活性剂的影响，表面活性剂含量越高，乳状废液的稳定性越好，处理难度就越大。

3. 破乳方法

按照处理过程中发生的变化，可分为物理处理法、化学处理法、物理化学处理法和生物处理法等。

目前，国内外经常使用的破乳方法有酸化法、凝聚法、混合法、超过滤法、凝气浮法等，还有电磁吸附法、生物法、电化学处理法、粗粒化法、化学氧化法等。

复 习 题

说明：题号前带＊号的为Ⅱ级人员需要掌握的内容，对Ⅰ级人员不要求掌握；不带＊号的为Ⅰ、Ⅱ级人员都要掌握的内容。

一、是非题（在括号内，正确画○，错误画×）

＊1. 显像剂固体粉尘等对人体健康没有损伤。　　　　　　　　　　　　　（　　）

＊2. 眼球受到黑光照射后会发出荧光，导致眼球荧光效应。　　　　　　　（　　）

3. 渗透剂如果粘在皮肤上，有可能引起皮肤发炎、斑疹。　　　　　　　（　　）

＊4. 三氯乙烯为无色、透明的中性有机溶剂，使用时没有危害。　　　　　（　　）

＊5. 渗透检测中，人体慢性中毒最多，且多属积累性效应。　　　　　　　（　　）

6. 最高允许浓度是不会引起急性或慢性职业性危害的一个限值。　　　　（　　）

7. 渗透检测所使用的检测材料都是可燃性物质。　　　　　　　　　　　（　　）

＊8. 压力喷罐内气雾剂的压力不随温度升高而增大，不会发生爆炸。　　　（　　）

＊9. 处理荧光渗透液废液的关键步骤为破乳，即使油水两相完全分离。　　（　　）

10. 操作现场严禁吸烟，防止吸入有毒气体，防止引发火灾事故。　　　　（　　）

11. 哮喘、血液病、肝和肾的实质性疾病患者不宜从事渗透检测工作。　　（　　）

＊12. 荧光渗透检测人员不可戴黄绿色玻璃眼镜。　　　　　　　　　　　（　　）

13. 除油过程中，不要让滞留在零件不通孔里的三氯乙烯受到紫外线照射。（　　）

14. 静电喷涂时，应随时检查电路的接地和绝缘情况，防止引发触电事故。（　　）

二、选择题（将正确答案填在括号内）

＊1. 有毒化学物质对人体造成毒害主要有哪些途径？　　　　　　　　　　（　　）

　　A. 经呼吸道进入人体；　　　　B. 经消化道进入人体

　　C. 经耳朵以声波振动进入人体　　D. 经皮肤渗透进入人体

2. 渗透检测时，下列哪些防护措施是不正确的？　　　　　　　　　　　（　　）

　　A. 操作现场严禁吸烟　　　　　B. 增设必要的通风装置

　　C. 渗透检测人员戴防毒面具　　D. 对渗透检测人员进行定期体检

3. 滤光片或屏蔽罩破裂会对眼睛造成哪些不良后果？ （　　）

    A. 可能患角膜炎及光结膜炎　　　B. 眼睛对光过敏及流泪

    C. 眼睛有可能暂时失明；　　　　D. 不良症状有积累效应

*4. 静电喷涂时，为保证手工操作者的安全，对用电有何要求？ （　　）

    A. 高电阻　　　　　　　　　　　B. 低电阻

    C. 中等电阻　　　　　　　　　　D. 低电压

5. 以下关于渗透检测剂与受检试件发生化学反应的论述，哪些是正确的？ （　　）

    A. 微碱性水洗型渗透液会对铝合金、镁合金等试件产生腐蚀作用

    B. 微酸性渗透液会对陶瓷试件产生腐蚀作用

    C. 渗透液中硫、钠等元素的存在，在高温下会使镍基合金产生热脆

    D. 渗透液中的氟、氯等卤族元素容易对钛合金及奥氏体型不锈钢等产生化学作用

6. 渗透检测中，下列哪些防护措施是不适用的？ （　　）

    A. 保持工作地点整齐清洁

    B. 不要把渗透液溅到衣服上

    C. 用汽油清洗掉溅到皮肤上的渗透液

    D. 用肥皂和水尽快清洗掉粘在皮肤上的渗透液

*7. 三氯乙烯蒸气除油时，应采用哪些安全防护措施？ （　　）

    A. 除油过程中要经常测量酸度值　B. 不使用三氯乙烯蒸气除油

    C. 操作现场禁止吸烟　　　　　　D. 经常添加三氯乙烯，防止引起过热

8. 操作便携式压力喷罐时，哪些防火措施是正确的？ （　　）

    A. 阳光可以直射压力喷罐

    B. 工作场所应备有专人管理的灭火器

    C. 工作场所与渗透检测材料储存室应分开

    D. 当环境温度较低时，可将压力喷罐放于30℃以下的温水中加温

*9. 渗透检测时，下列哪项安全防护措施是不适用的？ （　　）

    A. 避免渗透液与皮肤长时间接触　B. 避免吸入过多的显像剂粉末

    C. 渗透检测操作时应戴防毒面具　D. 渗透检测材料应远离明火

三、问答题

*1. 储存渗透检测材料时应注意哪些事项？

2. 渗透检测中，工作场所应严格执行哪些防火安全措施？

*3. 渗透检测材料对人体有哪些危害？应采取何种安全防护措施？

*4. 强紫外线辐射对人体健康有哪些危害？应采取何种安全防护措施？

5. 静电喷涂操作时应采取哪些安全措施？

复习题参考答案

一、是非题

1. ×；2. ○；3. ○；4. ×；5. ○；6. ○；7. ×；8. ×；9. ○；10. ○；11. ○；12. ×；13. ○；
14. ○。

二、选择题

1. A、B、D；2. C；3. A、B、C；4. A；5. A、C、D；6. A、B、D；7. A、C、D；8. B、C、D；9. C。

三、问答题

（略）

参 考 文 献

[1] 美国金属学会.金属手册：第十一卷　无损检测与质量控制（原书第八版）[M].王庆绥，等译.北京：机械工业出版社，1988.

[2] 美国无损检测学会.无损检测手册：渗透卷 [M].美国无损检测手册译审委员会，译.上海：世界图书出版社，1994.

[3] 李家伟，陈积懋.无损检测手册 [M].北京：机械工业出版社，2002.

[4] 郑文仪.渗透检验 [M].北京：国防工业出版社，1981.

[5] 中国机械工程学会无损检测学会.渗透检验 [M].北京：机械工业出版社，1985.

[6] 国防科技工业无损检测人员资格鉴定与认证培训教材编审委员会.渗透检测 [M].北京：机械工业出版社，2002.

[7] 中国特种设备检验协会.渗透检测 [M].2 版.北京：中国劳动社会保障出版社，2007.

[8] 民航无损检测人员资格鉴定与认证委员会.航空器渗透检测 [M].北京：中国民航出版社，2009.

[9] 胡天明.表面探伤 [M].武汉：武汉测绘科技大学出版社，2000.

[10] 张天胜.表面活性剂应用技术 [M].北京：化学工业出版社，2001.

[11] 赵国玺.表面活性剂物理化学 [M].北京：北京大学出版社，1984.

[12] 刘程，李江华，等.表面活性剂应用手册 [M].3 版.北京：化学工业出版社，2004.

[13] 姜兆华，孙德智，邵光杰.应用表面化学与技术 [M].哈尔滨：哈尔滨工业大学出版社，2000.

[14] 陈梦征，归锦华.着色渗透探伤缺陷图谱 [Z].上海：上海材料研究所，1986.

[15] 张新菊，等.渗透检测中渗透液的润湿现象与接触角 [J].无损检测，2013，35（3）：70-73.

[16] 杨波，等.工件表面状态对渗透检测的影响及对策 [J].无损检测，2016，38（8）：55-59.

[17] 张鹏珍，赵成.环保可排放型水基着色渗透液的研制及应用 [J].无损检测，2019，41（3）：6-8.

[18] 杨书勤，等.LED UV-A 黑光灯的使用及质量保证 [J].无损检测，2020，42（8）：72-75.

[19] 王伟.渗透检测的缺陷检出能力及影响因素 [J].无损检测，2020，42（12）：48-51.